원은 닫혀야 한다

The Closing Circle:
Nature, Man & Technology

by Barry Commoner

원은 닫혀야 한다:
자연과 인간과 기술

처음 펴낸 날 2014년 9월 10일
지은이 배리 카머너
옮긴이 고동욱

펴낸이 주일우
편집 박미경
제작·마케팅 김용운
디자인 김형재, 유연주

펴낸 곳 이음
등록번호 제313-2005-000137호
등록일자 2005년 6월 27일
주소 서울특별시 마포구 독막로 256, 3층
전화 (02) 3141-6126
팩스 (02) 3141-6128
전자우편 editor@eumbooks.com
홈페이지 www.eumbooks.com

인쇄 삼성인쇄(주)
ISBN 978-89-93166-67-5 03400
값 18,000원

이 도서의 국립중앙도서관
출판시도서목록(CIP)은
서지정보유통지원시스템
홈페이지(seoji.nl.go.kr)와
국가자료공동목록시스템
(www.nl.go.kr/kolisnet)에서
이용하실 수 있습니다.
(CIP제어번호: CIP2014016386)

원은 닫혀야 한다

배리 카머너 지음 고동욱 옮김

자연과 인간과 기술

The Closing Circle

Barry Commoner

Nature, Man & Technology

이음

루시와 프레드에게.

차례

제 1장	환경 위기	9
제 2장	생태권	20
제 3장	원자로의 불	53
제 4장	로스앤젤레스의 공기	71
제 5장	일리노이의 흙	85
제 6장	이리호의 물	98
제 7장	인간—생태권 안의 존재	115
제 8장	인구 위기와 풍요	126
제 9장	과학기술 속의 오류	140
제 10장	환경 위기와 사회문제	174
제 11장	생존의 문제	212
제 12장	생태학의 경제적 의미	244
제 13장	원은 닫혀야 한다	280
	감사의 글	288
	옮긴이의 글	290
	글쓴이 주	300

일러두기

— 원서의 주는 장별로 미주로 처리했다.
— 원서에 이탤릭으로 강조한 부분은 밑줄로 표시했다.
— 옮긴이가 이해를 돕기 위해 덧붙인 말은 대괄호([ ])에 넣어 표기했다.
— 책, 사전, 정기간행물에는 겹낫표(『 』)를, 논문, 기사 제목에는 홑낫표(「 」)를 사용했다.

제1장
환경 위기

어느 날 사람들은 자신들이 살고 있는 환경을 다시 발견하게 되었다. 이를 기념하기 위해 1970년 4월 지구의 주간 기간 동안 미국에서는 여러 가지 축하 행사가 열렸다. 이는 아주 갑작스럽고도 요란스러운 깨달음이었다. 어린 학생들은 길거리의 쓰레기를 치웠고, 대학생들은 대규모 집회를 준비했다. 결의에 찬 시민들은, 비록 하루뿐이긴 했지만, 자동차로부터 거리를 탈환했다. 환경 위기에 대한 깨달음과, 무엇인가 행동을 취해야 한다는 의지가 모두에게서 느껴졌다.

그들에게 많은 조언이 쏟아졌다. 거의 모든 작가와 연설가들이 대학 캠퍼스와 길거리, 텔레비전, 라디오에 나와 환경 위기의 책임 소재를 밝히고 문제를 단번에 해결할 방법을 알려줄 준비가 되어 있었다.

혹자는 환경문제가 정치적인 위협이 되지 않는다고 생각했다.

> 생태학은 사실 '모성motherhood'의 정치적 표현일 뿐이다.
>
> 제시 언루Jesse Unruh, 캘리포니아 주의회 민주당 대표[1]

하지만 미국연방수사국FBI은 이 문제를 더 심각하게 받아들였다.

> 1970년 4월 22일 오후 1시 30분이 조금 지나 운동장에 약 200여 명이 모여든 것을 FBI 요원들이 목격했다. 몇 분 후 조지워싱턴 대학 학생들이 '우리의 지구를 구하자'는 구호를 외치며 합류했다. (……) "신은 죽은 것이 아니다. 다만 지구에서 오염되었을 뿐이다"라고 적힌 팻말이 눈에 띄었다. 얼마 후 오후 여덟 시가 조금 지나자 메인 주 민주당 상원의원 에드먼드 머스키가 도착하여 짤막하게 환경오염에 반대한다는 내용의 연설을 했다. 머스키 상원의원의 뒤를 이은 것은 스톤이란 언론인으로, 그는 반 환경오염, 반 군대, 그리고 반정부의 주제로 약 20분간 연설을 했다.
>
> 1971년 4월 14일 상원의원 머스키에 의해 연방의회 속기록에 수록된 FBI 보고서 내용[2]

어떤 이들은 인구 증가를 환경오염의 원인으로 지목했다.

> 환경오염은 인구 증가의 결과이다. 외로운 미국 개척민 한 사람만 놓고 본다면 그가 쓰레기를 어떻게 버리든 문제가 되지 않았다. (……) 그런데 인구 밀도가 높아짐에 따라 자연의 화학적 생물학적 재순환 과정에 과부하가 걸린 것이다. (……) 출산의 자유는 결국 우리 모두를 멸망의 길로 몰아넣을 것이다.
>
> 개럿 하딘Garret Hardin, 생물학자[3]

> (환경) 악화의 인과적 사슬을 따라가 보면 쉽게 그 근본 원인을 알 수 있다. 너무 많은 자동차, 공장, 합성세제, 살충제, 비행운, 이산화탄소, 그리고 불충분한 하수처리 시설과 물 부족이 그것이다. 그리고 이 모든 것은 결국 사람이 너무 많아서 생긴 문제이다.

파울 에를리히Paul R. Ehrlich, 생물학자[4]

어떤 이들은 물질적 풍요를 문제 삼았다.

> 풍요로운 사회는 쓰레기의 풍요를 의미하게 되었다. 미국 인구는 전 세계의 6퍼센트에 불과하지만, 그들은 전 세계 고체 폐기물의 70퍼센트를 만들어내고 있다.
>
> 월터 하워드Walter S. Howard, 생물학자[5]

누군가는 빈곤을 찬양했다.

> 재래식 화장실을 사용하는 미시시피의 굶주린 흑인들에게 축복이 있기를. 생태적으로 건전한 생활을 하는 그들이야말로 이 나라를 물려받을 자격이 있다.
>
> 웨인 데이비스Wayne H. Davis, 생물학자[6]

하지만 그런 관점은 가난한 자들의 반발을 불러일으켰다.

> 소득을 유지할 방안을 마련하지 않은 채 경제성장을 늦추어서는 안 된다. 그래야만 최하위 계층이 더 비참해지는 것을 막고 그들이 정당한 자기 몫을 얻어 인간적인 삶을 영위해갈 수 있을 것이다.
>
> 조지 와일리George Wiley, 화학자이자 국가복지권연맹National Welfare Rights Organization 위원장[7]

산업계로부터는 지지를 받았다.

> 문제는 산업 활동 자체라기보다는 수요에 의해 생긴 것이다. 수요는 기하급수적으로 증가하고 있다. 삶의 질에 대한 기대가 높아지는 동시에 인구의 증가도 함께 발생하고 있기 때문이다. (……) 만약 국가 및 지역 지도자들이 이 단순한 논리, 즉 인구 증가로 인해 환경오염이 발생한다는 사실을 깨닫게 할 수만 있다면, 우리는 그들이 이 문제의 핵심에 주목하도록 도와주는 것이다.
>
> 셔먼 냅Sherman R. Knapp, 노스이스트공사 이사장[8]

어떤 이들은 인간의 타고난 공격성에서 그 원인을 찾았다.

> 첫째 문제는 사람이다. (……) 둘째로 가장 근본적인 문제는 인간에 내재하는 공격성이다. (……) 앤서니 스토Anthony Storr가 말했듯이, "우리 인간이 지금껏 지구상에 존재한 어떤 생명체보다 잔인하며 무자비한 종이라는 것은 암울한 사실이다".
>
> 윌리엄 로스William Ross, 퍼시픽 생명보험사 임원[9]

교육 문제를 비판하는 사람들도 있었다.

> 비인간적인 인간이 되도록 체계적으로 꾸준히 교육을 받은 결과 우리는 이제 우리의 인간성을 두려워하기에 이르렀다. (……) 이제 인간은 자연을 사랑하는 것이 어떤 것인지를 전혀 이해하지 못한다. 그 때문에 우리의 공기와 강이 오염되고 땅이 찢겨나가고 있는 것이다.
>
> 아르투로 산도발Arturo Sandoval, 학생이자 '엔바이런멘털 액션Environmental Action' 회원[10]

한 목사는 이윤 추구를 비난했다.

환경 파괴가 우리의 일상으로 자리 잡은 이유는 간단하다. 그렇게 하는 것이 지구의 한정된 자원을 책임 있게 관리하는 것보다 훨씬 높은 이윤을 가져다주기 때문이다.

채닝 필립스Channing E. Phillips, 교회 목회자[11]

한편 한 사학자는 종교에 책임을 물었다.

기독교가 크나큰 죄를 짊어지고 있다고 생각한다. (……) 기독교적 공리를 버리지 않는 한 생태 위기는 계속 악화될 것이다. 기독교적 입장에서 자연은 인간을 위해 복무하는 것 말고는 존재 이유가 없기 때문이다.

린 화이트Lynn White, 역사학자[12]

한 정치인은 과학기술을 비판했다.

이윤의 법칙만으로 폭주하는 기술은 수 년 동안 대기를 오염시키고 토양을 파괴했으며 산림을 황폐화하고 수자원을 파괴했다.

밴스 하트키Vance Hartke, 인디애나 주 상원의원[13]

한 환경주의자는 정치가들을 비난했다.

우리 정부의 각 기관, 특히 환경론자들이 촉구하는 정책을 입법하고 집행하는 업무를 담당하는 부서들에서 기묘한 마비 상태가 이어지고 있다. (……) 환경을 수탈하여 이윤을 얻는 산업체들은 그들에게 호의적인 입법자들이 당선되고 비슷한 관료들이 임명되도록 가능한 모든 수단을 동원한다.

로더릭 캐머런Roderick A. Cameron, 환경방위기금Environmental Defence Fund[14]

자본주의를 비판한 자들도 있었다.

> 그렇다. 우리가 환경오염에 반대하여 꾸미는 모의는 공식적인 것이다. 우리의 방법은 단순하다. —부통령 애그뉴Spiro Agnew[닉슨 정부의 부통령으로 차기 대선 주자로까지 거론되었으나, 주지사 시절의 탈세 및 뇌물 수수 사실이 드러나면서 엄청난 비난을 받았다. 결국 1973년에 부통령직을 사임했다]를 체포하고 자본주의를 박살내는 것이다. 다만 한 가지, 모두 한껏 취하도록 대마초를 한 대씩 피우는 것 정도는 환경오염 문제에서 제외시킬 수 있겠다. (……) 애그뉴의 나라에 고한다. 지구의 날은 자본주의를 끌어내리고 자유를 획득한 미국 혁명의 아들딸들의 날로 기록될 것이다.
>
> 레니 데이비스Rennie Davis, '시카고 7인'의 멤버[15]

이에 대해 자본주의자들은 반격했다.

> 내 말의 요점은 우리는 우리의 문제 대부분을 해결해나가고 있다는 것이다. (……) 상황은 더 나빠지는 게 아니라 점점 나아지고 있다. (……) 미국 산업계는 매년 30억 달러 이상을 환경을 개선시키는 데 사용하고 있으며, 환경을 깨끗하게 유지해주는 시설에도 10억 달러를 추가로 투자하고 있다. (……) 우리를 진정으로 위협하는 것은 자유 기업주의가 아니다. 자유 기업주의는 우리에게 전 세계에서 가장 윤택하고 강력하며 자비심 넘치는 국가를 안겨준 힘이다. 우리를 위협하는 것은 오히려 환경 재앙을 악용하는 로비 활동에 있다. 이 일을 벌이는 자들은 모든 일에 노심

> 초사하는 겁쟁이들일 뿐 아니라, 자신의 개인적 이득을 위하거나 너무나 무식한 나머지 미국 체제의 권위를 깎아 내리고 미국 국민의 생명과 재산을 위협하고 있다. 그들이 조장한 핵전쟁으로 인한 멸망의 공포에 휩싸인 나머지 더 이상 이성적 판단을 내리지 못하게 된 사람들도 적지 않다. (……) 그러나 제2차 세계대전 이후 원자폭탄과 수소폭탄에 대해 걱정하던 사람들이 10억 명이 넘게 죽었지만, 그들의 죽음은 다른 이유에 의한 것이었다. 그들의 걱정은 부질없는 것이었다.
>
> 토머스 셰퍼드 2세Thomas R. Shepard, Jr., 잡지 『룩Look』의 발행인[16]

한편 한 예리한 관찰자는 모두에게 책임이 있다고 보았다.

> 우리는 마침내 우리의 적을 만났다. 그는 다름 아닌 우리 자신이었다.
>
> 포고Pogo[월트 켈리Walt Kelly가 그린 연재만화 『포고』의 주인공]

지구의 주간과 그때 터져 나온 수많은 선전전, 그리고 예언은 지난 몇 년 동안 환경 위기에 대한 대중의 의식을 높이기 위해 무던히 애써왔던 우리를 포함해 대부분의 사람들을 놀라게 했다. 그 중에서도 가장 놀라웠던 것은 바로 환경 위기의 원인과 이를 해결할 방안에 대해 자신감 넘치는 진단과 설명들이 수없이 쏟아져 나왔다는 점이었다. 우리는 점차 다양해져가는 환경문제(방사능 낙진, 대기와 수질 오염, 토양의 황폐화 등)의 목록을 파악하고 설명하는 데, 그리고 그 문제들이 지닌 사회정치적 의미를 이해하고 데만도 몇 년의 세월을 보내야 했다. 따라서 이토록 어려운 문제를 일으킨 단 하나의 원인과 해결책을 찾아내겠다는 주장은 다소 무모해 보였다. 하지만 지구의 주간을 거치면서, 나의 이러한 조심스런 태도는 시대에 뒤떨어진 것이 되고 말았음을 발견했다.

흥분으로 가득 찼던 지구의 주간이 지나간 후, 나는 그 기간 동안 쏟아져 나온 수많은 모순적인 조언들로부터 어떤 일관된 의미를 찾으려 해보았다. 우리가 처한 문제가 너무나 복잡하고 불분명하기 때문에 사람들이 자신의 믿음—인간 본성, 경제학, 정치학과 관련한—에 따라 마음대로 결론을 도출해낼 수 있었던 것으로 보였다. 마치 로르샤흐 테스트Rorschach test[좌우 대칭의 임의의 얼룩 모양으로 피험자의 심리 장애를 조사하는 방식으로, 신빙성이 떨어지고 검증하기 어렵다는 이유로 비판을 받는다]와 마찬가지로, 지구의 주간 동안 우리가 볼 수 있었던 것들은 객관적인 지식보다는 개인적인 확신에 기반한 것이 대부분이었던 것이다.

지구의 주간을 통해 나는 환경 위기의 근본 원인과 그것을 극복할 수 있는 대안에 대한 대중의 이해를 높이는 것이 매우 시급한 과제라는 것을 인식하게 되었다. 이 책은 바로 이러한 문제들을 다루고 있다. 나는 이 책을 통해 환경 위기가 의미하는 바를 밝혀내고자 했다.

이러한 일은 무엇보다 생명의 근원, 즉 지구를 얇게 둘러싸고 있는 대기와 물, 토양, 그리고 이를 감싸는 태양에너지에 대한 이해로부터 시작해야 할 것이다. 바로 이 현장에서 수십억 년 전 생명체가 탄생 했고, 그 생명체들은 지구가 제공하는 자원으로 살아왔다. 생명체가 점차 진화해 가면서 옛 생명체들이 지구의 환경을 바꾸었고 새로운 생명체들은 변화된 환경에 적응했다. 생명체가 번식하면서 점차 그 수와 다양성이 증가하고, 서식지도 구분되면서 그들은 전 지구적인 네트워크를 형성하게 되었으며, 이 네트워크는 그 주변 환경과도 정교한 관계를 맺게 되었다. 이것이 생태권ecosphere이며, 이는 결국 생명이 스스로 살아남기 위해 지구의 외피에 지은 집이라고 볼 수 있다.

그 어떤 생명체라 하더라도 지구에서 살아남기 위해서는 생태권에 적응해야만 하며, 그렇지 않을 경우 절멸할 수밖에 없다. 환경 위기는 생명이 주변 환경과 맺은 정교한 관계가 무너지기 시작했음을 알리는 신호이다. 생명체 사이의 관계와, 전체 생명계와 환경 사이의 관계가 무너져 내림에 따라, 전체 생태권을 유지하던 역동적인 상호작용이 삐걱거리거나 심한 경우 완전히 멈춰버리는 상황도 발생하게 되었다.

수백만 년 동안 조화롭게 공존했던 생명체와 그 주변 환경과의 관계가 어떻게 하여 순식간에 무너지기 시작한 것일까? 생태권의 네트워크는 어떻게 하여 흐트러지기 시작했는가? 문제는 얼마나 더 심각해질 것인가? 이를 멈추고 끊어진 네트워크를 회복시킬 수 있는 방법은 무엇일까?

생태권을 이해하는 것이 쉬운 일은 아니다. 왜냐하면 현대사회를 살아가는 사람들에게 생태권은 흥미로운 대상이기는 하나, 너무나도 기묘하고도 낯선 것이기 때문이다. 우리는 오직 하나의 원인에 의해 일어나는 하나의 사건에 대해 생각하는 데에만 익숙해져버렸다. 하지만 생태권에서는 결과가 동시에 원인이 되기도 한다. 동물의 배설물은 토양 박테리아의 먹이가 되고, 박테리아가 배설한 것은 식물의 먹이가 되며, 식물은 다시 동물의 먹이가 된다. 이런 생태적 순환 고리는 기술 시대의 인간 경험과는 잘 맞지 않는다. A라는 기계가 B라는 상품을 생산하고, B라는 상품이 소비되고 나서 버려지게 되면 B라는 물건은 기계나 그 자신, 혹은 사용자에게도 의미가 없어지는 것이다.

바로 이것이 인간의 삶이 생태권의 거대한 오류의 출발점이 되었음을 보여준다. 우리가 생명의 순환 고리로부터 이탈함에 따라, 끝없는 순환 과정은 인간이 만들어낸 인공적인 일련의 사건으로 바뀌었다. 석유를 땅으로부터 뽑아내어 연료로 정제하고, 이를 엔진에서 연소시키면 해로운 유독 물질로 바뀌어 대기에 배출된다. 이러한 일련의 과정의 최종 생산물이 바로 스모그이다. 인간 활동에 의해 생태권의 순환 고리가 깨짐으로써, 인간 활동은 더욱 많은 독성 화학물질,

하수, 그리고 쓰레기 더미를 배출하게 되었다. 그리고 이는 수백만 년간 지구의 생명을 지탱해온 생태적 그물망을 파괴할 수 있게 된 우리의 강력한 힘을 상징하는 것이다.

우리는 오래전에 알았어야 했을 것을 이제야 갑작스럽게 발견했다. 인간과 인간의 모든 활동을 지탱해주는 것은 생태권이며, 그 안에 제대로 자리 잡지 못하는 것들은 결국 생태권의 순환 고리가 지닌 정교한 균형을 위협한다는 것이며, 따라서 폐기물은 그 물질이 끼치는 불편이나 독성뿐 아니라 생태권이 점차 붕괴를 향해 가고 있음을 말해주는 중요한 증거라는 사실을 말이다.

우리가 이 위기로부터 살아남고자 한다면, 그런 붕괴가 왜 그렇게도 위협적인 것인지를 이해해야만 한다. 이 문제는 생태권 자체보다도 더 복잡한 것이다. 우리가 생태계에 가하는 여러 가지 공격들은 아주 강력하고 빈번하게 발생하며, 게다가 서로 상호 연결되어 있다. 그래서 피해는 알지언정 그 피해가 일어나게 된 과정을 밝히는 것은 매우 어려운 일이다. 무엇이 파괴의 도구였는가? 누가 파괴자인가? 다만 늘어나는 인구로 인해 생태계가 파멸로 치닫는 것일까? 아니면 재화의 축적을 향한 우리의 탐욕 때문인가? 그것도 아니라면, 재화를 축적하게 해준 기계, 다시 말해 우리에게 깔끔한 포장 음식을 주고 합성섬유로 만들어진 옷을 입혀주며 우리 주변을 온통 새로운 화학 물질로 채워 준 위대한 기술에 오류가 있다는 것인가?

이 책은 이러한 질문들을 다루고자 한다. 먼저 문명이 일궈낸 위대한 성과(혹은 끔찍한 실패)의 현장인 생태권에 관한 논의에서 시작할 것이다. 그러고 나서는 우리가 생태권에 행한 일들, 즉 대기와 물과 토양에 끼친 피해의 일부를 살펴볼 것이다. 요즘은 무서운 환경 파괴에 관한 이야기가 너무나도 많이 회자된 나머지 지겹다고 느끼는 사람까지 있는 형편이다. 그럼에도 불구하고, 우리가 이로부터 무엇을 배워야 할 것인지는 아직 분명하지 않다. 그래서 나는 지난 과오에 대해 후회하기보다는 그것을 더욱 제대로 이해하기 위한 노력을 기울였다. 이 책은 도대체 인간의 어떤 행위가 생명의 순환 고리를 깨버렸는지, 그리고 왜 그런 일이 생기게 되었는지를 발견하는 여정이다. 생태권에서 분명하게 드러나는 환경 위기와 이를 유발한 생태적 스트레스로부터 시작하여, 이런 스트레스를 만들어내는 생산 기술과 과학적 배경의 오류를 거쳐, 마지막으로는 이런 자기 파괴적인 길로 우리를 끌고 온 경제적, 사회적, 정치적 힘에 대해 살펴볼 것이다. 이 모든 노력은 환경 위기의 근원을 우리가 제대로 이해해야만 비로소 이 위기로부터 살아남을 수 있는 엄청난 과업을 시작할 수 있을 것이란 희망과 기대를 바탕으로 한다.

제2장
생태권

지구에서 인간이 생존하기 위해서는 적절한 환경이 안정적으로 유지되어야만 한다. 하지만 현재 우리가 살아가는 방식이 인간을 비롯한 모든 생명체의 생존 기반이 되는 지구 표면의 아주 얇은 공간을 파괴하고 있다는 증거는 너무나도 많다. 이 불행한 상황을 이해하자면 지구 환경의 본질에 대해 좀 더 자세히 알아봐야 한다. 하지만 이는 대부분의 사람들에게 쉬운 일이 아니다. 왜냐하면 우리 인간과 환경 사이의 관계는 분명하게 드러나지 않는 경우가 많기 때문이다. 생물학적인 관점에서 본다면 인간은 분명히 전체 환경의 일부분으로서 존재한다. 하지만 인간 사회는 환경 자원을 뽑아내어 재화를 창조하도록 되어 있다. 자연 환경에 대해 인간이 가진 이런 모순적인 상황, 즉 인간이 자연의 일부인 동시에 그 속의 자원을 뽑아내 이용해야만 하는 상황은 당연히 자연에 대한 우리의 인식을 왜곡시킬 수밖에 없다.

원시인들은 모진 환경에서 살아남기 위해서 자연에 순응하고 또 전적으로 의존하는 종속적인 존재였다. 그 결과 원시사회의 인간은 자신을 둘러싼 환경에 대해 놀랄 만한 수준의 지식을 가지게 되었다. 아프리카의 부시맨[1]은 지구상에서 손에 꼽힐 정도로 척박한 환경에서 살아간다. 식량과 물 모두 부족한 데다가 기후마저 혹독하다. 그래서 부시맨은 생존을 위해 환경에 대해 우리 상상을 뛰어넘는 자세한 지식을 지니고 있다. 한 예로, 부시맨은 건기가 되어 물이 부족해지면 몇 달 전에 수십 킬로미터 떨어진 곳에서 보아둔 하나의 덩이줄기를 기억해내어 다시 찾아낼 수 있는 능력을 지닌다.

스스로를 진보했다고 여기는 우리는 그 같은 방식으로 자연에 의존해야만 하는 상황에서 벗어났다고 생각한다. 부시맨은 찾아낸 덩이줄기를 짜내 물을 얻지만, 우리는 수도꼭지만 돌리면 된다. 길이 없는 대지를 돌아다니는 대신 우리는 도시의 포장도로 위로 다닌다. 추위나 더위를 피하기 위해서 햇빛을 찾아다니거나 피하는 대신 우리는 기계의 힘을 빌린다. 이런 식으로 우리는 이제 환경을 조절할 수 있으며, 더 이상 자연이 주는 대로 받거나 그에 의존하지 않아도 된다는 믿음을 갖게 되었다. 현대 과학기술이 주는 혜택에 대한 우리의 갈망은 우리를 치명적인 환상에 빠지게 했다. 이제 인간은 자신이 창조한 기계를 이용함으로써 더 이상 자연 환경에 의존하지 않아도 된다는 생각을 하게 된 것이다.

비행기를 보면 이런 우리의 생각이 환상에 불과하다는 사실이 잘 드러난다. 비행기를 타고 우리는 지상 수천 미터 상공에서 피를 끓게 할 정도로 희박한 대기를 뚫고 날아다닐 수 있게 되었다. 그 높은 곳에서 날개 달린 알루미늄 상자 안의 푹신한 의자에 안전하게 앉아, 마치 태양이 멈춘 듯 보일 정도로 빠른 속도로 날아다닐 수 있게 되면서, 우리는 태고부터 긴밀하게 관계를 맺어왔던 대기와 물, 그리고 흙의 영향으로부터 벗어났으며, 마침내 자연을 정복하게 되었다는 생각을 쉽게 하게 되었다.

하지만 이 환상은 그리 오래 가지 않는다. 인간과 마찬가지로 비행기 또한 지구 환경의 산물에 불과하기 때문이다. 비행기 엔진이 작동하기 위해서는 태고의 식물이 만들어낸 연료와 산소를 연소시켜야 한다. 한두 발 물러서 보면, 비행기의 모든 부품도 환경의 산물이다. 철은 용광로에서 나오는데, 그 용광로를 가동하기 위해서는 자연의 산물인 석탄과 물과 산소가 필요하다. 광석으로부터 알루미늄을 제련하는 데에는 전기가 필요하고, 전기는 연료와 산소를 태우거나 떨어지는 물을 이용하여 생산된다. 비행기 내부에 들어가 있는 자잘한 플라스틱 부품들도 얼마만큼의 석탄이라도 태워야 나오는 에너지 없이는 만들 수 없다. 그뿐만 아니라 각각의 부품을 만드는 데에는 깨끗한 물이 많이 사용되었을 것이다. 산소나 물이나 연료와 같이 자연이 제공해 준 원료가 없다면, 비행기든 인간이든 존재하지 못하는 것이다.

환경은 거대하고 복잡한 생명의 기계이다. 이 기계는 아주 역동적이면서도 지구 표면의 아주 얇은 층에만 존재한다. 모든 인간 활동은 이 기계가 제대로 유지되고 작동해야만 가능하다. 녹색 식물의 광합성 없이는 엔진과 용광로와 난로를 가동하거나 인간과 동물의 생명을 유지하는데 필수적인 산소가 존재하지 않을 것이다. 동식물과 미생물이 없다면 호수나 강의 물이 깨끗하게 유지되는 것도 불가능하다. 토양 속에서 수천 년 동안이나 계속 이어져온 생물학적 활동 없이는 농사를 지을 수 없을 것이며, 석유나 석탄도 존재할 수 없을 것이다. 이렇듯 생명의 기계는 우리의 생물학적 자산이며, 우리의 모든 생산 활동이 의존하고 있는 근본이다. 이것을 파괴한다면 최첨단의 기술도 쓸모없어질 것이고 그 어떤 경제나 정치체제도 무너지고 말 것이다. 환경 위기는 이러한 재난의 시작을 알리는 신호인 것이다.

지구 생태계는 지구 표면에 얇게 펴져 있는 환경에서 수십억 년에 걸쳐 일어난 진화의 산물이다. 지구의 나이는 45~50억 년 정도로 추정된다. 태양계와 지구가 우주의 먼지로부터 어떻게 만들어졌는지 아직 분명하게 밝혀지지는 않았다. 아마도 지구의 첫 모습은 생명이 없는 돌무더기, 수증기, 수소, 암모니아, 그리고 메탄가스로 가득 찬 대기로 이루어졌을 것으로 추정된다.

이렇게 단순한 모습으로부터 지금처럼 복잡한 지구 환경을 만들어낸 핵심적인 사건들은 상당히 잘 알려져 있다. 그 중 가장 중요한 것은 생명의 기원이다. 생명은 거의 전적으로 수소, 산소, 탄소, 질소의 네 가지 원소로 이루어져 있는데, 이들은 지구 초기의 대기를 구성했던 주요 원소이기도 했다. 생명체 내에서는 이 원소들이 매우 복잡한 분자구조를 이루어 유기화합물을 형성한다. 유기화합물의 기본 구조는 여러 개의 탄소 원자가 막대, 원, 또는 가지 모양으로 결합한 형태를 띠고 있다. 이 기본 구조에 다른 주요 원자인 수소, 산소, 질소(그리고 드물게는 황, 인이나 여러 가지 금속)가 다양하게 결합하여 유기화합물의 특성이 결정된다. 이렇게 형성된 유기화합물은 그 종류도 다양하거니와 구조도 매우 복잡하다.

초기 지구의 대기에 존재하던 몇 가지 단순한 분자가 어떻게 생명체에서 발견되는 다양한 유기화합물로 변환될 수 있었을까? 이런 화학적 합성의 능력을 가진 것은 살아 있는 생명체뿐이라고 사람들은 오랜 시간동안 믿어왔다. 이것이 사실이라고 전제한다면, 생명체가 지구에 존재하게 된 것은 어느 한 순간 알 수 없는 힘에 의해 갑자기 출현하게 되었거나, 아니면 지구 밖으로부터 왔을 것이라는 생각이 당연하게 여겨져왔다. 이러한 관점에서는 유기화합물의 출현에 앞서 지구상에 이미 생명체가 존재했어야만 한다는 것을 의미한다.

그러나 이제까지 알려진 바에 의하면 정답은 그 반대이다. 원시 대기의 단순한 구성 요소들이 비생물적인 지구화학 반응을 거쳐 유기화합물을 형성하였고, 이로부터 마침내 생명이 출현했다. 유기화합물이 지구화학 반응에 의해 형성될 수 있다는 것은 이미 실험적으로 증명되었다. 실험실에서 물과 암모니아와 메탄에 자외선과 전기 방전과 열을 가하여 단백질의 기본 구성 요소인 아미노산과 비슷한 유기화합물을 합성해낸 것이다. 원시 지구의 환경에서 자외선은 지구 표면에 풍부하게 내리쬐어지고 있었다. 이런 환경으로 인해 원시 지구의 단순한 화학 원소가 점차 다양한 유기물 형태로 합성되었다고 추정할 수 있다. 이 가설을 처음 제기한 오파린A. I. Oparin의 말을 빌자면, 이렇게 원시 지구에는 '유기물 스프'[2]와 같은 물질이 생겨나게 된 것이다.

첫 생명체는 20~30억 년 전에 이렇게 형성된 유기물 스프로부터 출현했다. 이 경이로운 사건이 어떻게 일어났는지가 완전하게 밝혀진 것은 아니지만, 지구에 처음 출현한 생명체가 주변 환경에 의지하는 동시에 주변 환경에 영향을 미치는 존재였다는 것은 분명하다.

첫 생명체가 '유기물 스프'에 의존했다는 것은 분명하다. 모든 생명체는 생명을 유지하는 데 필요한 에너지를 얻기 위해 유기물을 섭취해야만 한다. 원시 대기에는 산소가 부족했으므로, 아마 원시 생명체는 무산소 호흡을 통해 유기물로부터 에너지를 얻었을 것이다. 발효라고도 불리는 이 신진대사 작용은 생명체가 지닌 가장 원시적인 에너지 생성 방식의 하나이며, 그 결과로 반드시 이산화탄소를 부산물로 생성한다.

원시 생명체는 수십억 년이라는 오랜 시간 동안 일어난 지구화학 반응의 산물로 생겨났지만, 출현과 동시에 지구화학 반응의 변화를 일으킬 수 있는 강력한 힘을 지닌 주인공이 되었다. 무엇보다도 원시 생명체는 그간 축적되었던 지구의 유기화합물을 빠른 속도로 소비하며 고갈시켰다. 한편 광합성을 할 수 있는 능력을 지닌 생명체가 처음으로 출현하면서 이들은 이산화탄소를 다시 유기화합물로 합성했다. 따뜻한 환경에서 폭발적으로 증가한 녹색 식물로 인해 막대한 양의 유기 탄소가 형성되고 퇴적되었는데, 이것이 시간이 지나면서 현재 우리가 사용하는 석탄, 석유, 천연가스 같은 화석연료가 되었다. 한편 광합성 반응이 물 분자를 쪼개어 산소 분자를 만들어내면서 지구 대기 중의 산소가 증가하게 되었다. 그 중 일부는 오존으로 전환되었는데, 오존은 자외선을 아주 효과적으로 흡수한다. 이에 따라 마침내 지구의 표면은 생물학적으로 해로운 자외선으로부터 보호받게 되었다. 그러자 그때까지 자외선을 피해 물속에서만 살 수 있었던 생물들이 물 밖으로 나올 수 있게 되었다. 게다가 대기 중 산소를 이용한 아주 효율적인 대사 작용이 가능하게 되면서 지구상에는 수없이 다양한 동물과 식물이 진화하며 생겨났다. 한편 육상 식물과 미생물은 계속하여 원시 지구의 암석을 토양으로 바꾸었으며, 그 안에 놀라울 정도로 복잡하고 정교한 생태계를 형성했다. 이와 비슷한 생태계는 지표수에도 형성되었다. 그리고 이 생태계는 토양과 지표수와 대기의 구성 성분 뿐 아니라 마침내 기후까지 조절하는 능력을 지니게 되었다.

여기서 주목해야 할 점이 있다. 지구 생명 시스템은 처음 출현했을 때부터 치명적인 문제를 가지고 있었는데, 바로 생존에 필요한 에너지원으로써 재생가능하지 않은 자원, 즉 지구화학 반응에 의해 형성되어 있던 유기물을 이용했다는 점이다. 이 치명적인 결점이 해결되지 않았다면 이제 막 탄생한 생명체들은 남아있는 '유기물 스프'를 순식간에 소진해버렸을 것이다. 생명체가 자신의 존재에 필수적인 자원을 스스로 파괴해버리는 상황이었던 것이다. 하지만 그들은 다행히도 적절한 시기에 발생한 진화의 결과로 인해 생존할 수 있었다. 그것은 바로 광합성을 할 수 있는 생명체의 등장이다. 이 새로운 생명체들은 태양빛을 이용해 이산화탄소와 무기물질을 새로운 유기물로 전환시키는 능력을 가지고 있었다. 이 중대한 사건 덕분에 지구의 첫 생명체가 배출한 폐기물인 이산화탄소가 유용한 에너지원인 유기물로 다시 바뀔 수 있는 길이 열린 것이다. 이로써 드디어 순환 고리, 즉 원이 형성되었다. 피할 수 없는 파멸로 치닫는 선형적인 과정이 마침내 스스로를 보존할 수 있는 순환적인 과정으로 탈바꿈했다. 이로써 지구상의 생명체들은 태양이라는 영원한 에너지의 원천을 확보하게 된 것이다.

이렇게 우리는 생명 영속성의 기반을 이루는 가장 원시적인 형태를 만나게 된다. 하나의 생명이 다른 생명체들과 상호 호혜적으로 의존하는 구조가 그것이다. 상호 의존하는 지구의 생명 시스템이 주변 환경과 관계를 형성하고, 생명 유지에 필요한 물질이 끊임없이 형태를 바꾸며 지속적으로 순환하게 되었고, 이 모든 것이 태양에너지에 의해 유지되는 시스템이 만들어진 것이다.

이러한 진화사적인 결과는 생명의 본질과 생명이 환경과 맺는 관계와 관련된 다음의 몇 가지 명제로 요약될 수 있다.

생명은 지구 표면에 얇게 분포해 있는 무기물 환경 속에서 태어났다. 생명체들은 출현과 동시에 매우 강력한 화학 현상을 일으키며 주변 환경을 순식간에 바꾸어놓았다. 모든 생명체는 그 주변의 물리 화학적 환경에 긴밀하게 의존하므로, 주변 환경이 변화하자 그 변화한 환경 조건에 적응할 수 있는 또 다른 생명체가 새롭게 나타나게 되었다. 생명은 또 다른 생명을 낳았고, 새로운 생명체는 어디든 구석구석 그들이 서식할 수 있는 곳을 찾아내 자리를 잡고 번식하며 퍼져나갔다. 모든 생명체들은 때로는 환경의 물리적 화학적 특성을 바꾸는 간접적인 방식으로, 때로는 식량이나 서식지를 둘러싸고 경쟁하는 직접적인 방식으로 서로 영향을 주고받는다. 더 나아가 생명체 내부에도, 즉 개개 생명체 안의 세포 사이나 세포 내부에서도 전체 환경만큼이나 복잡한 네트워크가 존재하게 되었다. 수많은 분자가 섬세하고 정교하게 맺는 상호 관계 속에서 생명체의 특성이 결정되는 것이다.

이렇게 고도로 복잡한 시스템을 제대로 설명할 수 있는 과학자는 거의 없을 것이다. 특히 현대 과학자들은 이보다 훨씬 단순한 현상에 대해 생각하도록 훈련받았다. 예를 들자면 현대 과학자들은 입자들 간에 서로 튕겨져 나가는 특성이나, 분자 A가 분자 B와 어떻게 반응하는지 따위의 현상을 연구하는 데에 익숙해져 있다. 따라서 대부분의 과학자들은 자연 환경과 그 안에 사는 생명체들이 만들어내는 복잡한 현상을 이해하기 위해서는 그 구성 요소들을 하나씩 떼어내어 작은 단위로 환원시켜 분석해야 한다고 믿는다. 그리고 최종적으로는 그렇게 떼어내어진 작은 현상을 모두 합치면 마침내 전체를 이해할 수 있을 것이라 생각한다. 하지만 현재의 환경 위기는 이와 같은 생각이 환상임을 보여준다. 현대 생물학을 이루고 있는 자세하고 방대한 연구 실적은 생물학자들이 동물이나 식물을 따로 떼어내 연구하거나 생화학자들이 여러 가지 분자를 분리해내어 시험관 실험을 하여 축적되었다. 하지만 이런 개별 연구 결과를 아무리 모은다 해도, 호수 하나의 생태계와 취약성도 제대로 이해하거나 설명하지 못하는 것이 현실이다.

내가 이 같은 고백을 하는 이유는, 이 책을 통해 현재의 환경 위기와 환경 시스템을 이해하는 데 도움이 될 것이라 믿는 사고방식을 소개하고자 함을 일러두기 위해서이다. 또 이 책을 통해 시도하는 내 설명의 지적 토대가 여전히 빈약하다는 사실을 상기하기 위해서이기도 하다. 우리들은 자연과 같은 매우 복잡한 현상을 종합적으로 이해하는 일을 너무나도 오랫동안 게을리해왔기 때문에, 이 분야에서의 우리의 방법론은 아직도 초보적이며 불분명한 부분이 많다.

환경을 이해하는 다양한 사고방식을 살펴보도록 하자. 먼저 공간적인 복잡성을 생각해보자. 생명으로 가득하며 변화무쌍한 열대 정글과, 마치 죽어 있는 듯 변화가 없어 보이는 사막을 일관되게 설명할 수 있는 이론은 과연 무엇일까? 생명의 다양성은 어떠한가? 생쥐, 매, 송어, 지렁이, 개미, 인간 장기 속에 사는 박테리아, 호수의 색을 푸르게 보이게 하는 조류의 역동적인 변화 양상을 설명하는 공통 요소는 무엇인가? 또 생명체 내부뿐 아니라 생명체 사이, 나아가 생명체와 환경 사이의 상호작용을 이루는 생화학적 프로세스를 생각해 보자. 광합성, 유기물의 분해 과정, 연소, 또는 한 생명이 다른 생명에게 기생하는 현상의 생화학적 특성을 모두 설명할 수 있는 통일된 이론은 무엇인가?

방금 이야기한 것들은 사실 환경을 이해하는 수많은 방법 중 일부에 지나지 않는다. 각각의 방법은 전체 시스템의 일부분은 설명해 줄 수 있지만, 전체를 정확히 보여준다고 할 수는 없다. 왜냐하면 수많은 상호작용의 일부분만을 봄으로써 더 큰 나머지를 외면하는 것은 피할 수 없는 일이며, 이는 환경 속의 모든 것은 다른 모든 것과 연결되어 있다는 현실을 무시한 것이기 때문이다.

자연 환경의 일부분을 보여줄 수 있는 사례로 질소라는 화학적 원소가 자연 환경에서 움직이는 과정을 면밀히 추적해보자. 질소는 생명체와 환경을 이루는 중요한 원소이다. 생명체의 대부분을 구성하는 네 가지 원소—탄소, 수소, 산소, 질소—는 생태권의 복잡한 순환 체계를 따라 움직인다. 때로는 대기의 일부로, 때로는 생명체의 구성 물질로, 때로는 수질 오염을 일으키는 오염 물질로, 그리고 때로는 광물질이나 화석의 일부로 남아 있기도 한다.

이 네 가지 원소 중 질소는 특히 중요한데, 그 이유는 질소가 삶의 질을 나타내는 아주 중요한 지표이기 때문이다. 사회 빈곤의 첫 신호는 질소가 함유된 음식물 섭취의 감소로 나타난다. 이는 반드시 사회 구성원들의 건강 악화라는 결과로 이어지는데, 그 이유는 우리 몸의 필수적인 생명 현상에 중요한 역할을 하는 단백질이나 핵산, 효소, 비타민, 호르몬 등이 바로 질소를 포함한 분자로 구성되기 때문이다. 이렇게 질소는 인간의 필수적인 요구와 밀접한 관계를 가지고 있을 뿐 아니라, 지구 환경에서 질소와 관련된 현상은 아주 섬세한 평형 상태에 있다는 점을 알고 있어야 한다.

생태권에서 질소는 화학적으로 몇 가지로 한정된 기본적 형태만을 지닌다. 질소가 지닌 특징 중 하나는 산소나 질소와 결합하여 화학적 분자를 이루는 경우가 매우 드물다는 점이다. 지구 환경에 존재하는 질소의 80퍼센트 가량은 화학적으로 매우 안정적인 질소 기체의 형태로 대기 중에 존재한다. 나머지 20퍼센트의 대부분은 토양 속의 매우 복잡한 유기물질인 부식질humus[생물체가 분해되어 토양에 섞여 있는 유기물의 상태로 되어 있는 것]에 속해 있고, 아주 일부분만이 살아 있는 생명체를 구성한다.

이 사실을 기억하며 자연 환경에서의 질소 순환 고리[3]에 대해 살펴보자. 일단 식량 생산의 대부분을 가능하게 하는 기반이자 산업 생산의 주원료를 제공하는 토양으로부터 시작하자. 토양 생태계는 수많은 종류의 미생물과 동물과 식물이 오랜 시간 얽히고설킨 상호작용의 그물망 속에서 만들어진 것으로 그 복잡한 정도는 우리 상상을 초월한다.

질소는 여러 가지 박테리아와 조류algae, 藻類[대개 광합성을 하는 단순한 생명체로써, 작은 단세포생물로부터 거대한 해조류까지 아주 다양한 종류가 존재한다]의 질소고정[대기 중의 불활성 질소를 생물체가 이용 가능한 형태로 전환하는 과정]활동을 거쳐 토양으로 유입된다. 질소고정을 하는 생명체들은 토양 속에 홀로 살기도 하지만 콩과 식물의 뿌리라든지 열대 식물의 잎에 붙어살기도 한다. 질소가 토양에 들어가는 또 하나의 경로는 식물체나 동물 사체의 부패를 통해서이다. 이 때 풀려난 대부분의 질소는 토양 부식질의 일부가 된다. 부식질 내의 질소는 토양 미생물의 활동을 통해 천천히 환경으로 방출되고, 최종적으로는 질산염nitrate으로 전환된다. 질산염은 식물의 뿌리를 통해 흡수되어 단백질을 비롯해 작물의 중요한 구성 성분을 이룬다. 이렇게 자란 식물체를 동물이 먹고, 동물의 배설물이 토양으로 되돌아가면서 그 순환 고리는 완전해진다.

이 순환 과정 중 부식질에서 질산염이 풀려나는 과정이 가장 느리게 진행된다. 이 때문에 토양 수분 속에 자연적으로 녹아 있는 질산염의 농도는 매우 낮으며, 식물의 뿌리가 이를 흡수하기 위해서는 노력을 들여야만 한다. 따라서 질산염을 흡수하기 위해 식물은 반드시 에너지를 사용해야만 하며, 이 에너지를 얻기 위해서 생물학적 산화 과정이 뿌리 부분에서 이루어지게 된다. 산화 과정을 가능하게 하는 산소가 대기로부터 땅 속의 뿌리까지 효과적으로 이동하기 위해서는 충분한 공극[토양 입자 사이의 틈]이 있어야 한다. 공극률은 토양에 부식질이 얼마나 들어있는지에 의해 결정되는데, 그것은 부식질이 스펀지와 같은 구조를 지니고 있기 때문이다. 따라서 토양 내 부식질 함유량은 토양의 공극률에, 그리고 토양 내 산소량에, 따라서 궁극적으로는 식물의 뿌리의 영양염 흡수 효율성과 밀접한 관계를 가지는 것이다. 식물이 성장하여 무기질인 영양염을 식물체의 일부인 유기물로 전환시키고, 이 식물체가 결국 썩어서 다시 토양 내의 부식질이 되면서 토양의 공극률을 증가시키고 식물의 효율적 생장을 뒷받침하게 되는 것이다.

여기서 잠시 멈춰서 방금 언급한 두 가지 상호 관계가 의미하는 바가 무엇인지를 한번 조심스럽게 살펴보도록 하자. 첫 번째 살펴볼 것은 질소 원자가 토양의 순환 고리에서 이동하는 과정이고, 두 번째는 식물의 효율적인 생장과 토양 구조가 보이는 상호 의존성이다. 이 두 순환의 고리가 서로 다른 유형의 것이라는 데 주목하자. 첫째는 말 그대로 물리적 존재인 질소 원자가 어떻게 이동하는지를 설명한다. 두 번째는 좀 더 추상적인 개념으로, 하나의 프로세스가 다른 프로세스에 다양하게 의존하는 양상을 보여주고 있다. 이 두 순환 고리는 하나의 결정적인 지점에서 서로 만나게 되는데, 이것이 바로 부식질이다. 부식질은 첫째 순환 고리에서는 식물의 생장을 뒷받침하는 질소의 주요 저장소의 역할을 하며, 둘째 순환 고리에서는 질소라는 영양소를 식물이 효과적으로 이용할 수 있도록 토양의 물리적인 조건을 만드는 역할을 한다.

이렇게 토양에서 부식질이 수행하는 두 가지 역할의 결과로 부식질이 토양 조건에 미치는 영향은 배가된다. 토양의 부식질 함량이 줄어들게 되면 식물이 필요로 하는 질산염의 이용 가능한 양이 줄어들게 된다. 동시에 뿌리가 질산염을 흡수하는 효율도 떨어지므로, 부식질이 식물 성장에 미치는 영향은 더욱 커진다고 할 수 있겠다. 다른 관점에서 보자면, 토양 속에 적절한 양의 부식질이 있기 때문에 질소의 원활한 공급이 보장될 뿐 아니라 식물이 질소를 아껴 쓸 수 있게 되는 것이다. 부식질과 같이 두 가지 이상의 순환 고리를 연결해주는 환경 인자는 전체 시스템에서 아주 강력한 역할을 수행한다. 또 그러한 연결 고리는 시스템의 복잡성을 높여주고, 시스템 내부 네트워크의 정교함을 강화함으로써 결과적으로 전체 시스템의 안정성을 높이는데 기여한다. 바로 이러한 이유 때문에, 부식질과 같은 중요한 연결 고리가 약해지면 전체 생태계 구조가 쉽게 흐트러지게 된다.

따라서 부식질이라는 연결 고리의 중요성을 제대로 이해하기 위해서는 당연히 부식질이 담당하는 두 가지 역할을 동시에 이해해야만 한다. 하지만 지금처럼 생물학자들을 서로 다른 전문가 집단으로 분화시키는 경향, 이를테면 토양 구조 전문가와 식물 영양 전문가를 구분하는 상황에서는 위와 같은 관점을 가지는 것이 매우 어렵다. 잠시 후에 다시 언급하겠지만, 한 번에 한 가지 대상만을 생각하는 것을 당연시하는 것이야말로 우리가 환경을 제대로 이해하지 못하게 하는 주범이며, 결국 환경 파괴라는 어리석은 짓을 벌이게 하는 원인이다.

수중 생태계에서도 비슷한 질소 순환이 일어나는데, 다만 차이점이 있다면 토양에 부식질로 존재하는 거대한 유기 질소 저장소가 없다는 것이다. 수중 생태계의 질소 순환 고리는 다음의 과정으로 이루어져 있다. 물고기의 배설물을 미생물이 분해하면서 유기질소를 산소와 결합시켜 질산염을 형성하며, 질산염은 조류에 의해 다시 유기질소로 바뀐다. 이후 질소는 조류를 먹는 작은 수생 생물로 시작하여 이를 잡아먹는 작은 물고기, 그리고 점차 더 큰 물고기에게로 차례대로 이동한다. 결과적으로 유기물질의 분해 속도와 조류의 성장 속도의 차이에 의해 수중 질산염의 농도가 결정된다. 자연 상태에서는 토양으로부터 수중 생태계로 흘러들어가는 질산염의 양이 거의 없다. 토양의 질산염이 워낙 귀하고 흔치 않은 자원이기 때문에 흘러가기 전에 대부분 사용되기 때문이다. 그래서 자연적인 수중 생태계의 질산염 농도는 일반적으로 매우 낮아서 100만분의 1 단위의 농도로 언급해야 할 정도이며, 수중 생태계 속의 조류 개체군도 마찬가지로 작기 때문에 자연적인 수체의 물은 대체로 맑고 그 속에서 강한 독성을 나타내는 유기물질은 찾아보기 힘들다.

토양이나 물과 같은 생태계와 비교한다면 대기 시스템은 지구 전체를 균일하게 감싸고 있으며 그 규모가 매우 커서 상대적으로 생물 현상에 의한 영향을 덜 받는 편이다. 자연 상태에서의 대기 구성은 놀랄 정도로 균일하다. 대기는 80퍼센트 정도의 질소와 20퍼센트의 산소, 그리고 적은 양의 이산화탄소(약 0.03퍼센트 정도)로 이루어져 있으며, 그 외에 매우 적은 양의 희귀 기체(헬륨, 네온, 아르곤, 그리고 수증기 등)가 섞여 있다. 지구상의 모든 것이 그렇듯이, 대기의 특성 역시 순환 고리에 의해 결정되지만, 화학 반응이나 생물학적인 현상보다는 물리적인 현상에 더 큰 영향을 받는 편이다.

짧은 시간에 걸쳐 볼 때 대기의 순환은 우리가 단순히 '기상'이라 부르는 현상으로 나타난다. 기상 현상은 끊임없이 지구에 내리쬐어지는 태양에너지에 의해 발생한다. 지구 표면의 어떤 물질이든 태양에너지를 흡수하게 되면, 그 상태가 변하지 않는 한 (토양처럼) 온도가 상승하게 된다. 하지만 고체인 얼음에 흡수된 에너지는 얼음의 온도를 높이지 않는 대신 얼음을 액체 상태인 물로 변화시킬 수 있다. 물에 흡수된 에너지도 물의 온도를 높이거나 그 대신 액체인 물을 기체인 수증기로 전환시킬 수 있다. 요약하자면, 에너지를 흡수하는 물질이 쉽게 상태가 변하는 특성을 지녔다면(즉 바다의 물과 같은), 흡수된 상당량의 태양에너지가 바로 온도의 변화로 나타나지 않을 수 있다. 그렇기 때문에 무더운 여름날 모래사장은 뜨거워지지만, 바닷물은 상대적으로 차가운 상태를 유지할 수 있는 것이다. 그래서 해가 지기 전에는 뜨거운 모래 위의 공기가 따뜻해지면서 가벼워짐에 따라 상승하고, 바다 위의 시원한 공기는 그 자리를 메우기 위해 불어오면서 시원한 해풍이 불게 된다.

지구에 도달하는 태양에너지의 상당량은 지구 표면의 삼분의 이를 덮고 있는 바다로 흡수되며 액체상의 바닷물을 증발시켜 수증기로 만든다. 대기 중의 수증기 1그램은 약 536칼로리의 태양에너지를 지니고 있다. 증발의 반대인 응결 현상, 즉 수증기 상의 기체가 액체상의 물방울로 맺히게 되면 수증기가 지녔던 에너지의 일부가 배출된다. 예를 들자면, 뜨거운 여름 한낮 카리브해 위의 공기가 바닷물로부터 증발한 수증기로 가득 차게 되는 것을 생각해볼 수 있다. 이 수증기는 대기 높은 곳으로 상승하다가 성층권의 아주 차가운 공기층과 만나면 응결되어 비를 만든다. 1그램의 수증기가 응결하면 지니고 있던 536칼로리의 에너지를 방출하게 된다. 이렇게 방출된 열기는 다시 공기를 덥히고, 더워진 공기가 상승하며 만들어낸 빈자리를 채우기 위해 해수면의 차가운 공기가 몰려오면서 바람이 불게 된다. 바로 이것이 카리브해에서 기원하는 허리케인이 발생하는 과정이다.

카리브해와 허리케인의 사례는 지구의 각 지역을 덮는 대기가 매일 나타내는 변화인 기상 현상의 아주 일부에 불과하다. 여기서 주목해야 할 부분은, 이런 기상 현상이 도시 같이 특정한 지역 위의 기단을 움직인다는 점과, 이 현상으로 대기 중의 오염 물질이 씻기기도 한다는 점이다. 한마디로 기상 현상은 공기를 깨끗하게 유지해준다. 결국 기상현상에 의해 대기 중에 떠다니는 것들은 모두 다시 지상으로 떨어지게 되면서 물과 토양 환경의 순환 고리 속으로 들어가게 된다.

대기의 움직임이 거의 없으면 스모그와 같은 국지적 대기오염 물질은 점점 축적된다. 움직임이 없는 대기 상태는 그런 정적인 상태를 더욱 강하게 유지시키는 경향을 보이고는 한다. 안정된 대기는 보통 상층부의 따뜻한 공기층과 지표면 가까운 하층부의 차가운 공기층으로 나뉘게 된다. 이러한 상황은 일반적으로 지표면에 가까운 부분이 따뜻하고 상층부가 차가운 자연적인 상황과 반대되는 것으로, '대기 역전 현상'이라고 불린다. 차가운 공기는 따뜻한 공기에 비해 밀도가 크므로 종적인(위아래로의) 공기의 순환은 더욱 제한된다. 이 같은 현상은 며칠씩 계속될 수도 있다. 이런 일이 생기게 되면 오염 물질이 계속 축적되어 1965년 11월 뉴욕시에서와 같이 비상 상황까지 발전하기도 한다.

이러한 기상 현상은 대부분 대기권의 하층부, 즉 지표면으로부터 12~15킬로미터 정도의 높이에 이르는 공기층에서 발생한다. 이보다 높은 곳은 성층권이라 불리는데, 여기는 수증기가 거의 없어 구름도 없고, 따라서 비나 눈도 없다. 대기로 유입되는 물질 중 아주 가벼운 것들은 성층권까지 올라가기도 하는데, 이렇게 들어간 물질은 바로 떨어지지 않고 성층권에 한동안 머물기도 한다. 핵폭발로 발생한 방사능 물질의 일부도 이런 식으로 작은 입자에 붙어서 성층권에 들어가 여러 달 동안 머물기도 했다.

좀 더 긴 시간을 놓고 본다면 대기 구성 성분의 변화는 지표면에 도달하는 태양 광선의 양이나 특성에 큰 영향을 미칠 수 있다. 이러한 영향을 미치는 중요한 인자들에는 먼지 입자, 수증기, 구름, 이산화탄소, 오존 등이 있다. 일반적으로 수증기와 구름은 태양 광선을 막아주는 방패 역할을 한다. 태양 광선이 구름의 작은 물 입자에 막히거나 부딪쳐 흩어져서 지표면에 도달하지 못하는 경우가 많기 때문이다. 구름이 많이 낀 날에 기온이 낮은 것은 바로 이런 이유 때문이다.

이산화탄소는 태양 광선 대부분의 파장대에는 아무런 영향을 미치지 않지만, 적외선 부분에만은 큰 영향을 미친다는 점에서 특별한 효과를 나타낸다. 이 같은 점에서 이산화탄소는 유리와 비슷한 특성을 지닌다. 가시광선은 쉽게 통과시키지만 적외선은 반사시키는 유리의 특성을 보이는 것이다. 이러한 특성으로 유리 온실이 겨울철에 쓸모 있게 이용된다. 가시광선은 유리를 그대로 통과해 온실 안의 토양에 흡수되고 열로 전환되며, 이 열은 적외선으로 재방출된다. 그런데 적외선은 온실의 유리에 이르러서는 반사되어 온실 밖으로 빠져나가지 못한 채 온실 안의 열로 남는다. 바로 이 때문에 온실은 한겨울에 난방을 하지 않아도 한낮에는 따뜻하게 유지되는 것이다. 지구를 둘러싸고 있는 대기 중의 이산화탄소는 온실의 유리와 비슷한 역할을 수행한다. 말하자면 거대한 에너지 밸브와 같은 역할을 하는 셈이다. 그래서 태양으로부터의 가시광선은 이산화탄소를 손쉽게 통과하여 지표면에 닿아 열로 전환되는데, 적외선으로 변화하여 재방출된 에너지는 이산화탄소라는 이불에 갇혀 지구 밖으로 나가지 못하고 열로 보존되는 것이다.

따라서 대기 중의 이산화탄소 농도가 높으면 높을수록 지표면에 도달하는 태양 광선 에너지 중 지구 밖으로 배출되지 않고 지구에 남아있게 되는 에너지도 많아진다. 이런 이유로 이산화탄소 농도가 매우 높았던 초기 지구의 기온은 열대와 맞먹을 정도로 높았던 것으로 알려져 있다. 이후 번성한 식물은 대기 중의 이산화탄소를 흡수했고 (이렇게 형성된 식물체가 나중에 석탄, 석유, 천연가스가 된다), 이에 따라 지구의 기온도 점차 낮아지게 되었다. 이렇게 저장되었던 이산화탄소는 최근 인류가 많은 양의 화석 연료를 사용하면서 다시 대기 중으로 나오기 시작했고 그 결과 대기 중 이산화탄소의 농도는 다시 높아지기 시작했다. 이 현상이 지구의 기후에 미치게 될 영향은 과학자들에게 초미의 연구 대상이다.

오존도 지표면이 받는 태양 광선을 크게 좌우하는 아주 특별한 기체이다. 오존은 화학적으로 불안정한 분자로서, 산소 원자 세 개가 삼각형 모양으로 결합한 형태를 띤다. 오존은 자외선을 효과적으로 흡수한다. 산소로 이루어진 오존은 다른 물질과 쉽게 강력한 산화 반응을 일으킨다. 따라서 오존은 자연 상태에서는 지표면 가까운 대기권에 거의 존재하지 않으며 주로 성층권 상층부에만 분포한다. 말하자면 녹색 식물이 등장하며 그들의 광합성 활동으로 인해 대기에 산소가 형성되면서야 비로소 지구는 오존이라는 자외선 보호막을 가지게 되었다고 할 수 있다. 산소와 오존이 형성되기 이전의 지구 지표면은 강력한 자외선에 그대로 노출된 환경이었다. 물론 이렇게 내리쪼이는 자외선 에너지야말로 지구를 덮고 있던 메탄과 물과 암모니아를 유기물 스프로 전환시켜 결과적으로 생명의 탄생을 유발시킨 장본인이다. 하지만 자외선은 살아 있는 세포 내의 정교한 화학반응의 균형 상태를 파괴하는 특성을 지녔으므로 아마도 처음 출현한 생명체들은 자외선으로부터 피할 수 있도록 충분히 깊은 물속에서만 생존할 수 있었을 것으로 추정된다.

산소가 형성되고 그로부터 오존층이 만들어져 지표면에 도달하는 자외선이 크게 줄어들고 나서야 비로소 살아 있는 생명체들이 물속으로부터 나와 지구의 표면에서 살아갈 수 있게 되었다. 그리고 이제는 지구상의 생명이 유지되기 위해서는 그 생명이 만들어낸 산소로 형성된 성층권의 오존층이 필수 불가결한 존재가 되었다. 성층권의 오존이 줄어든다면 태양 자외선이 지표면에 닿으면서 지구상의 생명체들은 심각한 위기에 처하게 될 것이다. 이러한 위협을 증가시키는 인간 활동이 있다는 것은 불행한 일이다. 그 한 예가 바로 초음속 운송 수단the supersonic transport, the SST이다.

넓은 시각에서 보자면, 지금껏 소개한 환경의 순환 고리들이 바로 지구 시스템의 가장 중요한 세 가지 요소인 대기, 물, 토양을 이루고 있다. 각각 안에는 수많은 생물종이 살아가고 있다. 각 생물종은 자신이 살아갈 수 있는 아주 특별한 서식지 환경에 맞게 적응했고, 또 자신의 생활사를 통해 주변 환경의 물리·화학적 특성을 변화시키고 있다.

모든 생명체는 다른 수많은 생명체들과 연결되어 있다. 이러한 연결 고리들은 상상하기 힘들 정도로 다양하고 놀라울 정도로 정교하다. 사슴을 예로 들어보자. 사슴은 식물을 먹고 살며, 식물은 성장에 필요한 영양의 흡수를 위해 토양 미생물의 활동에 의존하며, 그 미생물들은 다시 사슴이 내놓는 배설물에 의존할 것이다. 한편 사슴은 표범의 먹이가 된다. 여러 가지 곤충은 식물의 수액이나 꽃가루에 의존한다. 또 다른 종류의 곤충들은 동물의 피를 빨아먹고 산다. 동식물의 내부에 서식하는 박테리아도 있다. 균류는 동식물의 사체를 처리한다. 이 모든 것이 여러 번 중첩되어 종별로 섬세하고 정교한 그물망을 형성한 결과 나타난 것이 바로 지구상에 존재하는 방대한 생명의 네트워크인 것이다.

이러한 복잡한 관계, 즉 생명체 사이, 그리고 생명체와 물리적 환경 사이에서 일어나는 현상을 연구하는 학문이 생태학[4]이다. 간단히 말하자면, 생태학은 지구 환경의 살림살이에 관한 학문이다. 환경이란 결국 지구상의 생명체들에 의해, 그리고 생명체들을 위해 만들어진 집과도 같기 때문이다. 생태학은 아직 젊은 학문이며, 생태학이 가르치는 많은 지식은 여전히 지구의 방대한 생명의 네트워크의 아주 작은 일부만으로 한정되어 있다. 생태학은 물리학의 기본 법칙처럼 수많은 현상을 일반화시켜 간단하게 설명할 수 있는 이론을 아직은 만들어내지 못했다. 그럼에도 불구하고 지금까지 생태권에 대한 우리의 이해를 바탕으로 몇 가지 사항에 대한 어느 정도의 일반화는 가능해졌다고 생각하며, 이에 몇 가지 비공식적인 '생태학 법칙'을 아래에 제시해보고자 한다.

첫 번째 생태학 법칙

모든 것은 다른 모든 것과 연결되어 있다(Everything is connect

ed to everything else).

이 법칙을 뒷받침하는 증거는 앞서 이미 몇 가지 언급했다. 이 법칙은 생태권에 존재하는 다양한 생명체, 개체군, 생물종과 그 주변의 물리화학적 환경 사이에서 나타나는 정교하고 다양한 상호 관계의 네트워크를 반영한다.

생태계가 다양하게 상호 연관되어 서로에게 영향을 미친다는 단순한 사실 하나만으로도 놀라운 결과가 나타난다. 이와 같은 시스템 특성에 대한 이해는 생태학보다 뒤늦게 출발한 사이버네틱스cybernetics 이론을 통해 크게 개선되었다. 사이버네틱스라는 단어와 그 기본 개념을 세운 사람은 바로 작고한 노버트 위너Norbert Wiener이다.

'사이버네틱스'라는 단어는 '키잡이'라는 뜻의 그리스어로부터 비롯되었다. 이 학문은 시스템을 좌우하는, 혹은 시스템을 조종하는 일련의 순환적인 사건에 대해 관심이 있다. 키잡이란 나침반과 키, 그리고 배 모두를 아우르는 시스템이다. 배가 정해진 항로로부터 벗어나면 그 변화가 나침반에 나타난다. 나침반에 나타나는 변화는 다음에 일어날 사건을 결정한다. 왜냐하면 항해사가 나침반 변화를 보고 배를 제 항로로 돌려놓기 위해 키를 조작할 것이기 때문이다. 그러고 나면 나침반 바늘은 다시 되돌아가 배가 제 경로로 돌아왔음을 알릴 것이고, 이로서 하나의 순환 고리가 완성된다. 만약 나침반 바늘이 움직인 정도에 비해 항해사가 키를 너무 많이 돌린다면, 과도하게 틀어진 배의 방향이 다시 나침반의 바늘에 나타날 것이며, 항해사는 이를 보고 다시 반대로 키를 돌려 방향을 바로잡을 것이다. 결국 이 순환 고리는 배의 항로를 유지하는 역할을 하게 된다.

생태학적 순환 고리에도 키잡이의 사례와 비슷하게 시스템을 안정화시키는 사이버네틱스적인 장치가 존재한다. 물고기-유기 노폐물-미생물 분해-무기물질-조류-물고기로 이어지는 민물 생태계의 순환 고리를 예로 들어 보자. 이상 기온으로 인해 따뜻한 날씨가 계속되어 조류가 폭발적으로 증가하면 무기 영양 물질이 줄어들면서 조류와 영양 물질간의 균형이 깨지게 된다. 하지만 생태학적 순환은 마치 틀어졌던 배의 방향을 바로잡는 것과 비슷한 방식으로 이를 다시 균형 있게 되돌려 놓는다. 조류가 번성하면서 물고기가 이를 손쉽게 잡아먹게 되면 조류의 개체군이 작아질 것이고, 어류의 노폐물이 증가하면서 최종적으로 무기 영양 물질은 늘어나게 된다. 이렇게 조류와 영양 물질은 다시 원래의 균형을 되찾게 된다.

이와 같은 사이버네틱 시스템의 특징은 경직되지 않은 유연한 제어로 전체 시스템을 유지한다는 것이다. 배의 경우를 보면, 주어진 항로에서 한 치도 어긋나지 않게 똑바로 가는 것이 아니라, 정해진 항로 양쪽으로 약간씩 물결치듯 어긋나면서 대체적으로 올바른 방향을 유지하는 식이다. 그리고 방향이 어긋나는 횟수는 제어 순환 고리 안의 여러 단계가 진행되는 속도, 예를 들자면 배가 키의 변화에 반응하는 속도 등에 의해 결정된다.

날마다 또는 계절마다 변화하는 기상이나 환경 조건 때문에 이보다는 약간 덜 명확하게 나타나지만, 생태계에도 이와 비슷한 순환 고리가 존재한다. 가장 유명한 사례 중 하나가 모피 동물 개체 수의 주기적 변동이다. 캐나다에서 덫을 이용한 사냥 기록을 살펴보면, 토끼와 살쾡이의 개체 수가 10년 정도의 주기로 오르내리는 것을 볼 수 있다. 토끼의 개체 수가 많아지면 이를 먹고 사는 살쾡이의 개체 수가 증가하고, 늘어난 살쾡이들이 토끼를 너무 많이 잡아먹으면서 토끼 개체 수가 감소하고, 그러고 나면 먹이인 토끼가 줄어들면서 살쾡이의 개체 수가 다시 감소하고 토끼의 개체 수는 늘어나는 그런 오르내림이 반복된 것이다. 이러한 변동은 살쾡이의 개체 수가 토끼의 개체 수와 양의 상관관계를 보이며, 또 토끼의 개체 수는 살쾡이의 개체 수와 음의 상관관계를 보이는 아주 단순한 상호작용에 기초해 있다.

이와 같은 주기적인 상호작용이 존재하는 시스템에서는, 변동의 폭이 너무 클 경우 더 이상 반대의 움직임이 일어나지 못해 전체 시스템이 파괴되어버릴 수 있다는 위험이 존재한다. 살쾡이의 개체 수가 너무 크게 늘어나서 이들이 토끼를 모두(혹은 한 마리만 남기고) 잡아먹어버리는 상황을 생각해 보자. 이렇게 되면 토끼는 더 이상 번식을 할 수 없게 되므로, 결국은 살쾡이도 모두 굶어죽고 말 것이다. 토끼-살쾡이 시스템이 붕괴되는 것이다.[5]

이와 같은 현상은 '부영양화'로 알려진 생태계 붕괴 현상과도 비슷하다. 물속 영양염의 농도가 너무 높아지면 조류의 급속한 성장을 불러일으킨다. 그런데 조류의 개체 수가 너무 많아지면 광합성 효율의 한계로 인해 지속가능하지 않은 상태가 된다. 물속에 있는 조류층이 두꺼워지면서 조류층의 아래까지 햇빛이 닿지 않게 됨에 따라 하층의 조류가 광합성을 하지 못해 죽으면서 조류 사체로 이루어진 대량의 유기물이 빠른 속도로 증가한다. 이렇게 급속도로 많아진 유기물이 분해되면서 물속의 용존 산소가 완전히 소비되고 나면, 산소를 필요로 하는 분해 미생물도 함께 죽으면서 전체 수중 생태계의 순환 고리가 붕괴하는 것이다.

자연적인 변동의 주기나 외부의 변화에 반응하는 속도, 또는 전체 시스템이 보여주는 변화의 속도로 표현되는 사이버네틱 시스템의 역동성은, 그 시스템을 구성하는 프로세스의 각 단계가 보이는 반응 속도에 의해 크게 좌우된다. 배의 예를 들자면, 나침반의 바늘이 움직이기까지의 시간은 1초도 걸리지 않지만, 항해사가 이를 보고 반응하기까지는 몇 초의 시간이 더 걸릴 것이고, 키를 돌려 배가 비로소 방향을 바꾸게 되기까지는 또 몇 분의 시간이 더 지나야 할 것이다. 이처럼 각 단계에서의 반응 시간이 서로 상호작용을 일으키면서 배가 정해진 항로를 중심으로 움직이는 변동의 주기가 결정된다.

수중 생태계의 생물학적 단계도 이와 마찬가지로 각각의 반응 시간을 가지고 있으며, 그 반응 시간은 생태계 내의 생명체들이 가진 신진대사율과 번식률에 영향을 받는다. 어류의 경우 새로운 세대가 만들어지기까지 여러 달이라는 시간이 걸리겠지만, 조류의 경우 수일 이내로도 가능하다. 신진대사율이란 생명체가 영양 물질을 사용하고 산소를 소비하며 노폐물을 만들어내는 속도를 말하는데, 이는 생명체의 크기에 반비례한다. 예를 들어 어류의 신진대사율이 1이라면 조류는 100이고, 미생물의 경우 10,000에 이를 수도 있다.

그런데 전체 순환 시스템이 안정적인 평형 상태를 유지하기 위해서는 갖추어져야 할 조건이 있다. 바로 전체 시스템의 변화 속도가 시스템 내의 가장 느린 프로세스의 속도와 맞아야만 한다는 것이다. 앞서 말했던 수중 생태계의 경우를 예로 들자면, 어류의 번식률과 신진대사율이 가장 느린 프로세스에 해당될 것이다. 만약 외부적인 힘에 의해 전체 시스템 내의 프로세스 중 단 하나라도 그 변화 속도가 전체 변화 속도보다 빨라지게 되면 문제가 발생한다. 어류의 노폐물이 생성되는 속도와 그것을 미생물이 분해하는 속도와 그 과정에서 산소가 소비되는 속도를 생각해보자. 평형 상태에서는 미생물이 분해 활동을 하는 데 필요한 충분한 양의 산소가 조류의 광합성을 통해 만들어지거나 공기로부터 유입된다. 그런데 사람들이 오수를 버리면서 유기 노폐물이 이 순환 시스템 안으로 들어오는 속도가 크게 빨라졌다고 가정해보자. 분해 미생물에게 주어진 유기 노폐물의 양이 늘어남에 따라 번식 속도가 매우 빠른 미생물은 늘어난 유기물 부하에 재빠르게 대응하여 그 수를 늘릴 수 있을 것이다. 하지만 그 결과 미생물이 산소를 소비하는 속도도 크게 빨라지게 된다. 문제는 이렇게 빨라진 산소 소비의 속도가 산소 공급의 속도, 즉 조류의 광합성이나 공기로부터 유입되는 속도보다 더 빨라지게 된다는 것이다. 이런 상황이 발생하면 결국 물속의 용존 산소가 고갈되면서 전체 시스템이 붕괴할 수 있다. 그러므로 이러한 시스템이 자연적인 평형 상태를 유지하기 위해서는 각 단계의 변화 속도가 적절하게 유지되어야 한다. 그리고 이를 위한 또 하나의 전제 조건은 외부적 요인이 없어야 한다는 것이다. 외부에서 발생한 요인은 시스템이 스스로 통제할 수 없다는 점에서 전체 시스템에게 위협의 요소가 될 수 있는 것이다.

생태계에 따라 이와 같은 반응의 속도는 천차만별이어서, 변화에 반응하는 속도라든지 시스템 붕괴에 이르는 속도 또한 서로 다르게 나타난다. 예를 하나 들어보자. 수중 생태계의 변화 속도는 토양 생태계의 변화 속도에 비해 훨씬 빠르다. 그렇기 때문에 같은 면적을 놓고 보았을 때 해안 습지나 양어장은 알팔파 목초 경작지에 비해 일곱 배나 많은 유기물을 생산한다. 토양 생태계의 순환 속도가 느린 이유는 토양 유기물로부터 영양 물질이 배출되는 속도가 워낙 느려서 발생하는 것으로, 이 특징은 수중 생태계와 비교했을 때 더욱 큰 차이를 보인다.

생태계가 붕괴하기까지 견뎌낼 수 있는 스트레스의 한계는 결국 생태계 안의 다양한 네트워크와 반응 속도에 의해 결정된다. 생태계 네트워크가 복잡할수록 스트레스를 극복할 수 있는 능력도 더 커진다. 토끼-살쾡이 생태계를 예로 든다면, 만약 살쾡이가 토끼 이외의 식량원을 가지고 있다면 토끼가 갑자기 사라진다 해도 생존할 수 있을 것이다. 이런 식으로 한 시스템의 순환 고리가 다양한 대안적 연결 고리를 가지고 있을 경우 그 시스템의 스트레스 극복 능력은 증가할 수 있다. 대부분의 생태계는 아주 복잡하여 순환 고리가 하나의 단순한 고리로 이루어져 있는 경우는 드물고, 보통 복잡한 상호 연관 관계의 네트워크로 이루어져 있다. 다시 말해 하나의 매듭이 다른 여러 개의 매듭과 연결되어 있는 그물과도 같은 형태를 띠고 있다. 전체 구조가 하나의 끈만으로 이루어진 경우 그 끈의 단 한 군데만 끊어져도 전체가 무너지는 것과 달리, 그런 복잡한 구조는 외부로부터의 충격에 훨씬 잘 대응할 수 있도록 해준다. 따라서 환경오염의 발생은 생태적인 연결 고리가 끊어졌거나 인위적으로 생태계가 단순해져서 생태계가 스트레스에 대해 취약해졌으며, 궁극적으로 전체 시스템의 붕괴라는 위험에 처하게 되었다는 의미로 이해할 수도 있는 것이다.

한편 생태계 내부에서 발생하는 피드백 현상은 특정 자극에 대한 생태계 반응의 세기를 매우 강하게 증폭시키는 결과를 보이기도 있다. 예를 들어 먹이 사슬에서 작은 생물이 보다 큰 생물에게 순차적으로 먹힘에 따라 먹이사슬의 꼭대기에 있는 최종 포식자에게는 특정 환경 물질이 아주 높은 농도로 축적되는 현상을 생각해볼 수 있다. 몸집이 작은 생물은 몸집이 큰 생물보다 항상 높은 신진대사율을 보인다. 따라서 작은 생물은 큰 생물에 비해 섭취한 먹이 중 자신의 몸의 일부로 흡수되는 부분(생물량으로 전환되는 부분)보다 에너지 소비로 사라지는 부분이 훨씬 크다. 이러한 규칙을 먹이사슬에 적용하면 먹이사슬의 꼭대기에 있는 생물의 생존을 위해서는 먹이사슬 제일 밑바닥의 생물을 엄청나게 잡아먹어야 한다는 것을 의미한다. 먹이사슬의 하위 단계에서 섭취된 생물량 중 물질대사로 소비되지 않는 부분만이 먹이사슬의 상위 단계로 올라가며 축적되기 때문이다. DDT처럼 분해되기 어려운 물질이 토양 속에 존재한다면, 지렁이 몸속의 DDT 농도는 토양 속 농도의 10~40배로 농축되며, 지렁이를 잡아먹는 멧도요새의 몸속에는 200배로 농축된다.

이 모든 것은 바로 생태계가 보여주는 하나의 단순한 법칙, 즉 모든 것은 다른 모든 것과 연결되어 있다는 법칙으로부터 비롯된다. 이 법칙으로부터 알아본 몇 가지 생태계의 특징을 정리하면 다음과 같다. 생태계가 평형을 유지하는 것은 스스로를 제어할 수 있는 동적인 특성에 의해 가능하다. 따라서 생태계에 너무 큰 스트레스를 주게 될 경우 전체 생태계가 순식간에 붕괴할 수도 있다. 생태계 네트워크의 복잡한 정도와 각 단계의 고유한 변화 속도에 따라 그 시스템이 감내할 수 있는 스트레스의 강도와 지속 기간이 결정된다. 그리고 마지막으로 생태계 네트워크는 피드백에 의한 증폭 효과를 나타내기 때문에 생태계 한 부분에서의 작은 변화가 오랜 기간 동안 강력하게 지속될 수도 있다는 점이다.

두 번째 생태학 법칙

모든 것은 어디론가로 가게 되어 있다(Everything must go somewhere).

이 법칙은 사실 물질은 파괴되지 않는다는 물리학 법칙을 쉽게 풀어 쓴 것이라고 할 수 있다. 이 법칙을 생태학에 적용하면, 자연에는 '쓰레기'가 존재하지 않는다는 것을 의미한다. 그 어떤 자연 시스템이든 하나의 생명체로부터 배출된 노폐물은 다른 생명체의 먹이가 되기 때문이다. 동물은 호흡을 통해 이산화탄소라는 폐기물을 배출하는데, 이 폐기물은 사실 녹색 식물에게는 필수적인 영양 성분이다. 식물은 산소라는 폐기물을 배출하지만, 이는 동물에 의해 쓰인다. 동물이 배출한 유기물 형태의 폐기물은 분해 미생물의 먹이가 되며, 미생물의 폐기물인 질산염이나 인산염이나 이산화탄소와 같은 무기물은 식물에게 필수적인 영양 성분이 된다.

"도대체 물질은 어디로 이동하는가?"라는 질문을 붙잡고 오랫동안 생각하다 보면, 생태계에 대해 놀라우리만큼 많은 중요한 정보를 얻게 된다. 심각한 환경문제를 야기하는 수은이 함유된 물건의 최후를 한번 생각해보자. 수은을 함유한 건전지를 구입하여 다 쓰고 나면 어떻게 되는가? 우리는 그것을 '버린다'. 하지만 그게 도대체 어디로 가는 걸까? 먼저 그 건전지는 쓰레기통에 들어갈 것이고, 쓰레기통 안의 내용물들과 함께 소각로로 옮겨질 것이다. 소각로에서 태워지면서 수은은 가열되어 수은 증기로 바뀌어 소각로 굴뚝을 통해 날아간다. 여기서 잊지 말아야 할 사실은, 수은 증기는 독성이 강하다는 점이다.

수은 증기는 바람에 실려 다니다가 결국 비나 눈에 씻겨 다시 땅으로 돌아온다. 수은이 물과 섞여 흐르다가 일부는 호수로 들어가 호수 바닥에 가라앉을 것이다. 호수 바닥에서 수은은 미생물에 의해 수용성인 메틸수은으로 전환되어 물에 녹아 들어가 물고기에 흡수될 것이다. 메틸수은은 생물의 대사 작용으로는 분해되지 않으므로 물고기의 근육과 기관에 축적될 것이다. 이 물고기를 인간이 잡아먹으면 물고기 속에 있던 수은은 고스란히 인간의 장기에 축적되고, 이 과정이 계속되다 보면 인간에게 독성이 있는 수준까지 이를 수 있을 것이다.

이러한 사고방식을 이용하면 어떤 물질이 생태학적으로 어떤 경로를 따라 이동하는지 효과적으로 알아볼 수 있다. 더불어 이러한 사고방식은 우리에게 만연되어 있는 잘못된 의식, 즉 우리에게 쓸모없어진 것을 버리고 나면 그냥 그렇게 '사라져버릴 것'이라는 생각에 대한 효과적인 반론의 근거가 된다. 그 어떤 것도 '그냥 사라져버리지'는 않는다. 그저 그 물질이 있었던 자리를 옮기고, 다른 분자로 바뀌면서 그것이 새롭게 붙어 있게 된 생명체에 영향을 미치게 된다. 현재의 환경 위기를 일으킨 가장 큰 이유 중 하나가 바로 막대한 양의 물질이 광물로부터 추출되어 새로운 형태로 전환되어 사용된 후, 모든 것은 어디론 가로 가야 한다는 생태학 법칙에 대한 반성 없이 그대로 내버려졌기 때문이다. 그리고 이러한 행위의 결과로 대부분의 해로운 물질은 자연 상태에서는 있지 말아야 할 곳에 남아 있게 되고 말았다.

세 번째 생태학 법칙

자연에 맡겨두는 것이 가장 낫다(nature knows best).

내 경험에 의하면 이 법칙은 아마 많은 반대에 직면하게 될 것이다. 왜냐하면 이 법칙은 오랫동안 우리가 믿어왔던 인간의 우월성을 부정하는 것이기 때문이다. 현대 기술이 우리에게 준 가장 보편적인 믿음

중 하나는 기술이 '자연을 보다 좋은 방향으로 개조시켜준다'는 믿음이다. 기술을 사용하여 식량과 의복과 집과 통신 수단을 발전시켜 우리를 자연 상태의 인간보다 더 진보된 위치로 상승시켜준다는 믿음을 의미하는 것이다. 세 번째 생태학 법칙을 좀 더 노골적으로 표현한다면, 이는 인간이 자연 시스템에 대규모로 가하는 인위적인 변화가 대부분 해로운 효과를 낳을 것이라고 보는 입장이다. 상당히 극단적인 주장으로 보이겠지만, 제대로 된 맥락에서 이해한다면 분명 도움이 될 것이다.

이 법칙을 설명하기 위해 하나의 비유를 들어보겠다. 당신의 손목시계 뒷뚜껑을 열고, 눈을 감은 채 연필로 그 안을 쑤신다고 하자. 아마 십중팔구 시계는 고장 날 것이다. 물론 반드시 그런 결과가 날 것이라고는 절대적으로 보장할 수는 없겠다. 아주 드물겠지만, 그 시계의 톱니바퀴 하나가 어긋나 있었는데 하필 연필을 쑤셔 넣으면서 그 어긋나 있던 것이 제자리로 돌아갈 수도 있을 것이다. 하지만 이는 거의 불가능한 일이라고 봐야 할 것이다. 도대체 왜 그럴까? 당연한 일이다. 시계 속에는 수많은 기술자들의 '연구 개발'의 결과물이 잔뜩 들어있기 때문이다. 다시 말해 여러 세대의 기술자들이 시계를 만들어오면서 수많은 시계 부품과 조립을 시도해왔을 것이며, 지금 시계 속에 남아 있는 것은 지금껏 시도되었던 것들 중 가장 나은 부품들로 채워져 있을 것이라고 생각하면 된다. 결국 현재 시계 속에 들어있는 부속과 작동 방식은 예전에 시도되었던 수많은 조립 방식과 부품들 중 매우 제한적으로 선택된 것들로 이루어졌다고 보는 것이다. 따라서 이런 기계에 무작위적인 변화를 가한다면 아마도 예전에 시도되었으나 실패하고 말았던 상태로 돌아갈 가능성이 가장 크다. 따라서 시계의 법칙은 바로 '시계공이 가장 잘 안다'라고 누군가 이야기할 수도 있을 것이다.

이와 아주 비슷하면서도 의미 있는 비유를 생물학적 시스템에서도 발견할 수 있다. 생물체도 엑스선에 노출시키는 방법 등을 사용하여 후세대로 유전되는 무작위적인 변화를 지닌 돌연변이 출연의 빈도를 높일 수 있다. 그리고 엑스선에 노출시켰을 때 자연 상태에서 볼 수 있는 돌연변이와 비슷한 결과를 발견할 수도 있기 때문에, 아주 드물기는 하지만 '현재보다 나은' 변화를 가져오는 것이 가능하다고도 할 수 있을 것이다. 하지만 중요한 사실은 엑스선 노출에 의한 돌연변이의 거의 대부분은 생물에게 해로운 변화를 주었고, 그 결과 충분히 발달하기도 전에 죽음에 이르게 했다는 점이다.

시계의 사례에서처럼 살아 있는 생명체에게 무작위의 변화가 생길 경우 그 변화는 이로운 방향보다는 해로운 방향으로 나타날 가능성이 훨씬 높다고 하겠다. 두 가지 경우 모두 같은 이유로 설명할 수 있다. 바로 현재 생명체의 모습은 엄청난 양의 '연구와 개발'이 집적된 결과라는 사실이다. 사실 모든 생명체의 배경에는 20~30억 년에 이르는 '연구와 개발'이 존재한다. 그 긴 시간 동안 상상할 수 없을 만큼 많은 종류의 생물종이 생겨났고, 각 생물종은 자신이 타고난 무작위적인 유전적 변화가 주변 환경에 적응하는 데 얼마나 적합한지를 시험한 셈이다. 만약 유전적 변화가 생물종이 환경에 적응하는데 해로운 영향을 미치는 것이었다면, 그 생물종은 죽고 그 변화는 다음 세대로 전해지지 못했을 것이다. 이런 식으로 생물종은 쓸모 있는 유전적 부속품의 복잡한 집합체로 발전해왔으며, 생존에 도움이 되지 않는 조합은 진화 과정에서 대부분 도태되었다. 그러므로 현존하는 생물종이나 그들이 살고 있는 자연 생태계는, 오랜 시간 동안 해로운 것들이 계속 제거되면서 만들어진, 어떤 의미에서 일종의 '최적' 상태에 근접한 것이라 볼 수 있다. 따라서 새로운 무작위적 변화가 현존하는 형태에 비해 더 높은 생존 가능성을 보일 확률은 상당히 낮다고 할 수 있다.

이러한 원칙은 유기 화학의 세계에서 특히 유효하다. 살아 있는 생명체는 수천 가지의 유기화합물의 조합으로 이루어져 있다. 어떤 이들은 생명체를 이루는 화합물 조합의 일부를 인위적으로 대체하여 그 화합물을 '개선'할 수 있다고 생각한다. 하지만 세 번째 생태학의 법칙에 입각해 본다면, 자연 상태에 존재하지 않는 유기물질을 인위적으로 만들어 생태계에 들여놓는 것은 대부분의 경우 해로운 결과를 불러올 것이라고 보는 것이 적절하다.

그 이유는 살아 있는 생명체에게서 발견되는 화학 물질의 종류가 실제 존재 가능한 화학 물질의 종류에 비해 크게 적다는 점에서 엿볼 수 있다. 단적인 예로, 이론적으로 존재 가능한 모든 종류의 단백질 분자가 단 한 개씩만 존재한다 해도, 이를 모두 합치면 우리가 알고 있는 우주 전체보다 더 많은 무게가 나갈 것임을 생각해보라! 존재 가능한 단백질 종류는 형언할 수 없이 많지만, 생명체가 그것을 모두 만들지 않는다는 것은 명백한 사실이다. 이를 앞서 언급한 사실에 비추어 본다면, 현존하지 않는 수많은 종류의 단백질이 이전에 존재했었지만, 결국은 해로운 효과를 나타내어 사라지게 되었다고 볼 수도 있지 않을까? 이와 비슷한 사례로, 살아 있는 세포는 지방산(다양한 길이의 탄소 사슬을 지닌 유기화합물)을 합성하는데, 이들은 모두 짝수 개의 탄소로 이루어진 사슬을 형성하며, 홀수 개의 탄소로 이루어진 사슬은 존재하지 않는다. 이는 아마도 후자가 시도된 적이 있지만 도태된 것이 아니었을까 라는 추측을 하게 한다. 또 질소나 산소 원자가 연결된 유기화합물은 살아 있는 생명체에서 찾아보기가 매우 힘들다. 아마도 이런 종류의 화합물은 생명체에게 위험한 효과를 일으킬 수 있음을 나타내는 것으로 보인다. 그런 특성을 지닌 물질 대부분이 독성이 강하거나 발암물질인 경우가 많다고 이미 밝혀졌다. 추정컨대 DDT 또한 현재 자연 상태에서 찾아볼 수 없는 물질이지만, 아주 오래전에 어떤 운 없는 세포에 의해 합성되었다가 결국 그 세포의 죽음으로 끝나버렸을 것이라고 상상해볼 수도 있다.

생명체에서 일어나는 화학적 현상이 보여주는 놀라운 사실 중 하나는, 생명체가 만든 물질은 하나라도 예외 없이 자연계 어딘가에 그 물질을 분해할 수 있는 효소가 존재한다는 점이다. 자연적인 유기화합물은 그것을 분해할 수 있는 방법이 없는 한 절대로 합성되는 경우가 없다. 자연 상태에서는 재활용이 사실상 강제되는 셈이다. 그러므로 인간이 자연 상태에 존재하는 분자 구조와 판이하게 다른 유기화합물을 합성했을 경우, 아마 그 화합물을 분해할 수 있는 효소가 자연적으로는 존재하지 않을 것이기에 그 물질은 분해되지 않고 어딘가에 계속 쌓여만 갈 가능성이 높다.

이런 점을 고려한다면, 우리가 자연에서 찾아볼 수 없는 유기화합물을 만들어 낼 경우 그 물질이 다른 생명체에게 잠재적으로 위험한 영향을 미칠 수 있을 것이라고 가정하는 신중한 자세가 필요하지 않을까? 이러한 관점은 인간이 만든 유기화합물 중 생물학적 반응을 일으킬 수 있는 것들에 대해서는 우리가 약물을 대하는 것과 마찬가지로 매우 조심스런 태도를 가져야 한다고 역설한다. 하지만 현 상황에서 이렇게 신중한 자세를 기대하는 것은 무리일 수도 있겠다. 인간은 이미 그런 특성을 가진 화합물을 수십억 톤씩 합성해 생태계에 널리 퍼뜨려 수많은 생명체에 악영향을 끼쳤다. 그토록 다양한 세제와 살충제와 제초제를 만들어 지금껏 사용해오지 않았는가? 그리고 이로부터 비롯된 재앙적인 결과를 보라. 이러한 현실이야말로 '자연에 맡기는 것이 가장 낫다'는 생각을 가장 강력하게 뒷받침하고 있는 것이 아닌가?

네 번째 생태학 법칙

공짜 점심 따위는 없다(There is no such thing as free lunch).

이 네 번째 법칙은 원래 경제학에서 유래한 것인데, 내 생각에 이만큼 환경문제의 본질을 잘 나타내는 문장은 없을 것이다. 이 법칙은 경제학자들이 즐겨 인용하는 이야기로부터 시작되었다. 자기의 재산을 관리하기 위해 경제학의 도움을 받아야겠다고 마음먹은 한 석유 재벌의 이야기이다. 그 석유 재벌은 자문가들을 불러 이르기를, 목숨을 걸고 모든 경제학 지혜를 규합한 방대한 전집을 만들라고 일렀다. 그 전집이 드디어 완성되었는데, 성질 급한 그 재벌은 완성된 전집을 단 한 권의 책으로 압축하도록 명령했다. 이런 식으로 계속되다 보니 결국 그의 자문가들은 죽음을 면하기 위해서 그 모든 지식을 단 하나의 문장으로 줄여야 하는 지경에 이르렀다. 이것이 바로 '공짜 점심'의 법칙이 생겨나게 된 유래다.

경제학과 마찬가지로, 생태학에서도 이 법칙은 무언가를 얻었다면, 다른 어딘가에서 그 대가를 반드시 치러야 함을 경고하는 의미로 사용된다. 사실 이 법칙은 앞서 말한 세 가지 법칙의 의미를 모두 포함한다. 지구의 생태계는 모든 것이 서로 연결되어 있는 하나의 거대한 전체이고, 그 안에서는 그 어떤 것도 새로이 형성되거나 사라질 수 없으며, 인간이 그로부터 무언가를 끄집어내어 사용했다면 그것은 반드시 다른 무엇인가로 채워져야 한다는 의미이다. 생태계에서 무언가를 사용했다면 그에 대한 대가는 반드시 치러야만 하며, 만약 대가를 지불하지 않은 것으로 보이는 것은 단지 그 지불 시기를 연기했을 뿐이라는 것이다. 그리고 현재 나타나고 있는 환경 위기는 그 지불 시기가 너무 늦어졌다는 경고이다.

이 장을 통해 나는 지구에 존재하는 생명의 네트워크에 대한 하나의 사고방식을 제시했다. 나는 이 사고방식이 최대한 사실과 논리에 기반한 것이 되도록 노력했다. 바꿔 말하자면, 나는 이 사고방식이 과학적인 기반 위에 있도록 노력했다.

그런데 나를 당혹스럽게 만드는 사실이 있다. 앞서 네 가지 생태학 법칙으로 정리한 개념들이 사실은 과학적 분석이나 검증 없이 이미 과거부터 수많은 보통 사람들이 가졌던 생각이었던 것이다. 인간을 포함하여 다양한 생명체들이 연결되어 있는 복잡한 네트워크의 개념은 월트 휘트먼Walt Whitman의 시에서 이미 분명하면서도 너무나 아름답게 표현되었다. 또 『모비 딕』을 읽어도 자연의 물리적 환경과 그 안에 사는 생명체 사이의 상호 관계를 살펴볼 수 있다. 마크 트웨인Mark Twain도 작품을 통해 미시시피강 서부의 자연에 대한 방대한 지식을 자랑했을 뿐 아니라, 더 나아가 과학이 현실 세계와 얼마나 동떨어졌는지에 대해 신랄하게 풍자했다. 비평가인 레오 마르크스Leo Marx가 이야기했듯이, "미국 고전 작가(쿠퍼James Cooper, 에머슨Ralph Emerson, 소로우Henry Thoreau, 멜빌Herman Melville, 휘트먼, 마크 트웨인 정도가 적당하겠다)들의 작품을 제대로 읽어본 사람이라면 누구나 '생태학'이라 불리는 학문에 대해 관심을 가지지 않을 수가 없을 것이다".[6]

하지만 애석하게도 이런 문학적 유산만으로는 환경 위기를 극복하기 어렵다. 미국의 영향력 있는 기술자나 산업가, 농업가, 행정가라면 위 작가들의 작품을 조금이라도 읽어봤을 터이지만, 그들은 자연을 공격하는 일에 동참했거나 최소한 묵인한 것이 현실이다. 물론 그들도 캠핑이나 야생 조류 관찰이나 낚시 같은 활동을 즐겼을 것이고, 따라서 생태학이 밝히고자 하는 자연 현상에 대해서는 개인적으로나마 어느 정도 관심을 가지고 있었을 것이다. 그럼에도 불구하고 그들 대부분은 소로우가 사랑했던 숲이나 마크 트웨인이 애착을 가졌던 미시시피강, 그리고 멜빌이 묘사했던 바다가 바로 오늘날 공격받고 있는 현실에 대해 제대로 이해하지 못했다.

점점 심각해지는 환경오염 문제는 이런 위기 상황을 인식하게 해주었다. 레오 마르크스의 말을 다시 빌리자면, "현재 벌어지고 있는 환경 위기의 상황은, 인간과 자연의 조화로운 관계가 필요하다는 시적 감상에 더해 이를 뒷받침할 수 있는 사실에 기반한 과학적 근거를 제공해 준 셈이다." 이 말은, 일찍이 인간이 자연과 교감하고 자연을 바라보면서 발전시킨 관념이, 사실은 생태학이 제공하는 과학적 사실과 원칙을 통해 보더라도 의미 있는 근거를 가지고 있었음을 의미한다. 따라서 이러한 감상을 과학과 연결시키는 일은 환경 위기에 의해 훼손된 자연 환경을 복원하는데 유용한 도구가 될 것이다.

물론 월든 호수[미국 매사추세츠에 있는 호수로, 미국의 작가이자 철학가인 헨리 소로우가 1845년부터 2년간 그 주변에서 살면서 기록한 글을 『월든』이라는 책으로 펴내면서 유명해졌다] 주변의 숲이나 미시시피강 지류 정도의 자연 세계를 이해하는 것은 개인적인 경험으로도 충분히 가능할지 모른다. 하지만 원자폭탄과 스모그와 오염된 물로 점철된 지구 환경을 이해하기 위해서는 과학자의 도움이 꼭 필요하다.

제3장 원자로의 불

나의 환경 인식이 크게 높아진 것은 1953년으로, 이에 대해서는 미국 원자력위원회the Atomic Energy Commission, AEC에 공로를 돌려야 할 것 같다. 대부분의 사람들처럼 나는 그때까지 대기, 물, 토양과 같은 내 주변의 자연 환경이 아무런 대가 없이 주어진 것이라 생각했다. 물론 나도 생명 현상의 기본적인 특성을 연구하는 과학자이긴 했지만, 살아 있는 생물과 환경 사이의 관계를 연구하는 생물학의 한 분야인 생태학에 대해서는 아무런 교육을 받지 못한 상태였다. 그러나 제2차 세계대전 당시 미국의 전쟁 무기 프로그램에 참가한 대부분의 과학자들과 마찬가지로 나는 전쟁 중에 태어난 원자력 에너지가 지닌 상상을 초월하는 파괴적인 힘이 매우 걱정스러웠다.

원자력위원회는 원자력 에너지가 지닌 잠재적인 군사적, 과학적, 산업적 가치의 개발이라는 거대한 목표를 책임지기 위해 1946년 설립되었다. 원자폭탄 실험은 1951년까지 미국이 열여섯 번, 소련은 열세 번 감행했고, 이듬해에는 영국도 그 대열에 가담할 것이었다.

대부분의 원자폭탄 실험은 사람이 살지 않는 외딴 곳에서 이루어졌고, 실험 결과는 군사 기밀로 구분되어 철저히 가려졌다. 대개의 경우 원자력위원회는 실험이 이루어졌다는 사실 보고와 함께 원자폭탄 실험에 의한 방사능 노출은 일부 지역에만 국한되었으므로 일반인들에게는 아무런 피해가 가지 않는다는 내용의 짤막한 발표를 하곤 했다. 핵무장 경쟁의 문제점에 대해 공공의 장에서 논쟁하는 것은 당시 냉전 상황의 히스테릭한 분위기와 매카시즘으로 금기시되었다. 그런데 대자연은 이러한 금기를 무너뜨리고야 말았다.

1953년 4월 26일, 뉴욕 주의 도시 트로이에 난데없는 폭우가 쏟아졌다. 비가 내리는 와중에 근처 대학 실험실에서 방사능을 연구하던 몇 명의 물리학자들은 자연 방사선량이 갑자기 증가하는 현상을 감지했다. 그들은 고농도의 방사능비가 내렸음을 확인했고, 아마도 이는 네바다 주에서 실시한 핵실험으로 발생한 방사성 물질이 바람을 타고 북미 대륙을 가로질러 비에 씻겨 내리는 것이라 추정했다.[1] 그들 중 아이들을 집 안으로 불러들이라고 아내에게 연락한 사람도 있긴 했다. 하지만 누구도 이 사실을 공표하지는 않았다. 왜냐하면 이는 보안 사항을 어기는 것이었기 때문이었다. 그러나 과학자라는 직업은 끊임없는 소통을 하기 마련이기에 얼마 지나지 않아 미국 전역의 물리학자들은 조용히 빗물뿐 아니라 자기 자동차에 쌓여 있는 먼지까지 채취하여 방사능을 측정하고 있었다. 그 결과 핵실험에 의한 방사능은 거의 모든 곳에 존재하고 있음이 밝혀졌다. 공기, 빗물, 토양, 음식, 그리고 지표수 모두가 방사성 물질에 오염되어 있었다. 공식적으로는 비밀에 부쳐졌지만 이렇게 핵에너지는 환경문제로써 데뷔하게 되었다.

방사능은 생물에게 매우 해로운 영향을 끼치기에 많은 생물학자들은 방사능 낙진이 모든 생물에게 잠재적인 위해 요소라고 생각했다. 하지만 원자력위원회는 발 빠르게 이들의 우려에 대해 다음과 같이 지적했다. 방사성 낙진에 의해 오염된 공기나 먼지, 토양이 사람에게 미치는 영향은 매우 작으며, 그로부터 발생하는 방사선량은 암석의 라듐이나 우주선宇宙線cosmic ray 등 자연적으로 발생하는 방사선과 비교했을 때 결코 높지 않다는 것이다. 또한 대부분은 인체 깊숙이 침투하지도 못한다. 따라서 인체 밖으로부터의 방사선에 의한 위험은 아주 작다는 것이다. 이러한 해명은 당시만 해도 설득력이 있는 것처럼 보였다.

그런데 오래 지나지 않아 새로운 용어 하나가 과학자들 간의 사적인 대화에 자주 등장하게 되었는데, 그것은 바로 스트론튬90이었다. 환경 방사능 전문가가 아니라면 이 단어를 처음 듣고 누구나 나와 비슷한 인상을 받았을 것이다. 내 기억에는 물리학을 전공하는 동료들이 방사성 스트론튬이 낙진으로부터 감지되었다며 나누던 알아들을 수 없는 그들의 대화가 남아 있다. 하지만 그보다 의미 있게 느껴진 것은 당시의 상황이 심각함을 보여주는 그들의 걱정스런 표정이었다. 누구도 정확히 말하지는 않았지만 그들의 표정으로 나는 스트론튬90이 방사능 중에서도 매우 위험한 것이라고 직감했다.

사실은 이렇다. 아무런 해를 끼치지 않는 자연 원소인 스트론튬과 그 방사성 동위원소인 스트론튬90이 환경 속에서 보여주는 이동 경로는 이들과 화학적으로 유사한 칼슘과 매우 비슷하다. 식물이 토양으로부터 열심히 흡수한 칼슘은 그 식물을 섭취한 인체로 들어온다. 그런데 낙진으로 떨어져 토양으로 유입된 스트론튬90도 칼슘과 똑같은 먹이사슬의 경로를 통해 이동하기에, 야채, 우유, 그리고 사람의 뼛속에도 축적되는 것이다.

스트론튬90으로부터 발생하는 방사능은 투과성이 약해서 살아 있는 생체 조직 수 밀리미터도 통과하지 못한다. 하지만 스트론튬90이 일단 몸속으로 흡수되어 뼈에 축적되면서 뼛속의 살아 있는 세포에게 해로운 영향을 고스란히 주게 되므로, 몸 밖에 있을 때와는 비교할 수 없이 큰 피해를 주게 되며, 암과 같은 심각한 문제를 일으킬 수도 있다. 낙진의 위험성에 대해 우려의 목소리가 과학계로부터 급속하게 커지기 시작하면서 1953년 말에 이르러서는 이 문제가 마침내 비밀의 장막을 찢고 공론의 장에 등장하게 되었다. 이에 더해 1954년 3월 태평양에서의 핵실험 직후에 발생한 사고는 방사능 낙진 문제의 심각성에 대한 인식을 더욱 고조시켰다. 일본 국적의 어선인 다이고 후쿠류마루The Lucky Dragon[2]의 선원들이 방사능 낙진에 노출된 사고가 발생했다. 그 결과 많은 선원이 심각한 피폭 증상에 시달렸고 이후 사망자까지 나오고 말았다.

1953년 원자력위원회는 스트론튬90에 의한 위험은 "가축의 도살 및 해체 작업 중 작은 뼛조각이 고기에 섞여 들어간 것을 섭취하여 발생하는 정도"에 불과하다고 주장했다. 하지만 스트론튬90의 생물학적 영향에 대해 1954년에 알려진 바로는 햄버거 속에 섞여 들어간 뼛조각보다는 우유를 통한 스트론튬90의 흡수가 훨씬 많다는 것이었다. 결국 같은 해 원자력위원회는 오염된 우유로부터 스트론튬90을 제거하는 기술을 개발하기 위한 긴급 프로젝트를 발주해야만 했다.[3]

얼마 지나지 않아 저명한 과학 저널에 세계 곳곳에서 스트론튬90이 발견되고 있다는 연구 결과가 발표되기 시작했다. 결과적으로 핵무기 실험은 의도치 않게 전 세계의 인류를 대상으로 한 최초의 실험이 된 것이다. 방사능 낙진은 스트론튬90과 그 밖의 다양한 방사성 물질을 생명체의 네트워크인 지구상에 널리 퍼뜨렸다. 그 결과 인간이 만든 방사능 물질은 지구상의 모든 동식물과 미생물에게까지 축적되게 되었다.

이 사건은 많은 사람들에게 새삼스럽게도 환경이 인간에게 얼마나 중요한지에 대해 다시 한번 생각하게 하는 계기가 되었다. 미국의 원자력위원회 뿐 아니라 소련과 영국의 유사한 기구들도 자신들이 이루어낸 위업은 막대한 기술과 자원을 이용하여 엄청난 파괴력을 가진 신기술을 만들어낸 것이라고만 생각했을 것이었다. 그 누구도 의도적으로 방사능으로 지구를 오염하거나 공공의 건강을 위협하려 하지는 않았을 것이다. 어찌 되었건, 이 새로운 기술은 인류 역사상 최초로 어린이들의 뼛속에는 스트론튬90을, 그리고 갑상선에는 방사성 요오드131을 축적한 채 자라게 하는 결과를 낳았다.

비밀에 가려진 채 외딴 곳에서 일어난 핵실험이 어린이들에게까지 영향을 미치게 된 것은 바로 자연의 섭리 때문이었다. 바람은 방사성 낙진을 실험지로부터 지구 반대편까지 운반했다. 비와 눈은 그 낙진을 씻어내 흙으로 내려 보냈고, 풀과 작물은 흙 속의 방사능 물질을 빨아올렸다. 풀과 작물로 만들어진 음식을 통해 방사능 물질은 어린이들의 몸속으로까지 옮겨갈 수 있었고, 아이들 몸의 생물학적 현상으로 방사능 물질이 뼈와 내분비선에 축적되어 이 물질에 의한 위협이 더욱 증폭되었다. 핵실험이 일어날 때마다 방출된 방사능 물질은 정교한 생물의 네트워크로 이루어진 자연 속으로 계속 유입되었다. 의도치 않게 군 기술자들은 자신이 만들어낸 폭탄을 자연의 네트워크에 연결시켰고, 이는 그 누구도 예측하지 못했을 뿐 아니라 어느 누구도 원하지 않은 결과를 가져왔다.

핵실험은 자연 속의 복잡한 네트워크에 대해 우리가 얼마나 무지한지를 여실히 드러냈다. 핵실험 프로그램이 시작되었을 당시만 해도 핵폭발에 의해 생긴 방사능 낙진은 높은 성층권까지 날아올라 그곳에서 방사성 붕괴를 통해 인체에 무해한 수준이 될 때까지 몇 년이고 머물러 있을 것이라고 예상했다. 하지만 나중에 알려진 바에 따르면 성층권의 기류 때문에 그곳의 낙진이 불과 몇 달이면 지표면으로 떨어지게 될 뿐 아니라, 전 지구에 고르게 퍼지지 않고 세계 인구의 80퍼센트 가량이 모여 사는 북반구에 집중적으로 내린다는 것이었다. 원자력위원회의 예상과는 달리, 에스키모와 라플란드인들의 몸에는 온대 지방에 사는 사람들보다 훨씬 많은 방사능이 쌓였음이 밝혀졌다.

그런데 북극의 낙진량은 북반구 온대 지방의 10분의 1에도 못 미친다. 그 이유는 무엇이었을까? 바로 북극의 독특한 생물학적 먹이사슬 때문이었다. 온대지방의 식물은 일단 흙을 거쳐 어느 정도 희석된 방사능 낙진을 흡수하지만, 극지방의 지의류地衣類[균류와 광합성을 하는 녹조류나 시아노박테리아로 이루어진 공생생물]는 대기 중의 낙진을 곧바로 흡수한다. 따라서 지의류를 먹고 사는 순록에게 아주 높은 농도의 방사능이 축적되며, 순록을 잡아먹고 사는 에스키모와 라플란드인들에게는 더욱더 높은 고농도의 방사능이 축적되는 것이다. 우리는 여전히 북반구 낙진 흡수율의 지역적인 차이가 나는 이유를 완전히 이해하지 못한 상태이다. 예를 들어 왜 노스다코타 주의 맨댄이나 루이지애나 주의 뉴올리언스에서 생산되는 우유의 스트론튬90 농도가 다른 지역보다 높게 나타나는지, 그리고 이탈리아 밀라노 우유의 스트론튬90 농도가 세계 최고 기록을 나타냈는지는 여전히 수수께끼로 남아 있다.

낙진이 우리에게 가르쳐준 또 하나의 교훈은, 방사능이나 독성 물질에 많은 사람들이 노출되었을 때에 받게 되는 위험에 대해 우리가 제대로 이해하지 못하고 있었다는 사실이었다. 핵에너지 개발 이전에는 방사능이 인체 내부에 끼치는 영향에 대한 의학적 데이터가 매우 적었다. 그나마 존재했던 데이터는 수백 명의 아주 운 없는 여성들로부터 얻은 것이었다. 그들은 1920년대에 시계판에 페인트를 칠하는 여공들이었는데, 문제는 이들이 사용한 페인트 속에 라돈이 함유되어 있었다는 사실이었다. 여공들은 페인트가 묻은 붓 끝을 다듬기 위해 붓을 입술에 대는 과정에서 방사능에 노출된 것이다. 이 여공들에게서 나온 데이터에 따라 방사능 피폭에 대한 기준[4]이 세워졌는데, 그것은 일정 수준 이하의 피폭량으로는 우리 몸이 아무런 해를 입지 않는다는 전제에 기반하고 있었다. 이를 근거로 원자력위원회는 전체 인류를 고려한다면 낙진은 아무런 피해를 주지 않을 것이라는 주장을 펼 수 있었던 것이다. 나중에 가서야 보다 자세한 사실에 바탕한 새로운 기준이 세워졌다. 예를 들어 일반인들은 노동자와는 달리 방사능 노출을 회피할 방법이 없다는 점이나(직장에서의 방사능 노출은 일자리를 그만두면 회피할 수 있지만, 생활에서의 방사능 노출에 대해서는 그런 대응이 불가능하기 때문이다), 특히 어린이나 노약자와 같은 취약한 사람들이 포함되어 있다는 점을 감안해야 했다. 결국 '적정' 노출량은 예전 기준치의 3퍼센트 수준으로 조정되었다. 하지만 방사능에 대한 모든 종류의 노출은 유전자 파괴나 암 발병으로 나타나는 위험을 어느 정도는 수반하기에 완전히 '무해한' 피폭은 없다는 것이 실험으로 증명된 것은 이로부터 오랜 시간이 지난 후였다. 그 이후 방사능 피폭의 문제는 본래 그 복잡한 과학적인 특성을 고려하여 과학의 영역으로 제한되었다가, 이제는 공공성 및 윤리의 영역에서 다루어야 하는 문제로 확장되었다. 왜냐하면 새로운 핵무기를 개발하기 위해서 어린이들이 갑상선암이나 유전적 결함 등의 위험에 노출되는 정도를 어느 정도까지 감수할 수 있는지에 대한 문제를 다루어야만 하게 되었기 때문이다. 사실 이는 과학적으로만 대답할 수 없는 문제일 뿐 아니라, 이런 질문을 던지는 것만으로도 이 새로운 무기의 개발로 인해 지구의 재앙이 한발 더 가까워졌음을 인정하는 것이 되고 말았다. 이러한 문제는 더 이상 '전문가'의 결정에만 맡길 수 없는 것이다. 바로 사회가 결정해야 할 문제이며, 따라서 정치적이며 동시에 윤리적인 문제가 된 것이다.

방사능 낙진이 정치의 영역에 모습을 드러낸 것은 스티븐슨과 아이젠하우어가 미국 대선에서 맞붙은 1956년의 일이었다. 선거운동이 진행되는 동안 워싱턴 대학에서 호흡기 외과의로 활동하는 동시에 흡연이 폐암에 미치는 영향에 대한 연구의 선구자였던 에바츠 그레이엄 Evarts Graham 박사는 자연과학 교수들에게 방사능 낙진과 관련된 과학적 사실을 정리한 자료를 준비해줄 것을 부탁했고, 나중에 스티븐슨에게 보내는 편지에 이 내용을 포함시켰다. 그리고 스티븐슨이 이 편지를 선거운동 연설 중에 읽으면서 이 문제는 선거의 주요 이슈로 떠오르게 되었다.

스티븐슨은 비록 선거에서는 패배했지만, 이 사건은 핵무기에 대한 정확한 정보를 일반인에게 전달하는 것이 중요한 일임을 과학자들이 깨닫게 하는 계기가 되었다.

1958년 세인트루이스에 소재한 워싱턴 대학의 구성원들과 시민운동가들이 모여 세인트루이스 원자력정보위원회St. Louis Committee for Nuclear Information를 만들었다. 이 단체는 정기간행물과 발표회를 통해 과학자들이 주도하는 정보 운동의 효시가 되었으며, 현재는 다양한 환경문제에 대한 공공 교육에 전념하고 있다. 이 단체는 학부모교사협회Parent-Teacher Association, 교회, 시민단체 등의 모임에 참가하여 낙진이 왜 문제가 되는지를 알렸다. 그들은 어떻게 스트론튬90과 요오드131이 핵실험을 통해 생겨나며, 이 물질들이 자연에서 어떤 경로로 이동하여 인체에 쌓이게 되는지의 과정을 설명했다. 그들은 새로운 핵무기가 가져다준다는 그럴듯한 이득 외에도, 이 기술이 인간에게 어떤 피해를 불러일으킬지에 대해서도 이야기했다. 그들은 이러한 위험에 대한 사회적 판단과 결정이 전문가들이 아니라 시민들에 의해 내려져야 한다는 점을 특히 강조했다. 이즈음 해서 이와 비슷한 노력들이 미국 전역에서 진행되기 시작했다.

한편 정치 평론가들을 깜짝 놀라게 한 사건이 1963년에 일어났다. 미국 상원이 미·소부분핵실험금지조약The United States-USSR Limited Nuclear Test Ban Treaty을 절대다수의 찬성으로 비준하여 이 두 핵 강대국이 대기권 내에서 더 이상 핵실험을 하지 못하도록 한 것이었다. 이 예상치 못했던 일은 과학자들이 방사능 낙진에 대한 정보를 일반인에게 알리는 위와 같은 노력이 헛되지 않았음을 보여주는 사건이었다.

부분핵실험금지조약은 인간이 자연에 대해 현대 기술을 이용하여 마구잡이로 자행해 오던 공격에 대한 사실상의 첫 승리로 이해되어야 한다. 물론 이것이 아주 작은 승리에 불과하다는 것은 부인할 수 없다. 이후에도 미국과 소련은 지하 핵실험을 계속했고, 이 조약에 가입하지 않은 중국과 프랑스는 대기권 내에서의 핵실험도 계속 강행했다. 이 조약이 핵무기 경쟁을 멈추지는 못했지만, 두 가지 매우 중요한 결과를 이루어냈다는 것은 분명하다. 그 중 하나는 더 큰 인명 피해를 막았다는 점이다.

방사능 낙진에 의해 인간이 입게 된 피해가 완전하게 파악된 것은 아니다. 그럼에도 불구하고 방사능 노출이 암이나 유전적 결함, 그리고 평균 수명의 단축 등으로 인체 건강을 위협한다는 점은 분명하다. 물론 암이나 유전적 결함은 '자연적' 수준의 방사능 노출, 즉 방사능 낙진이 없이도 방사능을 방출하는 암석이나 우주선cosmic ray에 의해서도 유발될 수 있다. 낙진 이전의 자연 방사능 노출에 의한 유전적 결함의 발생 정도와 낙진 이후의 발병 정도를 비교한 결과, 1963년까지 미국에서는 5,000명이, 전 세계에서는 8만 6,000명이 낙진에 의한 유전적 결함의 피해를 입은 것으로 드러났다.[5] 유엔의 방사능노출영향평가과학위원회Scientific Committee on the Effects of Atomic Radiation가 1958년까지의 핵실험으로 발생한 전 세계의 피해 평가 결과도 이와 비슷하게 나타났다. 핵실험으로 인해 2,500명에서 10만 명 정도가 심각한 피해를 입은 것으로 추정되었다. 한편 어니스트 스턴글래스Ernest Sternglass 박사는 방사능 낙진으로 인해 미국에서만 40만 명의 영아와 태아 사망이 발생한 것으로 추정했다. 원자력위원회의 캘리포니아 리버모어연구소Livermore Laboratory의 아서 탬플린Arthur R. Tamplin 박사는 방사능 낙진으로 인한 사망자 수가 4,000명에 이를 것으로 추정했다. 이를 보면 방사능 낙진에 의한 인간 피해에 대한 정확한 평가는 분명 논쟁의 여지가 있어 보이지만, 과학적으로 분명한 것은 이러한 피해가 존재한다는 사실에 대해서는 그 누구도 부인하지 않는다는 점이다. 따라서 부분핵실험금지조약이 이러한 피해 양상을 방지하는 데 어느 정도는 도움을 주었다고 분명히 이야기할 수 있을 것이다. 1962년의 수준으로 핵실험을 1970년까지 계속하여 실시했다면, 방사능 낙진이 인간에게 끼친 피해, 특히 스트론튬90에 의한 피해는 지금껏 알려진 수준보다 여덟 배에서 열 배까지도 이를 수 있었을 것이다.

이 조약이 가져온 두 번째 중요한 성과는 바로 핵무기 자체가 과학적으로 실패한 기술이라는 사실을 분명히 밝혔다는 점이다. 핵무기로 국가를 지킬 수 없다는 점은 자명해졌다. 두 강대국 사이에서 핵전쟁이 발생할 경우 그 승패와 상관없이 지구 인류가 모두 멸망하는 참사를 피할 수 없는 상황이 되어버린 것이다. 이런 점에서 핵폭탄은 사실상 쓸모없는 무기인 셈이다. 그런데 미국 정부는 1945년 직후 핵무장을 결정했을 당시에도 이런 사실을 전혀 인식하지 못하고 있었음을 보여주는 증거가 드러났다. 핵무기를 이용한 '국방'이 실패할 수밖에 없다는 것은 당연하다. 핵무기는 반드시 생태적 재앙을 일으키기 때문이다. 미국 군부가 핵무기가 지닌 이와 같은 치명적 결함을 인식하지 못하고 있었음은 다음의 문건이 잘 보여주고 있다. 이 문건은 1961년 미 공군에 랜드연구소Rand Corporation가 제공한 보고서[6]로, 핵무기에 의해 나타나게 될 생태적 결과를 설명하고 있다.

> 이상하게도 이 문제는 많은 사람이 어느 정도는 걱정하고 있으면서도 여전히 무시되고 있다. 또 이에 대한 상세한 연구도 전혀 이루어지지 않은 상태이다. (……) 이 문제를 유발하는 수많은 생태학적 원리에 대해서 국방이나 전후 복구 전문가들이 과연 제대로 알고 있는가에 대해서는 부정적이다.

핵실험 프로그램과 마찬가지로 핵무기 시스템 역시 환경적인 측면에서는 완전한 실패작이었다.

이후 원자력위원회가 핵에너지의 평화적인 이용을 위해 얼마만큼의 노력을 기울였는지를 살펴보면, 이들이 핵무기 실험으로 발생한 문제에도 불구하고 아무런 교훈도 얻지 못했음을 알 수 있다. 이를 보여주는 단적인 사례로, 플라우셰어 프로그램Plowshare program[핵폭발의 과학 및 산업 분야에서의 비군사적 활용 기술을 테스트하는 프로그램으로 1958년에서 1975년까지 진행되었다]의 책임자였던 제럴드 존슨Gerald W. Johnson 박사의 제안[7] 몇 가지를 예시하자면 다음과 같다. 1964년 4월 미시시피 주 콜럼버스의 테네시 강으로부터 멕시코 만까지의 운하 건설에 핵폭발 이용을 제안. 1965년 2월, 미주리 주 세인트루이스의 미시시피 강에서 항해에 방해되는 구조물을 저렴한 비용으로 제거하기 위해 핵폭발의 이용 제안. 1965년 워싱턴 주 시애틀의 컬럼비아 강으로부터 퓨젯사운드까지 운하를 건설하는 데 핵폭발의 활용 제안.

이러한 제안이 나올 때마다 원자력위원회는 사업 시행 이전에 폭넓은 연구를 수행하여 핵폭발을 활용한 발파 작업이 지닌 몇 가지 소소한 기술적 문제를 해결할 것이라며 대중을 안심시켰다. 이들이 언급한 문제를 살펴보면 방사능 노출의 위험 최소화라든지, 방사능 물질이 국경을 넘어가는 것을 금지하는 핵실험금지조약의 조항을 에둘러 갈 수 있는 방법을 고안하는 것 정도였다.

최근 파나마 지협을 가로지르는 해수면 운하의 건설과 관련된 조사가 마무리되었다. 야심찼던 이 기념비적인 사업의 검토는 대통령 직속 위원회가 맡아 무려 6년에 걸쳐 실시했다. 1970년 12월에 위원회가 발표한 보고서[8]는 많은 것을 시사한다. 1,700만 달러를 투여해 핵폭발을 이용한 파나마운하 건설의 가능성을 검토한 결과 재래식 폭발 방식을 사용할 것을 권고한 것이다. 그 이유로 "핵 장비의 안정성에 대한 대책이 없으며", "핵실험방지조약과의 잠재적인 충돌"을 들었다.

1964년 4월 미시시피 주 콜럼버스에서 강연을 한 존슨 박사는 청중으로부터 다음과 같은 질문을 받았다. "과연 플라우셰어 프로젝트가 실질적으로 유용한 사업을 벌인 게 있기나 한 것이냐"는 질문이었다. 그는 "없습니다"라고 간단히 대답했다.[9]

지금까지도 그 대답은 유효하다. 1957년 이래 플라우셰어 프로그램의 성과는 산더미 같은 보고서와 수십 번의 심포지엄, 셀 수 없이 많은 보도자료, 그리고 방사능이 너무 강해 상업적으로 사용하지 못하는 천연가스 유전 두 개가 전부다.[10] 여기에 투입된 자본은 무려 1억 3,800만 달러에 달했다. 1970년에 이르러서야 플라우셰어 프로그램에 투입되는 연방 자금이 동결되었고, 다시 자금이 투입될 가능성은 거의 없어 보인다. 플라우셰어 프로그램은 결과적으로 1억 3,800만 달러를 허망하게 날려버린 것이다. 그리고 이 실패는 환경문제로 인한 것이었다.

평화적인 목적으로 사용되는 핵에너지 기술 가운데 현재 유일하게 작동하는 것은 원자력 발전뿐이다. 미국에서 진행 중인 다른 모든 원자력 관련 사업과 마찬가지로 이는 원자력위원회의 지휘 아래 이루어지고 있다. 원자력위원회의 설립 근거가 바로 국내에서의 원자력 에너지 사용 장려이다. 또 원자력발전소의 건설과 운용에 필요한 안전기준을 설정하고, 필요한 인허가를 내주고, 규정 위반 사례를 검토하는 책임을 맡고 있다. 역사상 유례를 찾아보기 힘들 정도로 막강한 행정권이 주어졌으며, 국방 사업 중에서도 높은 우선순위를 부여받았고, 사실상 자본을 마음대로 끌어다 쓸 수 있는 권한이 단 하나의 기관에 주어짐에 따라 원자력 에너지 산업은 급속한 발전을 이룰 수 있었다.

미국의 원자력발전소는 1957년부터 본격적인 가동이 시작되었다. 1965년에는 이미 11기의 원자력발전소가 가동 중이었다. 1970년에는 14기가 가동 중이었으며, 추가로 78개의 발전소가 건설 중이거나 건설 계획 단계에 있었다. 1975년까지 84개의 원자력발전소가 가동될 계획이다. 현재 원자력발전은 미국 총 전력 생산의 1퍼센트 가량만을 담당하고 있으나, 1980년까지 이를 37퍼센트로, 2000년까지는 50퍼센트까지 끌어올릴 계획이다[참고로 2013년 미국 발전량의 원자력 비중은 19.4퍼센트이다. 출처: IAEA "Nuclear Share of Electricity Generation in 2013", http://www.iaea.org/PRIS/WorldStatistics/NuclearShareofElectricity Generation.aspx, 2014년 8월 접속].[11]

이러한 통계 값을 보면 미국의 원자력 에너지 산업이 굉장한 성공을 거둔 것으로 보인다. 하지만 1970년 원자력 산업체의 연례 모임인 원자력에너지포럼Atomic Industrial Forum에 참가했다면 아주 다른 인상을 받았을 것이다. 이 포럼은 원래 원자력 에너지를 칭송하는 연설이나 원자로 기술 전시로 대부분 채워지곤 했다. 하지만 1970년의 포럼은 '생태학'이라는 완전히 새로운 주제로 뒤덮였다. 원자력 산업계가 원자력 활용이 환경에 미치는 영향에 대한 공식적인 입장을 밝혀야 하는 처지에 처음으로 놓이게 되었다. 그런데 그들의 대답은 그다지 고무적이지 못했다.

원자력발전소는 화석연료 발전소와는 달리 이산화황이나 분진과 같은 화학적 오염 물질을 배출하지는 않는다. 대신에 방사능 폐기물을 생성한다.[12] 이에 대해 원자력위원회는 원자력발전소가 배출하는 방사능 물질의 양이 원자력위원회의 안전기준에 훨씬 못 미치는 극소량이라는 이유에서 전혀 문제될 것이 없다고 말한다. 하지만 최근 대중의 경각심이 크게 높아짐에 따라 원자력발전소의 건설이 연기되거나 심지어 중단되기도 했다. 이에 대해 원자력위원회 회장이었던 글렌 시보그Glenn T. Seaborg 박사는 "국민들이 환경에 대해 너무 심각하게 생각하는 게 아닌가 싶다"는 반응을 보였다.[13]

하지만 원자력위원회를 괴롭히고 있는 것은 대중의 불만 이상의 문제들이었다. 미네소타 주의 수질오염관리원State Water Pollution Control

Agency은 새로운 원자로 설비 계획에 원자력위원회가 정한 것보다 훨씬 엄격한 환경 기준을 요구하기 시작했다. 원자력위원회는 미네소타 주가 이러한 기준을 강제할 권한이 없다고 문제 삼았고, 끝내 법정 공방으로까지 이어졌다. 그 와중에 원자력위원회가 직접 운영하는 리버모어 연구소로부터 방사능이 환경에 미치는 영향에 대한 새로운 우려가 제기되었다. 부분핵실험금지조약이 체결된 해인 1963년에 원자력위원회는 "평화 및 군사적 목적으로 실시되는 핵폭발로 배출되는 방사능 물질에 의한 환경오염에 대한 연구를 기획하고 진행하는" 연구 그룹을 형성했다.[14] 이 그룹을 이끈 사람은 존 고프먼John W. Gofman 박사로, 그는 원자력위원회의 리버모어연구소를 운영하는 캘리포니아 주립대학의 의료물리학과 교수였다. 1963년 이래 고프먼 박사는 탬플린 박사와의 공동 연구를 통해 방사능에 의한 환경오염에 관한 많은 보고서를 작성했다. 이 중 가장 중요한 결과는 원자력위원회의 안전기준을 당시 기준의 10분의 1로 낮추도록 권고한 것이었다. 물론 이 권고 사항은 원자력위원회와 원자력 에너지 산업체들의 강력한 반발에 직면했다.

이 논쟁에 대한 적절한 이해를 위해서는 다음의 사실을 알아둘 필요가 있다. 고프먼과 탬플린 박사는 당시 원자력위원회가 설정한 '적정' 수준의 방사능 노출량이 실제로 미국 국민 전체에게 가해진다면 그로 인한 암이나 백혈병에 의한 추가 사망자 수가 매년 3만 2,000명에 이를 것이라고 결론지었다. 이에 대한 반론으로 원자력위원회 위원인 테오스 톰슨Theos J. Thompson 박사는 원자력발전에 의한 일반 대중의 실제 방사능 노출량은 원자력위원회 허용 기준의 1만 7,000분의 1에 불과할 것이라고 주장했다.[15] 한편 원자력위원회의 오크리지국립연구소Oak Ridge National Laboratory 소속의 모건K. Z. Morgan 박사는 현재 원자력 산업에 의해 실제로 발생하는 추가 연간 사망자는 원자력위원회 허용 기준을 세우며 예상했던 추가 사망자 수의 0.5퍼센트에 불과하다고 말했다. 하지만 이런 주장이 안도감을 주지는 못했다. 왜냐하면 원자력 산업이 계획대로 확대될 경우 2000년 이후에는 현재 '적정' 수준을 훨씬 넘는 수준의 방사능 노출이 발생할 것으로 알려졌기 때문이었다.

원자로 방사능 배출 기준을 강화하라는 제안을 강력히 거부해오던 원자력위원회도 1971년에 이르러서는 적정 방사능 배출 기준을 약간 줄이는 데 동의했다. 하지만 그러면서도 원자력위원회는 예전에 왜 그렇게 배출 기준 강화에 반대 했는지, 또 고프먼-탬플린의 제안을 왜 여전히 거부하는지에 대해서는 아무런 설명도 하지 않았다. 이러한 문제를 해결하지 않고서는 원자력발전소가 환경에 미치는 영향에 대한 논쟁은 계속될 수밖에 없을 것이다. 그리고 바로 이 문제를 어떻게 해결하느냐에 따라 원자력 산업의 미래가 달려 있다고도 볼 수 있다. 원자력발전소로부터의 방사능 누출은 원자로 핵 연료봉을 둘러싸고 있는 피복관의 미세한 균열로부터 시작될 수 있다. 이 피복관의 제조는 매우 까다롭다. 아주 얇은 금속으로 만들어진 튜브는 기계적 변형 뿐 아니라 끊임없이 재질을 약화시키는 강한 방사능에도 견뎌야 한다. 현재 수준에서 방사능 배출량을 줄이기 위해서는 이미 고도로 발달된 상태인 이 기술을 더욱 개선하거나, 액체나 기체상의 원자로 배출 물질을 훨씬 효과적으로 제거하는 장치를 개발해야만 가능하다. 이 두 방법 모두 엄청난 비용을 필요로 하기에, 어느 방법을 선택하든 현재 원자력 발전이 다른 기존의 발전 방식에 비해 지니고 있는 약간의 경제적 우위를 없애는 결과를 가져올 수도 있다. 만약 발전 업체들이 이러한 변화에 드는 비용을 민간 투자만으로 해결하도록 한다면 원자력발전 대신 재래식 발전 방식을 택할 수밖에 없을 것으로 보인다. 한편 이러한 비용이 정부 보조금으로 충당된다는 것은 결과적으로 원자력 산업의 경제적 행위에 정부가 더욱 깊이 개입하고 있음을 인정하는 것을 의미했다.

한편 전력 산업은 점점 심각해지는 국가적 전력 부족 사태에 직면하였다. 미국의 일부 지역에서는 정전이나 전력 공급 제한이 일상적인 일이 되었고, 전력 산업계는 가능한 한 빨리 발전소를 새로 건설해야 하는 동시에 원자력발전소와 재래식 발전소 둘 중 하나를 선택해야 하는 상황에 놓인 것이다. 국가가 필요로 하는 전력 생산량을 무제한으로 만족시킬 수 있는 획기적인 기술이라 여겼던 원자력 에너지에 대한 기대가 순식간에 깨지고 말았다. 그리고 문제는 바로 핵무기 기술을 번번이 좌절시켰던 환경에 대한 영향이었다.

원자폭탄이 성공적으로 완성되었음을 전 세계가 알게 된 1945년의 운명적인 그 날 인간 역사의 새로운 장이 열렸음을 전 세계는 목격했다. 해마다 히로시마의 망자를 떠올리며 그 날을 기억하는 이들은 이제 인류에게 거대한 위협이 닥쳤으며, 전 세계를 멸망시킬 제3차 세계대전이 일어날 수 있게 되었다고 보았다. 반면에 폭발의 찬란한 섬광을 보며 드디어 인간이 '태양의 힘을 정복했다고' 믿은 사람들은 전 인류가—혹은 그 일부가—무한한 에너지를 사용하여 에너지를 요구하는 모든 과업을 이룰 수 있게 된 시대를 꿈꾸었다.

1945년 이후 원자력 시대가 시작되면서 이와 같이 정반대의 전망은 분명해졌으며 서로 간의 입장 차이도 더욱 크게 벌어지게 되었다. 한쪽은 통제 불가능한 원자력 기술의 힘에 의해 인류가 파멸에 이를 것이라는 생각을 지닌 이들로, 원자폭탄 이후의 세대로 일컬어지는 젊은이들이 주를 이루었다. 이들은 핵 위협과 함께 자라왔고, 핵전쟁으로 인해 당장 내일이라도 세계의 끝이 올 수 있다는 공포 속에서 살아온 세대였다. 다른 한쪽에는 이들의 연장자 세대가 있었는데, 이들은 인간 생명을 일정 정도 희생해서라도 이 새로운 힘을 반드시 손에 쥐고 싶어 했다.

이러한 대립 양상에도 불구하고, 이 새로운 과학은 확고한 기반을 가지고 있으며 따라서 그 새로운 기술도 뛰어난 것이며, 따라서 그로 만들어진 에너지는 도저히 거부할 수 없는 것이라는 생각은 널리 퍼져 있었다. 하지만 원자력 시대의 첫 사반세기는 이러한 믿음에 비극적이리만큼 심각한 오류가 있었음을 보여주었다. 태평양의 외딴 섬이나 지하 깊은 곳으로만 그 영향을 제한시키는 것이 가능하다면 핵기술이 성공이라 볼 수 있을지도 모르겠다. 왜냐하면 이 기술은 예상대로의 결과를 보여주었기 때문이다. 섬 하나를 완전히 증발시켰고, 또 막대한 전력을 성공적으로 생산했다. 하지만 아무리 외딴 섬이라 해도, 또 아무리 폐쇄된 원자력발전소라 해도, 아니 지구에서 벌어지는 그 어떤 현상도 지구를 감싸고 있는 이 얇고 역동적인 생명의 그물, 즉 지구 생태계와 완전히 분리되어 존재할 수는 없다. 따라서 핵분열에 의한 에너지가 환경과 충돌하는 바로 그 순간, 우리는 우리가 알고 있는 지식과 그에 기반한 기술이 완전하지 않으며, 따라서 생존을 위해서는 이 새로운 힘을 반드시 통제해야 함을 깨닫게 된다.

이야말로 새로운 기술의 시대와 환경이 처음으로 만나게 된 사건의 의미를 제대로 말해주고 있다는 것이 내 생각이다. 원자력을 둘러싼 경험은 인간이 지닌 현대 기술의 규모와 힘이 마침내 우리가 살고 있는 지구 시스템 전체와 맞먹게 되었음을 보여주었다. 또 우리의 생존을 보장하는 섬세한 환경의 연결망에 깊이 침범하지 않고서는 이 힘을 이용하는 것이 불가능하다는 것을 일깨워주었다. 환경에 미치는 우리의 영향력이 환경에 대한 우리 이해의 수준을 훨씬 넘어서고 있다는 경고인 셈이다. 그리고 환경에 영향을 미치는 모든 활동에는 이익 뿐 아니라 대가도 반드시 따르며, 특히 전 세계의 핵무기가 지금껏 침묵을 지켜왔다는 사실은 그 대가가 바로 우리의 생존 자체일 수 있음을 말해주고 있다.

하지만 사반세기에 걸친 원자력 시대의 경험을 통해 우리는 희망적인 메시지도 얻었다. 전체 환경 속에서의 본 모습을 고려한다면, 원자력 기술과 에너지에 대한 통제는 기술자들이 아니라 사회 전체에 의해 이루어져야 한다는 생각을 하게 된 것이다.

제4장
로스앤젤레스의 공기

현대의 대기오염[1]에 대한 우리의 이해를 크게 높여준 일등 공신은 바로 미국 캘리포니아의 도시 로스앤젤레스이다. 세상 어디에도 이 도시만큼 자연으로부터 축복받은 기후를 가졌음에도 이제 와서 인간에 의해 끔찍하게 오염되어버린 곳을 찾아보기는 힘들 것이다. 로스앤젤레스가 보여준 이런 대조적인 양상으로 인해 자연스럽게 이곳에 기반하여 대기오염의 원인과 해결책에 대한 관심이 일찍이 모였다. 그 결과 너무나 복잡하여 아직도 완전히 밝혀지지 않은 '현대 도시의 대기'에 대한 가장 완전하고도 풍부한 기록이 캘리포니아의 과학자들과 정부 관료들에 의해 남겨지게 되었다.

로스앤젤레스에 가장 먼저 골칫거리로 등장한 대기오염 물질[2]은 고대로부터 문제가 되었던 먼지였다. 1940년으로부터 1946년까지 도시에서 발생하는 먼지의 양은 하루 100톤에서 400톤으로 증가했다. 먼지의 근원은 쉽게 찾을 수 있었으니, 바로 공장의 굴뚝과 소각로였다. 이에 대한 대책으로 1947년부터 집진 장치 설치가 의무화되었고,

공터에서의 소각 행위가 금지되었다. 그 결과 2년 만에 낙진의 양은 하루 200톤으로 줄어들었으며 이후 제2차 세계대전 이전 수준으로까지 떨어지게 되었다.[3]

하지만 1943년에 이르러 로스앤젤레스의 시민들은 새로운 대기오염 물질을 만나게 되었다. 부연 안개의 모습으로, 때로는 황갈색을 띠고 나타나는 이 기체는 눈을 따끔거리게 하고 눈물이 나오게 했다. 이 문제는 빠른 속도로 심각해졌으며 산으로 둘러싸인 분지인 로스앤젤레스 카운티 전역으로 순식간에 퍼져나갔다.

로스앤젤레스 시민들은 이 새로운 오염 기체를 '스모그'라고 부르기 시작했는데, 이는 원래 1952년 영국 런던에서 4,000명의 사망자를 발생시킨 세계 최악의 대기오염 참사를 가리키는 용어였다. 런던 스모그에서 문제를 일으킨 것은 이산화황이었는데, 이 물질은 기도 표면의 세포를 파괴하여 이 세포들이 분진 등의 대기오염 물질로부터 우리 몸을 보호하는 자연적인 기능을 수행하지 못하게 하여 심각한 호흡기 질환을 유발했다. 영국의 경험에 비추어 봤을 때, 이산화황이야말로 로스앤젤레스 대기오염 문제를 유발한 가장 유력한 원인으로 보였다. 왜냐하면 당시 로스앤젤레스 근방은 전시 산업화 과정의 결과로 이산화황이 급격한 증가를 보였기 때문이다(이산화황은 황을 함유한 석탄이나 석유를 태우면 발생한다). 따라서 이산화황 배출량을 줄이기 위해 대체 연료를 사용하는 정책이 실시되었다. 이 정책의 결과는 성공적이었으며, 1947년 이후 이산화황 배출량은 점차 줄어들어 1960년에 이르러서는 전쟁 이전의 수준으로 떨어지기에 이르렀다.

그럼에도 불구하고 스모그 현상은 더욱 심각해졌다. 스모그의 진짜 원인에 대한 단서는 캘리포니아공과대학California Institute of Technology의 에어리 헤이건-스미트Arie J. Haagen-Smit 박사의 연구실이 밝혀냈다. 그는 특히 식물이 만들어낸 유기물질이 빛을 받아 일으키는 화학적 반응에 관심이 있었다. 그는 대기 중의 투명한 오염 물질이 햇빛과 반응하면서 눈에 자극을 일으키는 안개 같은 물질이 만들어진다는 것을 밝혀냈다.

스모그에 대한 완전한 이해는 그 이후의 후속 연구에 의해 비로소 이루어졌다. 스모그는 질소 산화물로부터 시작된다. 질소 산화물은 고온 화력 발전소나 고출력 가솔린 엔진처럼 공기가 매우 높은 온도에 이르면서 질소와 산소가 반응하여 만들어진다. 질소 산화물이 햇빛에 의해 활성화되면서 공기 중의 기화된 석유 같은 유기물질과 결합하면 페록시아세틸나이트레이트PAN peroxyacetylnitrate라 불리는 광화학적 스모그의 최종 산물이 만들어지게 되는 것이다. 그러므로 런던의 스모그가 연기와 안개, 즉 'smoke'와 'fog'로부터 만들어진 단어임을 본다면, 어원만을 엄격히 따져서는 로스앤젤레스의 대기 상태를 스모그로 표현하는 것은 문제가 있다. 다만 로스앤젤레스에서 나타나는 스모그는 이전에 런던에서 발생했던 스모그와는 완전히 다른 새로운 대기오염 물질임을 상기하는 의미로 이해해야 할 것이다. 그래서 최소한 미국에서의 '스모그'란 바로 로스앤젤레스에서 나타나는 이런 현상을 지칭하게 되었는데, 이는 정확하게는 '광화학적 스모그'를 말하는 것이다.

로스앤젤레스는 이런 화학적 지식에 기반하여 스모그를 줄일 수 있는 방법을 신속하게 찾아냈다. 가장 분명한 대책의 하나로 탄화수소물의 배출을 줄이는 방안을 제시했다. 그 대상은 당연히 당시 주변 지역에서 급속하게 성장한 유전, 정유시설과 여러 석유 화학 산업이었다. 유정과 정유시설로부터 그대로 뿜어져 나오는 오염 물질을 차단하기 위한 엄격한 규제가 시행되었다. 이에 따라 석유 관련 산업체에서 발생하는 일간 탄화수소의 배출량은 1940년에 2,100톤이었던 것이 1957년에는 250톤으로 줄어들었다.

그럼에도 불구하고 로스앤젤레스의 스모그 현황은 악화일로에서 벗어나지 못했다. 매년 아주 심각한 수준의 스모그가 더욱 자주 발생하게 되었다. 로스앤젤레스 카운티에서 눈을 자극하는 수준의 오염 상황이 발생한 날이 1959년에만 187일이었다. 이런 날이 1960년에는 198일, 1961년에는 186일, 1962년에는 무려 212일에 이르렀다. 산업 시설로부터 배출되는 탄소화합물을 적극적으로 규제하는 정책이 성공적이었음에도 로스앤젤레스는 여전히 스모그의 피해에 시달리고 있었다.

그 이유는 1953년 새로이 밝혀진 사실에 따라 분명해졌다. 이 조사에 의하면 석유 산업으로부터 배출되는 탄소화합물이 매일 500톤이었는데 비해 승용차, 버스에 의해 배출되는 양은 1,300톤에 달했다는 것이었다. 1957년에 이르러서는 자동차에 의한 탄소화합물 배출이 전체 배출량인 2,500톤의 80퍼센트에 이르렀다. 드디어 진짜 범인이 밝혀졌다. 바로 자동차 산업이었던 것이다.

이는 로스앤젤레스처럼 이른바 잘나가는 도시에게 제대로 된 맞수가 생기게 된 사건이라 하겠다. 미국 자동차 산업은 매년 150억 달러에 달하는 매출을 올리고 있었다. 그뿐만 아니라 자동차 산업은 매년 100억 달러의 시장 규모를 가진 석유 산업과 밀접한 관계를 맺고 있다. 또 자동차 산업은 미국의 군사 산업과 금융 산업에서도 주요한 위치를 차지하고 있었으며, 그래서인지 자동차 산업계의 거물들은 종종 정부 고위직에 종사하기도 했다. 이러한 산업들이 매년 광고에 쏟아 붓는 돈 또한 수억 달러에 이르렀는데, 물론 이 돈은 언론 산업에게 주요한 수입원이었다. 마지막으로 자동차 산업계의 기술 개발 분야 또한 수천 명의 엔지니어와 과학자를 고용하는 엄청난 규모를 자랑하고 있었다.

이렇게 거대한 힘에 맞서는 것은 로스앤젤레스의 몇몇 공무원뿐이었다. 이 중에서도 가장 일관되게 자동차 스모그에 맞선 사람은 아마도 로스앤젤레스 카운티의 감독관이었던 케네스 한Kenneth Hahn[4]이었을 것이다. 그가 미국 자동차 산업의 중심지였던 디트로이트라는 거인과 오래도록 맞섰던 기록은 우리에게 많은 것을 일깨워준다.

1953년 2월 19일, 케네스 한은 포드사Ford Motor Company 회장에게 '배기가스 내의 탄소화합물을 없애거나 대폭 저감하기 위한 연구나 실험을 수행하고 있는가'를 문의했다. 포드사 홍보부는 '기술진에 따르면 자동차 엔진이 배기가스를 배출하는 것은 사실이지만 배기가스는 대기 중에서 순식간에 흩어지므로 대기오염 문제를 야기하지는 않는다'고 답했다. 케네스 한에게 보낸 답장을 살펴보면 포드사와 제너럴 모터스사General Motors Corporation 그 누구도 배기가스를 처리하는 장치의 개발에 대해서 아무런 관심도 보이지 않았다.

하지만 케네스 역시 만만찮게 고집이 센 사람이었고, 1953년 말에 이르러 자동차 제조업체들은 이 문제에 대해 산업계 전체가 연구하고 있음을 인정했다. 열아홉 달 후 케네스는 배기가스 통제 장치가 개발되었는지를 다시 문의했다. 이에 대해 디트로이트는 '빠른 시일 내에 자동차 배기가스 중 탄소화합물의 저감을 이루기 위한 방안을 제시할 수 있을 것'이라고 답했다.

열여덟 달이 또 지났다. 이제 케네스 한은 1957년 식 자동차 모델에 위의 저감 장치가 장착될 것인지 문의했다. 답변은 다음과 같았다. "우리의 목표는 1958년 모델부터 저감 장치를 장착하는 것이다."

이와 비슷한 문의와 답변이 계속되다가 1960년 10월에 이르러서야 케네스 한은 제너럴 모터스사의 회장으로부터 다음과 같은 소식을 접하게 되었다. "1961년부터 캘리포니아에서 판매될 모든 제너럴 모터스의 승용차량에 포지티브 크랭크케이스 벤틸레이션positive crankcase ventilation, PCV 장치를 장착하기로 결정했음을 알려드립니다. 우리는 비교적 저렴하고 복잡하지 않은 이 기술이 대기오염을 저감하는 데 크게 기여할 것이라고 믿습니다." 하지만 케네스 한은 불만을 표시했다. 왜냐하면 대부분의 탄화수소 물질이 배기가스로부터 배출되기 때문에, 이 기술로 인한 탄화수소 물질 저감 효과는 25퍼센트에 불과하기 때문이었다. 1965년까지도 배기가스에 대한 아무런 조치가 취해지지 않자, 케네스 한은 대통령과 의회의 결단에 호소하게 되었다. 1966년, 마침내 배기가스 조절 장치가 캘리포니아에서 판매되는 신차에 장착되면서 로스앤젤레스의 탄화수소 배출량은 서서히 줄어들기 시작했다.

1965년부터 1968년 사이 자동차로부터의 탄화수소 배출량은 일간 1,950톤에서 1,720톤으로 줄어들었다. 규제가 없었다면 이는 아마도 1968년에 2,400톤으로 늘어났을 것이다. 안과 질환도 줄어들었다. 탄화수소뿐 아니라 자동차로부터의 주요한 오염 물질인 일산화탄소도 함께 줄어들었는데, 그 이유는 새로이 부착된 장치가 탄화수소뿐 아니라 일산화탄소를 저감하는 효과도 보여주었기 때문이었다. 1965년부터 1968년까지 대기 중 일산화탄소량이 '심각한 수준'(여덟 시간 동안 30ppm의 농도가 유지)이었던 날은 58일에서 6일로 줄어들었다. 이는 1955년의 11일보다도 낮은 수준이었다.

이것만 놓고 본다면 1968년에 로스앤젤레스는 스모그 문제의 해결을 위한 길고도 험난했던 여정을 성공적으로 마치면서 축제라도 벌여야 하는 것으로 보였다. 하지만 상황은 새로운 국면을 맞이하게 되는데, 그것은 배기가스 오염을 개선하기 위해 장착된 장치가 또 다른 문제를 불러 일으켰기 때문이었다. 1965년부터 1968년에 걸쳐 탄화수소 배출량은 12퍼센트 줄어들었지만, 로스앤젤레스의 대기 중 질소산화물의 양은 오히려 28퍼센트 증가했다.[5] 1965년 이산화질소 농도가 '유해 수준'을 넘어선 날은 100일에 이르렀으며, 1968년에는 132일로 증가했다.

이는 아주 심각한 상황이었다. 왜냐하면 일산화질소는 스모그 형성에 관여하는 것만 제외한다면 그 자체로는 상대적으로 무해한 물질이었던 것에 반해, 이산화질소는 독성이 매우 강한 데다가 심각한 산업 재해를 유발한 전례가 있는 물질이었기 때문이다. 이산화질소는 폐세포를 파괴하고, 폐혈관을 확장시키고, 일정 이상의 농도에서는 폐수종을 유발하여 죽음에까지 이르게 하는 무서운 오염 물질이다. 이 정도로 심각한 효과는 보통 도시 대기 상태보다 훨씬 높은 농도 수준에서만 나타난다. 하지만 아주 낮은 농도의 이산화질소에 노출된 실험동물의 반응의 결과와 도시 주민 중 민감도가 높은 사람을 고려하여 이산화질소 허용치는 한 시간에 2ppm의 농도로 설정되었다. 그런데 로스앤젤레스에서 측정된 이산화질소 농도는 1.3ppm으로, 허용치에 위험하게 근접한 상황이었다.

이산화질소는 유색의 기체로 공기를 갈색으로 물들인다. 이산화질소의 농도가 증가하자 특히 항공로나 고속도로를 따라 심각한 가시도 문제가 발생하기 시작했다. 이산화질소는 식물에게도 유독한 기체이다. 심지어 1ppm 미만의 농도에서도 토마토의 성장률은 30퍼센트나 줄어들 정도였다.

자동차 배기가스를 줄이려는 한 가지 노력이 어떻게 이산화질소의 증가를 유발했는가는 두 가지 이유로 설명할 수 있다. 그 하나는 아주 간단한 생태학 법칙에 기반한 설명으로, "모든 것은 어디론가 가게 되어 있다"는 생각에 바탕하고 있다. 대기 중에서 햇빛에 의해 형성되는 일산화질소와 이산화질소의 혼합기체는 탄화수소 배기가스와 결합하여 PAN을 형성한다. PAN은 응결되어 진득한 물질을 형성하며 떨어지는데, 이는 로스앤젤레스 고속도로를 잠시라도 달린 자동차의 앞유리에서 쉽게 발견되는 물질이다. 그런데 탄화수소 배출량을 줄여서 스모그의 형성이 줄어들자 남아도는 질소 산화물은 당연히 더 높은 농도로 집적되기 시작했다.

질소 산화물의 예상치 못했던 증가를 유발한 또 하나의 요인은, 자동차 제조업체가 고안한 탄화수소 배출물 저감 장치가 오로지 탄화수소와 일산화탄소만을 고려했다는 점에서 비롯되었다. 이 유일한 목표를 달성하기 위해 고안된 방법은 실린더 내에서 연료가 더 완벽하게 연소되도록 하기 위해 흡기량을 증가시키도록 엔진을 개조한 것이었다. 하지만 이 변화는 결과적으로 공기의 주 구성 성분인 질소의 연소를 증가시킴으로써 질소산화물 생성을 늘렸다. 한마디로 말하자면 탄화수소물을 감소시키기 위한 엔진 개선은 질소산화물의 증가를 가져온 것이다. 따라서 이 규제를 강제하면서 로스앤젤레스는 하나의 오염 물질을 다른 오염 물질로 대체했을 뿐이었다.

스모그를 둘러싼 전쟁터의 양상이 이제 바뀌고 말았다. 질소 산화물을 줄이는 일이 새로운 문제로 등장했다. 고온에서 연소가 발생할 때에는 항상 질소 산화물이 만들어진다. 그런데 로스앤젤레스에서 발생하는 질소 산화물 총 배출량의 20~25퍼센트는 발전소로부터, 75~80퍼센트 가량은 자동차로부터 나오는 상황이었다. 그러므로 질소 산화물 문제의 해결책은 또 다시 자동차 제조업체에 넘겨지게 되었다.

이제 자동차 제조업체들은 질소산화물 감소라는 새로운 과제와 맞서게 되었다. 이를 해결하기 위해서 엔진 연소과정에서 발생하는 질소산화물을 무해한 물질로 바꿔주는 배기가스 촉매 시스템이 개발되었다. 하지만 휘발유 첨가제로 사용되던 납에 의해 촉매제는 쉽게 오염되었다. 이는 결국 스모그 문제는 자동차 제조업이 핵심적으로 추진하던 고출력 고압축 엔진 기술과, 이러한 엔진이 필요로 하는 고옥탄 연료로 인해 생기고 있음을 분명히 보여주는 사례였다. 고옥탄 연료는 대개 4에틸납tetraethyl lead을 첨가제로 포함했다. 무연 고옥탄 휘발유의 제조가 불가능한 것은 아니었지만, 이를 위해서는 정유 산업의 시설물을 대거 교체해야 할 뿐 아니라, 자동차 엔진 디자인에도 큰 변화가 있어야 한다는 문제를 안고 있었다. 그뿐 아니라 점차 복잡해지는 배기가스 기관의 구조가 과연 일상 조건에서도 효율적으로 작동할 것인가라는 심각한 문제가 있었다. 당시 캘리포니아 주가 실시한 테스트에 의하면, 해당 배기가스 장치의 수명은 5,000~1만 마일 [약 8,000~1만 6,000킬로미터]에 불과했고, 수명이 지나고 나면 캘리포니아 규제 수준을 넘어서는 배기가스를 배출하게 되는 상황이었다.

게다가 납 자체도 독성이 강한 물질이다. 1923년 이후 미국에서 생산되는 휘발유에 4에틸납이 첨가되면서 환경으로 납 배출량이 급격하게 증가했다. 현재 미국의 1인당 연간 납 사용량[6]은 2파운드[약 900그램]에 이른다. 교통경찰처럼 배기가스에 노출되는 직업군의 사람들에게서는 인체에 해로운 수준에 육박하는 납중독이 발생하고 있는 상황이 보고되고 있다. 최근 연구에 의하면 필라델피아 도시지역에 서식하는 비둘기 체내 납 농도가 농촌지역 비둘기의 열 배에 이른다고 한다. 납 오염은 현대의 고압축 엔진을 생산하는 자동차 산업에 의해 만들어진 심각한 환경 유해 요인인 것이다.

캘리포니아는 자동차 산업의 대응이 크게 부족했다는 판단에 따라, 자동차에 의한 대기오염 문제에 제때 대응하지 못한 책임을 물어 자동차 제조업체를 제소했다. 하지만 1969년의 이 소송은 미국 법무부에 의해 기각되었고, 자동차 제조업체들은 미국 대기오염규제국 United States National Air Pollution Control Agency이 정한 배기가스 오염 저감 계획에만 따르기로 약속했다. 게다가 1970년 11월 대기오염규제국은 다음 해에 자동차 제조업체가 달성하기로 했던 배출가스 규제 기준을 완화해주었다. 대신 1975년에 강화된 규제 기준을 마련하기로 제안했지만, 산업계는 이미 그 기준을 맞추지 못할 것이라고 주장하고 있는 상황이었다.

이 정도가 현재의 상황을 요약한 것이다. 오랜 시간에 걸쳐 광화학적 스모그를 저감하기 위한 끊임없는 노력에도 불구하고 로스앤젤레스가 얻은 성과는 초라했다. PAN을 아주 약간 감소시켰고 일산화탄소는 그보다는 더 많이 감소시켰으나, 그 대가는 이산화질소라는 훨씬 심각한 대기오염 물질의 증가였다. 이제 전쟁터는 자동차 산업의 중심지인 디트로이트로 옮겨졌는데, 이곳은 대기오염 문제의 해결을 위한 자동차 엔진의 대폭적인 개조는 전혀 쓸모없는 일이라 믿는 업체들이 있는 그런 곳이었다.

자동차 산업계가 초기에 내세운 변명은 광화학적 스모그가 지형과 강렬한 태양빛으로 인해 로스앤젤레스에서만 발생하는 특수한 현상이라는 것이었다. 하지만 지금 미국의 거의 모든 도시에서 광화학적 스모그가 발생하고 있고, 놀랍게도 애리조나의 피닉스와 같은 작은 도시에서도 많이 나타나고 있다. 광화학적 스모그는 도쿄, 멕시코시티, 부에노스아이레스 등 세계 주요 대도시 대부분에서도 발생했다. 다만 햇빛이 부족한 런던 같은 도시만이 제외될 뿐이다. 런던이 제외된 이유는 스모그를 형성하는 광화학적 반응의 특성에 의한 것으로, 런던의 오명으로 간주되는 궂은 날씨가 사실상 축복으로 탈바꿈한 아이러니한 일이라 볼 수 있겠다.

광화학적 스모그와 그를 구성하는 물질인 질소산화물과 탄화수소물은 전체 도시 대기오염 문제의 일부에 지나지 않는다. 이외에도 도시 대기오염 물질에는 황산화물을 비롯해 용광로와 산업 설비, 그리고 자동차 타이어와 아스팔트 포장도로에서 배출되는 분진, 자동차 브레이크 라이닝과 건축 자재에서 나오는 석면, 산업 시설에서 유출되는 수은과 각종 유기화합물도 포함된다. 미국 공중위생총국Public Health Service이 1963년에 조사하여 발표한 보고서[7]는 미국 대도시 대기에서 자연 상태에서는 발견되지 않는 물질이 무려 서른아홉 가지나 검출되었다고 알리고 있으며, 이 목록은 매년 더 길어지고 있는 상황이다. 특히 수은과 석면 두 가지 주요 대기오염 물질이 처음 발견된 것은 불과 몇 년 전의 일이었다. 도시 대기 분진의 화학적 구성도 아직 제대로 알려져 있지 않다. 도시 대기 분진을 이루는 물질 중 밝혀진 것은 40퍼센트에 불과하다.

그뿐만 아니라 이러한 대기오염 물질들은 서로 화학적으로 반응하는데, 그 반응 정도는 기온, 습도, 그리고 광조건에 의해 영향을 받는다.[8] 이러한 복잡한 특성을 보면, 대기오염 물질의 정확한 구성이 아직 알려져 있지 않은 것이 문제가 아니라, 과연 오염 물질의 특성을 어느 정도 이상으로 밝혀내는 것이 가능하기나 한 일인가 하는 의문이 들게 한다.

특정한 화학반응의 과정을 알아내기 위해서는 그 반응을 따로 분리해내어 살펴보는 것이 중요하다. 이런 분리 없이는 다른 화학반응으로부터의 영향을 구분하기 어렵기 때문이다. 그러나 다양한 오염 물질이 복잡하게 섞여 있는 도시 대기로부터 몇 가지 물질만을 떼어 놓고 반응을 보는 방식은 현실과는 사뭇 동떨어진 것으로, 실험을 위한 실험의 결과를 보일 수도 있을 것이다. 물론 이는 이론적인 한계를 나타내는 것이며, 사실 위와 같은 실험을 통해 유용한 몇 가지 정보는 이끌어 낼 수 있었다. 그 중 대표적인 것으로 로스앤젤레스의 중요한 대기오염 물질인 스모그와 관련된 반응 중 PAN 물질 형성까지의 일련의 화학적 반응을 부분적으로나마 규명한 것을 들 수 있다. 그러나 로스앤젤레스로부터 알아낸 이 정보는 정작 뉴욕시의 스모그를 이해하는 데에는 그리 큰 도움이 되지 않는다. 왜냐하면 뉴욕에서는 스모그의 형성에 황산화물이 관여하는데, 이 과정은 아직 제대로 설명되지 않은 상태이기 때문이다. 대기오염 현상은 매우 복잡하고 변이성이 크기에, 부분적인 분석으로만 자세히 살펴보는 것은 대기오염 문제를 설명하는데 한계가 있다.

이런 상황에서 대기오염이 건강에 미치는 악영향을 정확하게 평가하는 것은 매우 어렵다. 특정 오염 물질과 질병 간의 단순한 인과관계를 밝히려는 노력은 결국 대기오염 문제의 복잡한 상호작용의 늪에 빠져서 헤어나지 못하는 상황을 만드는 경우가 많기 때문이다.[9]

오염된 도시 대기 속에서 흔히 발견되는 벤조피렌이 일으키는 폐암을 예로 들어보자. 벤조피렌에 의한 피해를 평가하는 일반적인 방법은 공기 속의 벤조피렌 농도를 정하고, 이 농도에 따른 동물 실험의 결과로 나타나는 발암 위험성을 평가하는 것이다. 이 결과를 바탕으로 뉴욕의 대기로 인해 발생하는 폐암 발병 확률은 하루에 담배 두 갑을 피울 때 나타나는 확률과 비슷하다고 평가하는 것이다.

이런 결론은 깔끔하고 강한 인상을 남기긴 하지만, 반드시 정확하다고 보기도 어렵다. 그 이유 중 하나는, 벤조피렌에 대한 우리 몸의 생물학적 반응이 다른 대기오염 물질에 대한 반응과 상호작용을 일으킬 수 있다는 점에서 비롯된다. 동물 실험 결과를 보면, 벤조피렌의 농도가 낮을 경우 그 자체만으로는 실험쥐에게 암을 일으키지 않았지만, 감염 상태에 놓인 쥐에게는 낮은 벤조피렌도 암을 일으켰다. 게다가 더 복잡한 문제는 이산화질소와 같은 다른 대기오염 물질도 감염을 쉽게 일으키게 한다는 사실에서 비롯된다. 또 이산화황이 일으키는 기관지 수축 현상은 대기 중에 분진이 많을 경우 더욱 심하게 나타나기도 한다. 그뿐만 아니라 이산화황은 기도의 섬모 세포를 마비시켜 대기오염 물질을 제거하는 기능, 즉 폐의 자기 보호 기능을 저해한다. 이런 이유로 이산화황은 벤조피렌과 같은 발암물질이 폐에 미치는 나쁜 영향을 심화시켜 발암 위험을 더욱 높이는 효과를 초래하는 것이다.

단 하나의 오염 물질만을 골라서 그것이 특정한 건강 문제를 일으킨다고 파악하는 것은 매우 어려운 일이다. 그럼에도 불구하고 현재 과학자들이 사용하는 '과학적 방법론'은 한 가지 원인과 결과에 기반한 인과관계에 집착하고 있으며, 대기오염으로 발생할 수 있는 건강 문제에 대한 연구도 이와 비슷한 관점에서 이루어지고 있다. 이런 연구는 진정한 인과관계를 제대로 규명하는 데에는 대부분 실패한다. 다만 매우 한정된 경우, 예를 들어 석면이 특정 폐암을 유발한다든지 카드뮴과 같은 중금속이 심장질환을 더 많이 일으킬 수 있다는 정도의 특수 인과관계만을 밝힐 수 있을 뿐이다. 통계 자료는 도시의 오염된 공기를 마시는 사람들이 그렇지 않은 농촌 인구에 비해 보다 많은 질병에 시달리고 있음을 나타내고 있다. 대체로 도시 대기오염에 많이 노출된 사람일수록 기침, 감기나 다른 호흡기 질환, 기관지의 축소, 폐기종, 기관지염, 폐암, 심장 및 동맥 질환, 눈 따가움, 천식 등의 증상을 더 많이 보이는 것으로 관찰되었다. 또한 입원율과 같이 질병 발병도를 일반적으로 나타낼 수 있는 지표들도 도시 대기오염 정도를 반영하는 환경 지표와 관계가 있는 것으로 드러났다. 기온, 습도, 기압, 분진 농도, 이산화황과 질소산화물 농도, 카드뮴, 아연, 바나듐과 같은 중금속 농도 등이 이에 해당한다. 하지만 질병 발병도 지표는 비환경적 요인, 즉 나이, 작업 환경, 경제 수준, 흡연 정도 등에 의해서도 영향을 받는다는 사실에 유념해야 한다.

이렇게 다양하게 나타나는 대기오염 문제의 복잡성[10]은, 단 하나의 특정 대기오염 물질과 특정 건강 문제 간의 관계를 밝히는 것이 왜 그리도 어려운지를 설명해준다. 그러나 거칠기는 하지만 과학적으로 의미 있는 결론은 분명히 존재한다. 바로 오염된 공기는 사람을 쉽게 병들게 하며, 죽음을 앞당길 수도 있다는 것이다.

그리고 대기오염의 영향에 대한 거의 모든 통계적 연구에서 공통적으로 나타나는 결과는, 그 피해가 대개 빈곤층이나 노약자와 이미 건강상의 문제를 겪고 있는 사람들에게 가장 크게 나타난다는 것이다. 특정 형태의 사회 발전, 예를 들어 영양 상태, 주거 환경, 의료 시설 등의 개선은 질병에 대한 저항력을 키워 시민들의 건강을 향상시키는 것으로 알려져 있다. 그렇다면 대기오염은 이와 비슷하지만 인간 건강에 대해 정반대의 효과를 초래한다고 할 수 있다. 결과적으로 사회 발전을 파괴하는 요인인 것이다.

자동차는 현대 과학기술이 일반인에게 준 가장 큰 혜택의 상징이라기에 손색이 없을 것이다. 그리고 이 기술의 성공과 실패를 결정짓는 기반은 공장의 출고 라인이라고 볼 수 있다. 자동차가 생산되는 한, 그와 관련된 과학기술은 성공했다고 간주할 수 있을 것이다. 하지만 공장을 떠나 환경으로 들어오는 순간 자동차는 독성 수준에 육박하는 일산화탄소와 납 중독을 유발하고, 폐 속에 발암물질인 석면 조각을 심어놓아 수많은 사람들을 불구로 만들거나 죽음에 이르게 했다. 자동차가 지닌 가치는 과학기술로 높아졌지만, 환경적 실패로 낮아지고 말았다.

대기오염을 단순히 우리 생활을 불편하게 하거나 건강을 위협하는 요인으로 국한시켜 이해해서는 곤란하다. 대기오염 현상이 우리에게 말해주는 것은 무엇일까? 바로 인간이 가장 자랑스러워하는 과학기술의 성과랄 수 있는 자동차, 비행기, 발전소와 같은 산업 기술과 현대 도시가 사실 환경의 관점에서는 실패에 불과할 수 있음을 보여주는 것이다.

제5장
일리노이의 흙

일리노이 주의 디케이터Decatur처럼 로스앤젤레스와 정반대의 처지에 있으면서도 환경오염 문제로 신음하는 곳이 또 있을까! 디케이터는 일리노이 주 드넓은 농경지의 한가운데에 위치하며 10만 명 정도의 인구를 가진 아주 작은 도시이다. 가장 가까운 대도시인 세인트루이스만 해도 200킬로미터는 족히 가야 하는 그런 곳이다. 디케이터에는 자그마한 공장이 몇 개 있기는 하지만, 공장에 의해 심각한 환경오염이 유발될 만한 곳은 전혀 아니다. 이런 이유로 인해 이곳은 환경 재앙이 일어나리라고는 상상하기 어려운 그런 곳인 셈이다.

그럼에도 디케이터에서 발생한 환경문제는 로스앤젤레스의 대기오염 문제만큼이나 심각한 것이었다. 디케이터의 문제가 가져오게 될 잠재적 위험성을 보아서도 그러하거니와, 향후 이 문제는 미국뿐 아니라 전 세계에서 아주 중요한 환경오염 문제로 자리 잡게 되었다는 점에서도 그러하다.

불과 몇 년 전까지만 해도 디케이터에서 환경오염 문제가 발생할 것이라는 조짐은 전혀 찾아볼 수 없었다. 하지만 어느 날 지역 보건국에서 정기적인 수질 검사의 일환으로 질산염[1] 측정을 하면서 모든 상황은 변하고 말았다. 보건국은 지역 농가를 위한 공공 서비스의 일환으로 이와 같은 수질 검사를 해오고 있었다. 지난 수년간 미국 중서부 농장 주변의 얕은 우물물에서 허용 기준치 이상의 질산염이 검출되는 일이 종종 발생해왔기 때문이다. 질산염은 그 자체로는 인체에 크게 유해하지 않은 물질로 알려져 있다. 하지만 유아의 장내에서 흔히 발견되는 박테리아의 활동으로 질산염이 아질산염으로 바뀌면서 문제가 시작된다. 질산염과 달리 아질산염은 독성이 있다. 아질산염은 혈중 헤모글로빈과 결합하여 혈액의 산소 공급을 방해하기 때문이다. 이 때문에 특히 아질산염의 독성에 노출된 아기는 몸 색깔이 파란색으로 변하다가 심할 경우 질식과 사망에까지 이르는 청색증에 걸릴 수 있다. 몇 년 전 미주리의 의사들에 의해 이 문제가 밝혀진 이후 공중보건기관은 식수의 질산염에 주목하기 시작했고, 우물물의 질산염 농도가 45ppm을 초과할 경우 대체 식수원을 찾아야 한다는 권고 결정을 내리게 되었다. 그리고 이 문제는 미국뿐 아니라 프랑스, 독일, 체코슬로바키아 그리고 이스라엘 등에서도 발견되어 이미 국제적으로 나타나고 있는 상태였다.

디케이터의 보건국은 문제의 물 샘플에서 검출된 질산염 농도가 허용 기준치인 45ppm을 약간 넘기는 했지만 그 지역의 우물물에서는 흔히 볼 수 있는 일이라 생각했기에 크게 놀라지는 않았다. 하지만 샘플을 제출한 시민이, 그 샘플이 우물이 아니라 디케이터 상수도에서 채취한 것임을 밝히면서 문제는 새로운 국면을 맞이하게 되었다.

디케이터의 상수원은 산가몬Sangamon 강을 막아 형성된 디케이터 호수이다. 봄철에 이곳을 조사한 결과 호수와 강물 모두에서 질산염 농도가 45ppm의 기준치를 약간 상회하는 결과가 나왔다. 질산염 농도는 여름에 크게 낮아졌다가, 겨울이 되면서 약간 높아졌고, 봄이 돌아오면서 다시 예전의 위험 수준으로까지 높아졌다. 그 이후 지금껏 똑같은 패턴이 반복되어 왔으며, 디케이터는 끝이 없는 심각한 공중 보건 문제에 처하게 되었다.

나는 디케이터 보건국의 레오 미칠Leo Michle 박사와의 전화 통화를 통해 이 사실을 알게 되었다. 당시 나는 환경문제에 관한 과목을 가르치고 있었는데, 강의 내용에는 미국 중서부 하천에서 발견되는 질산염 오염 문제도 포함되어 있었다. 당시 학생들은 과학의 사회적 역할에 대한 관심이 높았기 때문에, 내 수강생 중 한 명이 디케이터의 신문사에 전화를 걸어 그 지역의 이 같은 수질 문제를 제보했다는 사실이 놀라운 일은 아니었다. 어쨌든 신문사는 시 보건국에 문의해 사실 여부를 확인하자마자 바로 이 문제를 기사화했다. 기사는 시의 상수원이 최근 봄철에 과도한 질산염에 의해 오염된 적이 있었다는 사실과, 주변의 농장에서 사용하는 비료가 문제의 근원이라는 내용을 담고 있었다.

이 신문 기사는 많은 사람의 관심을 불러일으켰다. 무기질소비료를 많이 사용하는 일은 디케이터 지역에서 일상다반사였고, 사실 세계 다른 여러 곳에서도 마찬가지였다. 1945년 이후 미국의 농부들이 필요로 하는 여러 자원의 비용, 즉 토지, 노동, 기계, 그리고 연료 가격의 상승률은 농작물 가격 상승률보다 훨씬 높았다. 반면에 비료 가격만이 상대적으로 크게 떨어졌다. 그 결과 저렴한 질소비료의 사용이야말로 농부들에게 가장 높은 투자 대비 효용을 가져다주는 방법이 된 것이다. 따라서 공중 보건의 이유로 비료 사용을 제한한다면 농부들은 경제적 타격을 피하기 어려운 형편에 처하게 된 것이다.

이러한 문제가 일리노이의 농부에게 얼마나 큰 영향을 미칠 수 있는지를 제대로 이해하려면, 먼저 이곳의 토양이 처한 상황에 대해 어느 정도 이해해야만 할 것이다. 일리노이는 미국의 콘벨트corn belt[미국 중서부 지역에서 대규모 농업이 집약적으로 이루어지는 지역, 이

전에는 자연 초지였던 곳이다]에 속한 곳으로, 많은 양의 질소를 필요로 하는 옥수수가 주요 작물로 재배되는 곳이다. 그러나 농업이 시작된 이래 이 지역의 토양 속에 자연적으로 존재했던 질소의 양은 크게 감소했다. 앞선 내용을 상기해보면, 식물이 자연적으로 흡수하는 질소는 질산염의 형태로 존재하는데, 질산염은 복잡한 화학 구조를 지닌 검갈색의 유기물질인 부식질로부터 아주 느린 속도로 흘러나오는 물질이다. 부식질로부터 질산염을 끄집어내는 작업은 토양 미생물이 수행한다. 토양 미생물이 부식질의 유기 질소를 무기 질산염으로 전환시켜주는 것이다. 자연적인 조건에서 부식질 질소의 주된 공급원은 보통 죽은 식물체나 동물의 배설물이다. 그밖에도 토양 유기 질소는 토양 박테리아가 공기 중의 질소를 직접 고정시켜 확보되기도 한다. 그런데 일리노이의 농경지처럼 집약적인 농업이 이루어지고 있는 곳에서는 농업 생산물이 동물의 먹이가 되어 토양으로 되돌아가는 것이 아니라 외부로 판매되어 빠져나가기 때문에, 당연히 이런 곳의 토양 부식질로 되돌아가는 질소 공급원은 줄어들 수밖에 없는 것이다.

이런 상황에서 인위적으로 무기질소비료를 투여하면 작물 생산량은 당연히 크게 늘어난다. 일리노이에서 매년 사용되는 무기질소비료 양은 1945년 1만 톤 이하에 불과했으나 1966년에는 60만 톤으로 늘어나게 되었다.

이런 질소비료의 투입의 증가에 따라 단위 면적당 옥수수의 생산량은 크게 늘어났다.[2] 질소비료가 거의 사용되지 않았던 1945년부터 1948년 사이의 옥수수 생산량은 1에이커[1에이커는 약 0.4헥타르, 혹은 약 4,047제곱미터이다]당 50부셸[1부셸은 약 35리터이다]이었는데, 10만 톤의 질소비료가 사용되었던 1958년에는 에이커 당 70부셸로 늘어났다. 이는 연간 10만 톤의 비료 사용으로 에이커 당 20부셸만큼의 옥수수 생산량이 증가했다는 것을 의미한다. 1965년에는 에이커 당 50만 톤의 질소비료를 사용하여 90부셸의 옥수수 생산량을 달성할 수 있었는데, 이는 이전 수준보다 40만 톤의 질소비료를 추가적으로 사용했음에도 생산량은 에이커 당 20부셸이 증가하는 데 그친 셈이다. 수확 체감의 법칙이 고스란히 나타난다. 보다 집약적인 농경 방식을 통해 같은 양의 생산량 증대를 추가적으로 이루어내기 위해서는, 이전 수준보다 훨씬 많은 양의 질소비료를 사용해야만 함을 보여준다.

바로 이러한 현실에 디케이터가 직면한 문제의 본질이 깃들어 있다. 이 지역의 농부가 순수하게 농사짓는 경비만을 만회하기 위한 생산량 수준은 에이커당 80부셸 정도이다. 따라서 농부가 이윤을 남기려면 에이커당 생산량이 그 이상이 되어야 하며, 현 상황에서 그 정도의 생산을 가능하게 할 수 있는 방법은 질소비료의 사용밖에 없다. 게다가 이를 위해 사용해야 하는 비료의 양은 작물이 효율적으로 사용할 수 있는 것보다 훨씬 많은 양이어야 한다.

농부들이 이와 같은 비료 사용의 비효율성에 대해 크게 걱정하지는 않는다. 화학 비료 값이 워낙 싸기 때문이다. 하지만 작물이 효율적으로 질소비료를 사용하지 못한다는 것은 사용되지 않은 비료가 어디론가로 가야 함을 의미한다. 이렇게 '버려지는' 질소의 향방에 대해서 일리노이 수질 조사 데이터는 많은 것을 알려주고 있다. 1950년부터 1965년까지 질소비료 사용량이 다섯 배 증가하면서 일리노이 농경지를 가로질러 흐르는 강물 속의 질산염 농도도 크게 솟구쳤다.[3] 디케이터 상수원의 질산염 농도를 그토록 위험한 수준에 이르게 한 근본 원인이 질소비료의 대량 사용이라고 충분히 추측할 만한 상황이었던 것이다.

이러한 상황은 디케이터 시민들을 아주 곤란한 처지에 빠뜨렸다. 자신들의 상수원이 위험에 처하게 되었다는 것은 분명했고, 이는 당연히 해결되어야 할 문제였다. 하지만 이를 해결하기 위해 주변 농경지에서의 질소비료 사용량을 줄인다면 그로 인해 경제적 피해를 입을 사람들은 농부들로 국한되는 것이 아니라 디케이터 시민들 자신도 포함될 것이었다.

이러한 갈등은 미국과학발전협회the American Association for the Advancement of Science의 연간 학술 대회에서 내가 질소비료와 미 중서부 하천의 질산염 농도 문제에 대해 발표한 직후에도 터져 나왔다. 그 학회가 끝나고 2주일이 채 지나지 않아 미국의 비료 무역 협회인 국립식물식량연구소the National Plant Food Institute의 부회장은 내 논문을 아홉 개 주요 대학의 토양 전문가에게 보내어 그에 반박할 필요가 있다고 알렸다.

미국에서 20억 달러 규모를 가진 비료 시장과 그에 관련되어 있는 이해관계를 고려한다면 화학 비료 사용에 대한 문제제기에 대한 그 단체의 행동이 이해가 가는 것도 사실이다.

하지만 더 어려운 문제는 과학자들 사이에서도 '객관성'을 정의하는 것은 생각보다 어려운 작업일 수 있으며, 어찌 보면 사실 환상으로만 존재하는 목표에 지나지 않을지도 모른다는 점이다. 과학자들을 포함하여 우린 모두 인간이다. 따라서 우리 과학자들도 당연히 개인적인 가치관을 지니며, 사회문제에 대한 관심이나 스스로가 수행하는 연구의 정당성과 중요성도 그 가치관에 의해 영향을 받을 수 있다. 내 경우를 예로 들자면 나는 환경 파괴에 대해 깊이 우려하고 있기 때문에, 비료 협회나 농부의 경제적 입장도 중요하지만 환경오염 문제에 대한 전면적인 공론화가 더 중요하다고 느낀다. 이런 입장은 과학적인 자료를 바탕으로 방어되거나 비판받을 수 있는 그런 것이 아니다.

이와 같은 개인적인 가치관은 누구나 가지고 있으며, 과학자들이 자신의 연구 분야를 결정하고 연구 결과를 해석하는 데 중요한 역할을 수행한다. 과학이 여러 가지 자연 현상의 비밀을 밝혀주는 명성을 지니게 된 이유는, 과학자들 개인이 가진 '객관성'에 의한 것이 아니라 열린 토론과 검증 체계로 대표되는 과학의 오랜 전통에 있다. 따라서 과학자 개인은 각자 개인적 목표나 가치관, 심지어 편견도 가지고 있을 수 있지만, 그가 과학적인 결과를 공개적으로 발표하는 것—과학적 사실과 그에 대한 해석과 결론을 발표하는 것—을 통해 진실을 향한 자신의 임무를 수행한다고 볼 수 있다. 과학이 진실에 다가가는 방법은, 개인이 실수를 하지 않는다거나 스스로의 편향적 사고를 배제하는 과정이 아니라, 자신의 연구 결과를 공개하여 누구든지 살펴보고 언제든지 수정될 수 있도록 하는 것이다.

따라서 화학 비료가 수질에 미치는 영향에 대한 발표의 결과로 마음이 불편해진 사람들 중에 비료 협회 관계자들뿐 아니라 몇몇 대학의 과학자들도 포함되었다는 것은 그다지 놀랄 만한 일은 아니다. 당시 농민들로 하여금 비료를 많이 사용하도록 권장한 것이 바로 그 과학자들이었고, 그들 역시 농민들의 삶을 향상시키기 위해 농업 수확량을 극대화시키는 방법을 찾아내는 데 평생을 바쳐 노력한 사람들이었기 때문이다. 따라서 미국 농민들이 질소비료를 사용하여 수확량을 크게 증가시켰다는 사실은 바로 그 과학자들의 개인적 헌신과 뛰어난 능력을 입증하는 것이기도 하다. 하지만 문제는 질소비료의 집약적 사용으로 이루어낸 농업적 성과에 있는 것이 아니었다. 질소비료의 사용이 수자원에 해로운 영향을 일으켰다는 생태적 결과가 문제의 핵심이다. 그런데 최근까지도(주로 농약이나 비료와 같은 농업용 화학물질을 둘러싼 논란의 이유로) 그런 '폭넓은 관점'은 농학에서 다루는 문제가 아니라고 인식되어왔다.

방금 언급한 공개성에 더하여 과학이 진실에 다가가는 또 하나의 방법은 바로 데이터의 축적이다. 내가 속해 있던 워싱턴대학의 자연시스템생물학연구센터Washington University Center for the Biology of Natural Systems는 디케이터에서 발생하는 사태에 대해 더 자세히 조사했다. 일리노이의 수질조사 데이터는 산가몬 강물의 질산염 농도의 현황을 자세히 알려주었고, 질소비료 사용량 데이터도 구하기 어렵지는 않았다. 그런데 이 두 가지 데이터 사이에 연관 관계가 있다는 것은 분명했지만, 토양에 뿌려진 비료가 강물까지 이동하는 것을 증명해줄 수 있는 데이터가 없는 한 이 둘을 직접 연결시키는 시도는 비판을 받을 수밖에 없는 상황이었다. 이 둘을 직접 연결시키기 위해서는 화학 비료 속의 질산염과 유기물질 분해로 만들어지는 자연적 질산염을 구분하게 해 줄 수 있는 데이터를 확보해야만 했다.

바로 그때 20여 년 전에 했던 실험이 떠올랐다. 과거에 우리는 무거운 질소의 비방사성동위원소를 사용하여 식물체 내에서 바이러스가 일으키는 합성 과정을 추적하는 실험을 한 적이 있었다. 질소는 자연 상태에서 두 가지 형태로 존재하는데, 이 둘은 동일한 화학적 성질을 가졌지만 원자량은 서로 다르다. 그 중 하나가 질소14(원자량14)로 자연 상태로 존재하는 질소의 99.6퍼센트를 차지하며, 다른 하나가 질소15(원자량 15)로 0.4퍼센트 정도만을 차지한다. 이 두 가지 형태의 질소가 보이는 비율은 질량분석기를 사용하여 아주 정확하게 측정할 수 있다.

이 기억을 되살려 같은 방식으로 실험한 결과, 일리노이에서 사용된 비료의 질소 동위원소 비율은 공기 중의 질소와 거의 비슷한 수준을 나타냈으나(화학비료가 공기 중의 질소로부터 만들어졌다는 것을 생각하면 당연한 사실이다), 토양이나 퇴비, 하수에서 발견되는 질소는 질소15의 비율이 더 높게 나타났다. 이 방법을 응용하여 산가몬 강물로부터 나온 질소의 동위원소 비율을 살펴본다면, 강물 속의 질소가 인공 비료로부터 왔는지 아니면 토양이나 퇴비, 하수 등의 유기물질로부터 나온 것인지를 판단할 수 있을 것이었다.

우리는 위의 방식으로 실험을 해보기로 했다.[4] 다행히 우리 대학 연구소의 존 고어스John Goers 박사는 일리노이에서 자랐으며 디케이터 주변을 포함하여 그 지역 사람들을 제법 알고 있었다. 그는 산가몬 강 유역 내의 세로고르도Cerro Gordo 지역 농업인들의 모임으로부터 도움을 받게 되었다. 그 지역은 모든 배수가 1미터 정도의 지하에 매립된 파이프를 통해 이루어지고 있었다. 고어스 박사는 지역 농민들과 돌아다니면서 여러 배수 파이프의 배수구로부터 정해진 시간에 물 샘플을 수집하여 그 안에 들어있는 질산염 농도와 질소 동위원소 비율을 측정했다. 측정 결과 높은 질산염 농도를 나타낸 물에서는 질소15의 비율이 낮았고, 낮은 질산염 농도를 나타낸 물에서는 질소15의 비율이 높게 나타났다. 이는 토양수의 질산염 농도를 높인 원인 물질의 질소15의 비율이 낮다는 것을 위미하며, 이 조건을 만족하는 물질은 바로 인공 질소비료였음을 밝힌 것이다. 이후 더욱 자세한 연구의 결과도 우리의 결론을 뒷받침했고, 더 나아가 디케이터 호수 질산염의 60퍼센트가 주변 농장에서 사용된 질소비료로부터 왔다는 사실까지 밝혀냈다. 디케이터 호수의 질산염 문제가 주변 농경지에서 집약적으로 사용되는 인공 질소비료로부터 유발되었다는 사실에는 의심의 여지가 없어 보였다.

여기서 한 가지 언급해야 하는 사실이 있다. 우리 대학은 농업 관련 연구소가 아니며, 따라서 우리 대학의 우선 과제는 다른 독립적인 대학들과 마찬가지로 '순수한' 지식의 확장에 있었다는 것이다. 이런 성향은 특히 과학 관련 전공 분야에서 더욱 강하게 나타났는데, '기초' 과학적 사실의 규명을 목적으로 하며 자연현상의 근본적 특성을 파악하려는 연구 분야가 대부분 그러했다. 특히 이러한 경향은 최근 생물학 분야의 주된 관심이 생명 현상의 아주 미세한 화학적 물리적 프로세스에 주목하고 있었음을 반영하는 것이었다. 이런 연구는 전체 생태계를 대상으로 해서는 이루어지기 어렵다. 왜냐하면 생태계에는 워낙 많은 종류의 프로세스가 복잡하게 얽혀 있기 때문에 단 하나의 프로세스만을 떼어내어 보기가 어렵기 때문이다. 그래서 대부분의 연구는 생물체로부터 분리된 화학물질이 실험관에서 나타내는 현상에 대한 연구로 집중되었고, 이러한 특징을 가진 생물학 분야인 분자생물학이 순수생물학과 거의 동의어로 받아들여지고 있는 상황이다.

그러나 나를 비롯한 과학자 여럿은 그러한 접근 방식이 생명 현상을 이해하는 데 적당하지 않다는 생각을 공유하고 있었다. 일리노이의 토양에서 나타난 문제는 우리의 그런 생각에 근거가 있음을 보여주는 좋은 사례였다. 생태계를 제대로 파악하기 위해서는 토양 문제를 실험실로 끌고 와서 그 안의 복잡한 과정을 최대한 배제하는 게 아니라 오히려 그 복잡성을 적극적으로 받아들여야만 한다는 점이었다. 이 문제는 현재 미국 과학계에서 활발하게 논쟁 중이며, 또 현실 적용 가능성이 높은 학문의 필요성에 대한 학생들의 요구와도 관련이 있다. 이 논쟁은 기초과학의 목적이 과학 자체의 발전이냐, 아니면 실험실 밖에서 일어나는 복잡한 현실 문제의 해결이냐라는 입장 차이를 중심으로 진행되고 있다. 이 논쟁의 쟁점에 대해서는 나중에 더 자세히 언급하게 될 것이다.

내 대학 동료인 대니얼 콜Daniel H. Kohl 박사는 태양에너지에 의해 일어나는 식물 광합성을 이루는 화학적 반응에 대한 뛰어난 전문 연구자이다. 그리고 콜 박사는 식물 내의 화학반응뿐 아니라 환경 위기가 인간의 복지에 미치는 영향에도 관심을 가지고 있다. 그의 이러한 관심을 생각해보면 동위원소를 활용해 일리노이 비료 질소의 행방을 추적하는 우리 연구에 그가 관심을 보인 것은 어쩌면 당연한 일이었다. 사실 우리 연구가 성공적이었던 중요한 이유 중 하나는 바로 콜 박사였다. 그런데 그가 우리에게 준 큰 도움은 실험실 안에서 일어나지 않았다. 과학 실험만큼이나 중요했던 그의 도움은 바로 우리가 일리노이 농부들과 평범한 인간관계를 형성할 수 있게 해주는 과정에서 일어났으며, 그의 도움으로 일리노이 농부들은 우리 연구 결과에 따라 앞으로 자신들의 생계에 큰 변화가 생길 수도 있다는 사실을 알면서도 우리에게 중요한 정보와 자료를 기꺼이 제공해주었다. 한편 콜 박사가 이 일을 하게 되면서 그가 속했던 학과로부터 강력한 반대에 부딪혔다는 불편한 사실은 많은 것을 일러준다. 그가 속했던 학과에서는 그의 행동이 '순수한 연구'에 전념하는 것으로 보이지 않았던 것이다.

하지만 그런 논쟁은 얼마 지나지 않아 수그러들게 되었다. 질소비료의 문제와 심각성이 디케이터의 보건국 공무원, 농부, 농학자, 그리고 심지어는 '순수한 과학자'가 보기에도 분명하게 드러났으며, 또한 이 문제가 지닌 과학적 사회적 중요성이 매우 컸기 때문이었다. 이런 분위기는 1970년에 우리가 우리 연구 결과를 세로고르도 고등학교에서 발표할 때 이미 상당히 분명해진 상태였다. 우리 발표는 독특한 과학 세미나 형식으로 이루어졌다. 연구 결과를 지역 농부들과 보건국 공무원, 그리고 일리노이 대학의 농학자들과 나누는 기회를 만들었다. 우리는 결과를 보여주고, 그 결과에 대한 우리의 해석, 즉 디케이터 상수원의 높은 질산염 농도가 주변 농지에서 대량으로 사용되는 질소비료에 의한 것이라는 우리의 결론을 설명했다.

논의는 밤늦게까지 계속되었다. 농학자들과의 격렬한 논쟁 끝에 드디어 우리 데이터가 의미 있다는 점에서는 동의를 이끌어낼 수 있었다. 한 농학자는 농업지도사들이 이미 지역 농부들에게 질소비료 사용량을 줄이도록 권장하는 상황이라고 이야기했다. 미국의 저명한 농학자였던 그는 몇 달 후 일리노이 오염규제위원회 위원으로 임명되었고, 이후 미국 농업 역사상 전례가 없었던 비료 사용량 규제 정책을 내놓게 된다.

하지만 가장 뜻 깊은 결과는 농부들의 반응에서 찾아볼 수 있었다. 그들은 그들만이 가질 수 있는 본능적이고도 과학적인 안목으로 우리 연구를 크게 발전시킬 수 있는 방법을 제안하기도 했고, 어떤 사람들은 질소비료 사용량의 감소가 유출수의 질산염을 얼마나 줄이는지를 알아보려는 우리 실험에 자기의 땅을 사용할 수 있도록 선뜻 내놓기까지 했다. 게다가 그들은 질소비료의 사용량이 규제될 경우 가장 잃을 것이 많은 사람들이었음에도 불구하고, 보건국 공무원만큼이나 디케이터 상수원에 대해 깊이 걱정하는 모습을 보여주었다. 그들은 디케이터의 깨끗한 상수원 확보와 자신의 생계 사이에서 발생할 수 있는 갈등 해결을 위해서 어떤 제안이든 고려할 준비가 되어 있다고 확실히 밝혔다.

그 이후 우리 연구는 훨씬 빠른 속도로 진행되었다. 우리는 생물학자, 화학자, 지질학자, 토양학자, 생화학자, 인류학자, 그리고 경제학자가 모두 포함된 연구팀을 구성하여 이 문제를 폭넓게 바라보기로 했다. 다른 한편 우리는 높은 질산염에 의해 발생할 수 있는 사회적 보건 비용을 평가하기 위해 청색증 발병에 대한 연구를 수행하고 있으며, 또 농부들이 질소비료 사용량을 줄임으로써 그들이 받게 될 영향에 대한 연구도 함께 진행하고 있다.

이와 비슷한 연구는 다른 연구진들에 의해서도 진행되는 중이다. 최근에 일리노이 대학의 에이브럼 겔퍼린Abraham Gelperin 박사는 일리노이 여러 카운티에서의 영아 사망률에 대한 연구 결과를 발표했다.[5] 그는 다섯 개 카운티에서 질산염 농도가 높은 4, 5, 6월에 태어난 여자 아기의 사망률이 1,000명당 5.5명 정도로 상당히 높은 수준을 보였으며, 이는 질산염 농도가 낮은 8, 9, 10월의 사망률인 1,000명당 2.5명에 비해 두 배 이상이었다고 밝혔다. 남자 아기에게서는 그런 경향이 나타나지 않았다. 겔퍼린 박사의 결론은 식수의 높은 질산염 수준이 여자 아기의 사망률을 높일 수 있다는 것이었다.

이는 질소비료의 과다한 사용이 인간 건강에 끼치는 영향을 과학적으로 증명한 첫 연구 결과로 기록될 것이다.

디케이터 주변의 옥수수 밭으로부터 우리가 배우게 된 사실은 다른 지역에도 적용될 수 있을 것이다. 캘리포니아 중부 지역에서도 질소비료가 집약적으로 사용됨에 따라 주변 지역의 우물물 속에서 검출된 질산염 농도가 급격히 증가되는 것이 아닐까 추측하고 있다. 이스라엘과 독일에서도 비슷한 문제가 나타나고 있다. 이 모든 것은 중요한 기술 발전이 가져오는 예기치 못한 결과에 대해 다시 한번 생각하게 해주는 사건들이다. 기술 발전은 농업 생산력을 높여주었지만, 우리가 알지 못하는 사이에 환경 깊숙이 침투하여 우리 건강을 위협하게 된 것이다.

제6장
이리호의 물

이리호[1]야말로 미국의 환경 위기를 가장 적나라하게 보여주는 사례라 할 수 있다. 이리호는 그 압도적인 크기만으로도 자연의 영원함을 느끼게 하는 거대한 내륙 담수호이다. 이리호는 주변 지역 생태계의 근원이 되는 자연 자원으로 무려 1,300만 명의 인구를 지닌 여섯 개의 큰 도시와 다양한 산업 시설, 푸른 농경지, 그리고 수산업의 번영을 지탱하는 근간이 되고 있다. 하지만 이런 풍족함을 만들어내는 과정에서 이리호는 환경오염이라는 큰 변화를 겪게 되었고, 그 결과 생명과 사회의 기반이었던 이리호 생태계는 파괴되었다. 이리호의 운명은 우리가 부를 창출하기 위해 자연자원을 이용하는 방식이 가져오는 피해를 나타내는 상징이 되고 말았다.

지난 10년간 이리호 주변에 살던 사람들은 이리호가 망가져 가는 확실한 증거를 쉽게 만나볼 수 있었다. 그들이 즐겨 방문하던 모래사장은 오염되어 거의 모두 문을 닫았고, 매년 썩은 물고기와 녹조가 엄청난 양으로 물가에 쌓여갔다. 한때 반짝이던 물은 진창으로 변했고,

심지어 이리호로 흘러들어가는 지류에서는 무단 방류된 폐유에 불이 붙어 타오른 적도 있었다. 이리호 생태계의 균형은 무너졌고, 이리호가 아직 '죽지는 않았다' 해도 쉽게 고쳐지지 않을 치명적인 병에 걸린 것은 분명했다.[2]

이리호는 약 1만 2,000년 전에 형성된 호수이다. 다른 오대호와 마찬가지로 이리호는 빙하가 바닥을 긁어내어 움푹 패인 곳에 물이 고이면서 형성되었다. 주변 암석의 미네랄 성분이 호수로 녹아들었고, 주변 토양으로부터 씻긴 물질이 강물을 따라 호수에 들어오면서 이리호의 생태계는 태어났다. 아주 작은 광합성 생물인 조류가 자라고 번식했다. 이들은 물속의 수소와 질산염과 인산염으로부터 녹아 나온 질소와 인, 그리고 대기 중의 이산화탄소를 이용해 번성했다.

조류가 자라기 시작하면서 호수의 복잡한 생명의 네트워크가 지속될 수 있는 기본적인 환경이 마련되었다. 조류를 먹는 미세한 동물, 그것을 먹고 자라는 물고기, 그리고 물고기가 배출하는 유기물질을 분해하여 무기 형태의 질소, 인, 이산화탄소로 바꾸어 다시 조류가 자랄 수 있는 환경을 만들어내는 미생물로 이루어진 생태계의 기초가 형성된 것이다. 이들이 바로 담수 생태계를 이루는 순환 고리의 기본 요소이다.

17세기에 서양인이 이리호를 발견했을 당시에는 다양한 어류가 많이 서식하고 있었다고 알려진다. 호수는 맑았고 조류는 적었는데, 그것은 호수로 흘러드는 영양분이 많지 않았으므로 자랄 수 있는 조류의 개체 수가 한정되었기 때문이며, 그나마 존재하는 조류도 포식자에 의해 소비되었기 때문이다. 그 후 200여 년간 이리호는 이러한 생태적 균형 상태를 유지해왔다.

하지만 19세기에 접어들면서 어획량 보고서에 나타난 변화들은 이리호의 생물들에게 갑작스런 변화가 닥쳤음을 보여주고 있다.[3] 첫째, 이리호의 철갑상어lake sturgeon, Acipenser fulvesencs[북미의 담수에 분포하는 철갑상어 종류로 19세기 말 남획으로 인해 현재는 보호 대상 어종이 되었다]이라는 어류가 거의 완전히 사라졌다. 뛰어난 맛으로 한껏 높은 가격을 자랑했던 이 물고기는 예전에는 이리호에서 흔히 찾아 볼 수 있었다. 1900년 이전까지 이리호의 철갑상어 연간어획량은 100만 파운드(약 450톤)에 달했지만, 10년 만에 7만 7,000파운드(약 35톤)로 감소한 이후 다시는 원래 수준으로 회복되지 않았다. 1964년의 연간 어획량은 4,000파운드(약 2톤)에 불과하다. 노던 파이크 Northern Pike, Esox lucius[북미와 유라시아 북부 전반에 걸쳐 분포하는 육식성 담수어다]도 1920년 당시 100만 파운드의 어획량을 자랑했지만 이제는 완전히 사라지고 말았다[오하이오 주 자연자원국Ohio Department of Natural Resources은 현재 노던 파이크가 이리호에 있긴 하지만 예전의 수준으로 회복하지는 못했다고 알리고 있다]. 한때 이리호 어획량의 절반을 차지했던 시스코cisco, Coregonus artedi[연어과의 담수어로 북미 대륙에는 8개 종이 분포한다]는 한 때 1,400만 톤의 어획량을 기록했지만, 1930년대에 이르러서는 76만 4,000파운드로 줄었고, 다시는 회복되지 않아서 1960~1964년의 시스코 어획량은 연간 8,000파운드에 불과했다[오하이오 주 자연자원국에 따르면 현재에도 이리호에서 시스코를 찾아보기는 매우 어렵다고 한다]. 소거 파이크 Sauger-pike 혹은 sauger, Sander canadense[농어목의 담수어로 북미에 분포]의 어획량은 1940년도에 갑자기 감소했고, 1960~1964년에 이르러서는 연간 어획량이 1,000파운드로까지 떨어지고 말았다[오하이오 주 자연자원국은 현재에도 이리호의 소거 분포는 아주 제한되어 있다고 보고한다]. 그 후 몇 년이 더 지나자 화이트피시whitefish도 순식간에 사라졌고, 블루파이크blue pike도 비슷한 운명을 맞이했다. 현재 이리호에서의 총 연간 어획량은 1900년과 비슷한 수준이지만, 위에 언급한 고급 어종은 사라지고 퍼치perch, 쉽스헤드sheepshead, 이트피시eatfish, 잉어carp, 그리고 1950년대에 바다로부터 유입된 스멜트smelt와 같은 싸

구려 어종으로 바뀌었다. 따라서 총 어업 수입은 크게 줄어들었다.

이리호 생태계 변화의 첫 경고는 어류 생태계로부터 나왔고, 그 시기는 아마 1900년 정도였던 것으로 추정된다. 1928년 버펄로자연과학학회the Buffalo Society of Natural Sciences의 연구 결과를 살펴보면 당시 호수 물의 화학적 구성이나 생물의 상태만을 봐서는 이런 급격한 어류 생태계의 파괴를 일으킬 만한 변화를 찾을 수 없었던 것으로 보인다.[4] 다만 연구 보고서는 주변 도시로부터 유입되는 하수와 산업 폐기물 때문이 아닐까 추측하며 다음과 같이 말하고 있다. "호수 전체를 보았을 때 오염 문제는 사실상 존재하지 않는다고 확실히 말할 수 있다. (……) 디트로이트 강과 이리호 서쪽에 위치한 여러 도시로부터 유입되는 폐수가 동쪽으로 흘러들어와 호수를 파괴하고 어자원을 고갈시킨다는 말이 자주 나오긴 하지만 이는 근거 없는 주장에 불과하다. 이리호의 물이나 호수 바닥의 침전물 어디에서도 문제를 제기할 만한 수준의 유해 물질은 발견되지 않았다."

어류를 대량으로 죽게 한 또 하나의 용의자는 활발히 움직이는 어류에 치명적인 영향을 미칠 수 있는 용존 산소 부족의 문제였다. 사실 호수 물속의 용존 산소량은 아주 예민한 수질 오염 지표이다. 처리되지 않은 하수와 함께 대량의 유기물질이 호수에 유입되면 이를 무기염으로 전환시키는데 많은 양의 산소가 소비되는데, 이를 '생물학적 산소 요구량' 혹은 BODbiological oxygen demand라고 부르며, 이는 물이 유기물질에 의해 얼마나 많이 오염되었는지를 알려주는 척도가 된다.

호수의 움직임에서 나타나는 몇 가지 특성은 산소 문제에 큰 영향을 미친다. 산소는 호수 표면에서 물속으로 녹아 들어가는데, 호수 표면(표수층)은 공기와 접촉되는 면이기도 하지만 동시에 광합성에 의한 산소 발생이 가장 활발하게 이루어지는 곳이기도 하다. 즉 호수 물이 위 아래로 잘 섞여야만 호수 깊은 곳으로 산소가 원활하게 공급될 수 있다. 이리호의 서쪽은 수심이 얕아서 파도만으로도 전체 물이 잘 섞이므로 산소 농도가 높은 표수층의 물이 호수 바닥까지 잘 이동한다. 하지만 이리호 한가운데와 같이 수심이 깊은 곳에서는 이와 같은 위아래로의 물의 움직임에 한계가 있다.

특히 여름철에 고요한 날씨가 계속되면 이리호 중간 깊이의 물속에 층이 형성되는데[성층현상stratification, 수온의 변화로 인한 물 밀도의 차이로 인해 표수층과 심수층이 나뉘어 혼합되지 않는 현상], 이 층은 산소가 호수 위 아래로 이동하는 것을 막는다. 이런 상황에서 호수 바닥의 BOD가 충분히 높아지면 그곳의 산소는 고갈될 것이다. 그런데 찬물에서만 생존할 수 있는 어류는 여름에 시원한 호수의 깊은 바닥을 찾아 내려가기 마련인데, 그곳에 산소가 없는 상황이 된 것이다. 또한 이리호의 많은 어류가 어린 시기를 호수 바닥에서 보내는데, 호수 바닥의 낮은 산소 농도로 인해 이들은 생존하지 못할 수 있다.

이런 과정을 통해 여름철에 처리되지 않은 하수가 호수에 유입되면서 호수 바닥에 산소가 고갈되는 현상이 일어날 수 있게 된다. 1928년 이리호를 조사한 과학자들은 이 문제에 대해서 잘 알고 있는 사람들이었다. 하지만 조사 결과에 의하면 호수 용존산소량의 감소폭이 아주 작았기 때문에 호수 전체를 고려했을 때 당시 하수 유입이 미칠 수 있는 영향은 미미하다고 결론을 내렸던 것이다.

1953년이 되어서야 과학자들은 이 문제의 원인에 대해 제대로 된 진단을 내릴 수 있었다. 그 해 여름에는 평소에 호수 물이 상하로 잘 섞이는 이리호의 서쪽 지역에서도 성층현상이 발생했다. 8월 내내 맑은 날씨에 기온은 높았고 바람도 잔잔했다. 9월 1일부터 오하이오주립대 수문생물학연구소Institute of Hydrobiology의 브리트N. W. Britt 박사는 호수 서쪽 지역을 돌아다니며 수온, 용존산소량, 호수 바닥의 침전물을 조사했다.[5] 그의 조사 기록은 이리호 서쪽 지역에서 9월 1일부터 4일까지 성층현상이 일어났음을 보여주었다. 그 결과 호수 바닥의 물에서 산소가 고갈되었다. 보통 5ppm이어야 할 용존산소량이 1ppm

이하에 머물렀다.

생태학자였던 브리트 박사는 당연히 그러한 호수의 물리적 환경뿐 아니라 이 변화가 그 안에 살고 있는 생명체에 미칠 영향에 대해 걱정했다. 특히 그는 하루살이mayfly에 대한 관심이 각별했다. 하루살이는 아주 오래전부터 이리호를 대표하던 곤충이다. 해마다 여름이 되면 호수 바닥을 뒤덮고 있던 유충이 성숙하면서 레이스 모양의 날개를 가진 하루살이가 되어 엄청난 수로 나오곤 했다. 이들은 여름밤이면 몰려 날아다니며 보이는 불빛마다 모여들었다. 하루살이는 성충과 유충 모두 호수 어류에게 중요한 먹이이다. 그 지역의 낚시꾼들이 즐겨 사용하는 그레이 드레이크the Gray Drake라는 플라이 낚시찌는 사실 하루살이 성충을 본떠서 만들어진 것이었다. 그런데 하루살이 유충은 산소가 풍부한 호수 바닥이라야만 살 수 있다.

1929년부터 1953년에 걸쳐 이리호 서쪽 지역의 호수바닥을 자세히 조사한 연구 결과에 따르면 그 지역 호수 바닥에 서식하는 동물 중 가장 흔한 것은 바로 하루살이 유충이었다. 1제곱미터당 300~500마리의 유충이 발견되는 것은 보통이었다. 1953년 브리트 박사는 사우스 배스 섬South Bass Island 근처에서 조사를 하고 있었다. 그는 호수 바닥으로부터 흙을 퍼 올려 고운체에 올려놓고 잘 씻어낸 후 체에 남은 동물을 동정하고 세는 작업을 했다. 그는 0.2제곱미터당 93마리의 하루살이 유충을 발견했다. 이는 환산하면 1제곱미터당 465마리이며 정상수준이었다. 문제는 유충 모두가 죽어 있었다는 것이다. 죽은 유충은 많이 썩지도 않은 상태였다. 따뜻한 여름임을 감안했을 때 유충이 죽은 것은 겨우 몇 시간 전이거나 길어 봤자 며칠 전이었을 것이라고 브리트 박사는 추정했다. 그는 9월 1일부터 4일 사이에 발생했던 아주 잠깐 동안의 성층 현상에 의해 유충이 모두 죽었을 것이라고 추정했다.

브리트 박사는 9월 14일부터 26일까지 모두 예순 한개의 호수 바닥 침전물 샘플을 채취했다. 예전에 1제곱미터당 수백 마리의 유충을 찾을 수 있었던 곳이었지만, 이번에는 평균 44마리의 유충만이 발견되었을 뿐이었다. 브리트 박사는 사실상 이리호 서쪽 지역의 생태계가 다시는 회복하지 못할 정도로 파괴되는 중요한 변화를 겪는 과정을 고스란히 과학적 자료로 남긴 셈이었다. 하루살이 유충은 1954년 아주 잠깐 회복세를 보이는 듯하더니 이후 완전히 사라지고 말았다. 이제 이리호의 여름밤에는 하루살이 떼가 몰려 날아다니는 모습을 더 이상 볼 수 없게 되었다[이후 1960~1970년대에 걸쳐 이리호에서 찾아보기 어려웠던 하루살이는 1990년대부터 회복세를 보이기 시작하여 2013년 현재 많이 회복된 상태라고 오하이오주 자연자원국은 보고하고 있다].

호수 바닥에 사는 동물 중 하루살이 유충은 많은 산소가 필요하지만, 그렇지 않은 놈들도 있으니 블러드웜bloodworm이나 핑거네일 조개fingernail clams가 그것이다. 1930년과 1961년의 이리호 바닥 생물 조사 보고서를 비교해보면 새로운 사실을 많이 발견할 수 있다.[6] 1930년에는 이리호 어디를 가든 호수 바닥 동물의 대부분을 차지하는 것은 하루살이 유충이었다. 호수 어디를 가도 수백 마리를 찾을 수 있었고, 그 수가 줄어드는 곳은 디트로이트, 톨레도Toledo, 먼로Monroe와 같은 대도시로부터 하수가 유입되는 곳의 주변뿐이었다. 블러드웜이 많이 사는 곳은 오염된 강물 근처뿐이었다. 그러던 것이 1961년이 되자 호수 전역에서 블러드웜을 발견할 수 있게 되었고, 하루살이 유충은 어디를 가도 몇 마리 발견되지 않았다.

이러한 호수 바닥 동물의 변화는 1953년에 이르러 이리호의 오염이 용존 산소를 고갈시킬 수 있는 수준으로까지 악화되었음을 보여준다. 이 변화를 일으킨 사건의 지속 시간은 따뜻한 여름철 며칠에 불과했지만, 이리호의 동물 생태계를 완전히 바꿔버리기에 충분한 시간이었다.

아주 오래전에 이리호 바닥의 동물 군집이 어떠했는지를 보여주는 자료가 충분하지는 않지만, 최근 조사 결과에서 나타나는 변화는 몇 가지 분명한 사실을 보여준다. 1928년에는 호수 바닥의 용존 산소량이 극단적으로 낮은 상황은 아니었지만, 1955년부터 1964년 사이에는 심각한 산소 고갈 현상이 나타났다.[7] 1964년 조사는 여름철에 성층 현상이 발생한 기간 동안 면적 기준 이리호의 25퍼센트에 달하는 지역의 호수 바닥 용존 산소량이 0~2ppm 의 매우 낮은 수준으로 떨어져 있었음을 보여주고 있다.

결론은 산소가 풍부했던 이리호의 서쪽과 중앙부가 1960년대에 이르러서는 산소 고갈 지역으로 바뀌었다는 것이다. 그 결과 어류에게 중요한 식량원이 사라졌고, 여름철 차가운 물을 찾아 호수 바닥을 찾던 물고기는 산소 부족으로 더 이상 그곳에서 살아남을 수 없게 되었다. 이제 이러한 어류가 1년 내내 살아남을 수 있는 곳은 수심이 아주 깊어 성층현상이 일어나더라도 호수 깊은 곳까지 산소가 충분히 녹아 있는 이리호 동쪽 지역으로만 제한되었다. 1만 2,000년에 걸친 긴 역사 속에서 이리호는 처음으로 산소 고갈이라는 상황을 맞이했고, 이는 호수에 사는 여러 동물들의 생명을 위협하는 사건으로 발전했다. 그렇다면 그런 산소 고갈 문제를 일으킬 만한 원인은 무엇이었는가?

생물학자들은 유기물의 분해에 산소가 필요하다는 사실을 이미 오래전부터 잘 알고 있었다. 하수처리장은 이 지식이 실용적으로 적용된 시설이다. 이 시설은 유기물을 분해하는 미생물을 길러 하수 안에 있는 유기물을 제거한다. 하수처리의 첫 번째 과정은 미생물이 소화하지 못하는 물질을 걸러내는 것으로 시작된다. 두 번째 과정에서는 분해 미생물이 풍부하게 사는 수조로 하수를 보내 인위적으로 산소를 공급하여 분해를 촉진시킨다. 이 과정에서 폐기물의 대부분을 차지하는 유기물이 생물학적 산화 작용을 거쳐 무기 영양염으로 전환된다. 이 시스템이 제대로 작동하는 경우 주요 영양염인 질소와 인이 적정 수준으로 희석된 물이 배출된다. 원래 하수의 유기물질이 일으켰어야 할 생물학적 산소요구량은 하수처리 두 번째 과정에서 인공적으로 공급된 공기를 통해 해결되었다. 그리고 하수처리의 배출물로 나오는 영양염이 녹아있는 물은 생물학적 산소요구량을 해결한 상태이므로 강이나 호수로 내보내도 순식간에 산소를 고갈시키는 문제를 일으키지 않는다. 도축장이나 통조림 공장 등에서 나오는 산업 폐수는 높은 BOD를 가지지만, 이 또한 하수처리장에서 처리되고 나면 용존 산소를 고갈시키지 않는 무기 영양염만 녹아 있는 하수로 바뀔 수 있다.

매년 하수를 통해 이리호로 유입되는 유기물을 위의 방식으로 모두 처리하기 위해서는 산소 1억 8,000만 파운드(약 8만 톤)가 필요하다. 최근 호수에서 나타나는 산소 고갈 문제의 원인에 대해 제기되는 추측 하나는 바로 유기물이 분해되는 데 산소가 사용되기 때문이라는 것이었다. 이 가능성을 확인하는 것은 어려운 일이 아니다. 1964년 여름에 발생한 산소 고갈 사태 때 조사된 자료를 사용하여 산소 수준이 그 정도로 떨어지기 위해 얼마나 많은 산소가 없어져야 하는지를 계산하면 된다. 이 계산의 결과에 의하면 이리호 중앙부 호수 바닥의 산소 고갈에만 무려 2억 7,000만 파운드(약 12만 톤)의 산소가 없어졌어야 한다. 이렇게 거대한 산소 부족이 불과 몇 주라는 짧은 시간에 호수 전체의 아주 일부분에서만 발생했다는 사실과, 호수로 자연스럽게 녹아들어 보충되는 산소가 있었다는 사실을 모두 감안해보자. 그렇다면 이리호 전체를 고려할 경우 유입된 유기물의 양은 2억 7,000만 파운드의 산소로 분해시킬 수 있는 양보다도 훨씬 많았을 것이라고 생각해야 있다. 그런데 실제 이리호로 유입된 유기물질의 양은 1억 8,000만 파운드의 산소를 고갈시키는 수준에 불과했다. 그렇다면 여름마다 이리호의 용존산소량이 위험한 수준으로 떨어지는 최근의 현상은, 유입되는 유기물질 말고도 분명 호수 어딘가에 엄청난 양의 산소를 소비하게 하는 물질이 대량으로 존재한다는 것을 의미한다. 이리호 문제의 핵심은, 과연 이렇게 엄청난 산소 소비를 일으키는 것이 무엇인지를 밝히는 데 있었다.

이를 밝히기 위해서는 우선 정상 작동하는 하수처리장이 하수에 들어있는 유기물질의 90퍼센트 가량을 처리하여 무기 영양염으로 전환시킨다는 사실로부터 시작해야 한다. 이 과정을 통해 호수의 산소를 소비했을 하수의 유기물이 거의 모두 질산염이나 인산염으로 전환되어 호수를 거쳐 바다로 흘러가는 것이 정상이다.

하지만 이런 간단한 방법으로 수질 문제가 해결되리라는 기대는 이리호뿐 아니라 미국의 다른 여러 호수에서도 무너지고 있다. 하수처리장을 통해 이리호로 흘러 들어간 대부분의 무기 영양물질은 바다로 흘러나가지 않았으며, 대신 새로운 유기물질 형성에 사용되어 거의 고스란히 호수 안에 남게 되었다. 이렇게 형성된 유기물이 산소를 고갈시키는 원인이 되어 호수의 생태계에 큰 재앙을 일으킨 것이다.

이 과정에서 핵심적인 역할을 하는 것이 조류다. 이리호가 얼마나 병들어 있는지를 보여주는 증상 중 하나가 바로 여름마다 나타나는 녹조 현상이다. 과도한 영양염으로 인해 호수의 광범한 지역에 걸쳐 조류가 과다하게 성장함에 따라 마치 완두콩 스프와 같은 상태로 변하는 것이다. 최근 몇 해 동안 이러한 녹조 현상은 매우 심하게 발생하여 넓은 호수가 녹색으로 물들고 모래사장에는 커다란 녹조 덩어리가 산더미처럼 쌓여갔다. 녹조는 순식간에 나타나 번식하며 기세를 떨치다가 그만큼 빠른 속도로 죽으면서 가라앉아 호수 바닥을 조류 사체의 유기물질로 덮어버린다. 이것이 바로 부영양화라 불리는 과정이며, 이리호에서 점차 심화되는 산소 고갈 문제의 주범이기도 하다.

최근 새로이 알려진 사실은 부영양화 문제의 심각성을 더욱 잘 나타내 준다. 현재 이리호의 인산염 유입량과 유출량[8]을 따져 보면, 처리된 하수 등을 통해 호수에 유입되는 인산염은 매일 17만 4,000파운드(약 78톤)로 추정되는데, 나이아가라 강을 통해 이리호로부터 빠져나가는 양은 2만 4,000파운드(약 11톤)에 불과했다. 이 둘 간의 차이, 즉 매일 15만 파운드(약 67톤), 그리고 연간 550만 파운드(약 2만 4,500톤)의 인산염이 고스란히 호수에 남는다는 것인데, 이렇게 남아도는 영양염은 급속히 증가하는 조류의 몸으로 만들어지는 것이다.

하지만 중요한 의문은 여전히 남아 있다. 매년 호수에 들어오는 인산염의 양이 빠져나가는 양보다 많다면, 지난 몇 년간 쌓였어야 할 그 많은 인산염은 도대체 어디로 갔다는 것인가?

하나의 가능성은 매년 추가로 들어오는 영양염만큼 이리호의 총 조류 양이 함께 증가했으리라는 것이다. 하지만 여름에 자란 조류가 10월이나 11월이면 모두 죽어버린다는 점에서 이는 설득력이 떨어진다. 그럼에도 불구하고 이는 전체 퍼즐을 풀어내는데 매우 중요한 조각이다. 호수에 추가된 질소와 인은 '죽은 조류'의 상태로 호수 바닥에 남게 된 것이다. 이리호로 유입된 하수의 유기물이 최종적으로 죽은 조류의 잔해와 다른 생물체의 형태로 쌓여가게 된 것이다. 그러므로 원래 하수를 바다로 흘려보내는 중간 수로 역할을 할 것으로 생각했던 이리호는 사실 정반대로 몇 년이고 하수를 고스란히 저장하는 시궁창으로 변하고 말았다!

아쉽게도 아직까지 이리호 바닥에서 발생하는 모든 화학 및 생물 현상이 전체 이리호의 생태계에 미치는 영향을 정확히 밝혀낸 연구 결과는 존재하지 않는다. 하지만 영국의 레이크디스트릭트Lake District[잉글랜드 북서부에 위치한 곳으로 수많은 호수와 숲과 산으로 이루어져 있으며 관광지로 높은 명성을 지니고 있다]의 작은 호수를 대상으로 한 연구를 살펴보면 이리호에 닥쳐올 수 있는 불길한 미래를 엿볼 수 있다. 몰티머C. H. Mortimer의 연구는 이 곳 호수 바닥에 깔려 있는 진흙을 파내어 철의 두 가지 형태인 2가철Fe(II)과 3가철Fe(III)의 거동을 비교[9]했는데, 이는 이리호 문제의 수수께끼를 풀 수 있는 단서를 제공해 준다. 3가철은 호수 바닥 진흙 속의 물질과 결합하여 불용성의 복잡한 물질을 형성한다. 이런 복잡한 물질의 상태로 존재하는 경우 호수 속에 엄청난 양의 유기물이 산소를 사용하지 않는 상태로 계속 축적될 수 있다. 그런데 산소가 없는 환경에서 3가철은 2가철로 바뀌는데, 2가철은 호수 바닥의 유기물을 묶어 두지 못하는 특성을 지니기에 이제껏 3가철에 묶여 있던 오염 물질이 물로 녹아들어가기 시작한다. 따라서 여름철 심각한 산소 고갈 현상이 일어나면, 산소가 없는 환경에서 호수 바닥 침전물에 있는 3가철이 2가철로 바뀌며 3가철의 보호막이 사라지는 위험한 상황, 즉 진흙 위에 쌓이던 조류 안에 갇혀 있던 영양물질이 순식간에 나와 호수의 생태계에 엄청난 영향을 미치는 상황을 만들게 되는 것이다.

이 모든 것이 의미하는 것은, 오랫동안 도시와 산업 유기 폐기물과 농업용 비료 유출수를 내다 버리는 쓰레기장으로 이리호를 사용한 결과 호수 바닥의 진흙 속에 거대한 산소 '빚'(부채)이 쌓였다는 것이다. 오랜 세월동안 늘어나는 산소 빚을 갚지 않고도 문제가 일어나지 않았던 것은 유기물이 나오지 않게 묶어주었던 3가철의 화학적 특성 덕분이었고, 그러는 동안 이 빚더미는 100년 동안 늘어나기만 했다. 하지만 이제 3가철이 제공하던 보호막의 한계를 넘어서면서 이리호는 생물학적 재앙을 맞이했다. 그리고 미래에 언젠가 바람 한 점 없는 아주 더운 여름날이 오게 되면 이리호는 지난 100여 년간 쌓아왔던 산소 빚을 한 순간에 갚아야 하는 상황에 처해질는지도 모른다. 그 사건은 아마도 오랜 기간 동안 호수 거의 모든 지역을 산소 고갈 상태로 만드는 생태학적 대변동으로 전개될 것이다. 그리고 그 재앙의 규모는 너무 거대해서 지금 이리호에서 발생하고 있는 문제가 별 것 아닌 것처럼 보이게 할 것이다.

지금껏 이리호의 생태계 파괴를 아주 건조하게 과학적으로만 묘사했다. 그런데 이 상황을 두고 끊임없이 제기되는 질문이 있다. 도대체 이 문제는 누구의 책임인가? 하지만 이 질문에 대한 답변은 대부분 무죄를 주장하거나 무지나 불가항력을 앞세운 변명과 회피로 일관할 뿐이다.

이리호가 처한 곤경에 대한 가장 흔한 '설명'을 하나 예로 들어보자. 이리호가 처한 문제는 단지 호수가 겪는 자연적인 '노화' 과정이 약간 일찍 온 것일 뿐이라는 주장이다. 이 설명은 이리호라는 자체 정화 능력을 지녔던 생태계의 죽음을 피할 수 없는 자연적인 현상으로 만들어 우리의 죄책감을 줄여주는 효과를 내기도 한다. 호수는 보통 영양염이 적고 산소가 풍부한 상태로부터 시작하여 주변으로부터 천천히 유입되는 영양염을 받아들이면서 수백 년에 걸쳐 부영양화 되는 과정을 거친다고 알려져 있다. 이런 관점에서 보자면 이리호는 조기 노화에 시달리는 셈이다. 왜냐하면 영양염 수준이 높아지고 조류가 급격히 늘어나며 산소가 고갈되는 현상은 통상적으로 수천 년에 걸쳐 일어나지만, 이리호에서는 훨씬 빨리 나타났기 때문이다.

이를 고려하기 위해서는 이리호에서 발생한 부영양화와 관련된 변화 속도를 살펴볼 필요가 있다. 이리호의 생물학적 조건에 관해서 제한적이나마 거의 100년 전의 믿을 만한 기록이 남아 있다. 이 기록에 의하면 이리호의 물에서 하수 유입으로 인해 나타날 수 있는 영양물질(나트륨, 칼륨, 칼슘 등)의 증가 추세가 1900년 이후로부터 시작했음을 보여준다.

그 증가폭은 초기에는 작았으나 1940년 이후로부터 급격히 커지기 시작했다. 이 변화가 왜 중요한지는 다른 오대호인 수피리어호의 기록과 비교했을 때 분명해진다. 수피리어호는 이리호보다 클 뿐 아니라 주변 지역의 인구 규모도 작아서 호수 전체를 고려할 경우 유입되는 오염 물질의 양이 이리호보다 훨씬 적다. 이리호에서 발견된 1900년 이후의 영양염 농도 변화는 수피리어호에서 전혀 찾아볼 수 없었다. 수피리어호의 영양염 농도는 지난 100여 년간 사실상 일정하게 유지되어 왔음을 기록은 말해준다. 아쉽게도 질산염이나 인산염에 대해서는 그렇게까지 긴 시간에 걸친 기록이 존재하지 않지만, 현재 확보할 수 있는 데이터가 말해주는 것은 그 둘 역시 이리호에서는 증가했으나 수피리어호에서는 그렇지 않았다는 것이다.[10]

이보다 더욱 놀라운 사실은 이리호의 조류 개체군에 대한 데이터에서 찾아볼 수 있다. 클리블랜드 상수도공사는 이리호 상수원 취수구에서 채취한 이리호의 물 1밀리미터에서 발견된 조류 세포의 수를 1919년 이후 매일 기록했다. 1927년 연간 평균 조류 세포수가 100개 정도였는데, 1945년에는 800개, 1964년에는 2,500개로 증가했다. 1927년의 결과는 노화하지 않은 상태의 '젊은' 호수가 보이는 값과 비슷한 수준이었다. 따라서 이리호가 1927년 이전부터 이미 '노화'하고 있었다는 증거는 찾아볼 수 없다.[11]

이 기록은 1900년 이전에 이리호가 이미 노화 과정을 겪고 있었다는 주장에 근거가 없음을 보여주는 것이다. 좀 더 자세히 들여다보면, 아주 긴 지질학적인 스케일의 시간이 지나게 되면 모든 호수가 반드시 부영양화 된다는 개념도 항상 정확한 것은 아니다. 최근에 호수 바닥 침전물 속의 금속 원소량을 측정하여 과거의 호수 용존 산소량을 추정하는 연구가 발표되었다. 그 연구에 의하면 영국의 에스웨이트호 Esthwaite Water[레이크 디스트릭트에 있는 작은 호수]의 경우 호수 형성 이후 순식간에 부영양화 되면서 저산소 조건이 형성되었고, 그 이후 9000년 동안 짧은 기간을 제외하고는 그 같은 조건이 안정적으로 유지되었다고 한다. 한편 비슷한 조사를 주변에 있는 윈더미어호Windermere에서도 했더니 그 호수는 지난 9000년 동안 부영양화되지 않은 상태를 그대로 유지해왔음이 밝혀졌다.[12]

그러므로 현재 부영양화된 호수나(에스웨이트호) 그렇지 않은 호수(윈더미어호)를 보면, 점진적인 부영양화의 변화가 모든 호수에서 반드시 나타나는 것은 아닌 것으로 보인다. 미국 코네티컷 주의 린슬리호Linsley Pond에 대한 연구에서도 비슷한 결과가 나왔는데, 사실 이 호수는 자연적으로 '성숙해진' 호수의 사례로 자주 사용되는 곳이다. 그런데 여기서도 호수 바닥의 침전물에 들어 있는 금속 원소를 분석했더니 에스웨이트호와 마찬가지로 호수 형성 이후 부영양화된 상태로 빠른 속도로 발전했지만(이 호수는 빙하 작용에 의해 약 1만 년 전에 형성되었다), 그 이후에는 그 상태를 계속 유지했다는 것이다.

그러므로 급속히 나빠지는 상황으로 인해 암담한 미래에 직면한 이리호의 상태에 대한 책임은 전적으로 인간에게 있다고 봐야 한다. 이리호의 문제가 자연적인 부영양화 과정이 가속화되어 나타난 것이라는 주장은 사실이 아니다. 다시 말하지만, 이리호가 지금 같은 상황에 빠지게 된 것은 우리의 책임이다.

또 다른 혼란(또는 회피)의 근거로 흔히 등장하는 이유는 이리호 문제의 근원인 조류의 과성장이나 부영양화를 유발하는 과정이 상당히 복잡하기 때문에 생긴 것이다.[13] 조류의 성장을 위해서는 세 가지 주요 영양염이 반드시 있어야 한다. 이산화탄소, 질산염, 그리고 인산염이다. 조류가 성장하기 위해서는 이 세 가지 요소가 반드시, 그리고 충분하게 있어야 한다. 그 중 하나라도 없거나 부족하면 조류는 성장하지 않다가, 부족한 부분이 채워지는 순간 조류의 성장은 다시 시작된다. 그러므로 경우에 따라 세 가지 요소 중 단 한 가지만 많아져도 조류의 과성장을 유발할 수 있다. 이렇게 세 가지가 모두 반드시 필요하다는 사실은 이리호의 문제에 대한 회피 논리를 만드는 데 아주 좋은 근거가 된다. 왜냐하면 일반적으로 대중들은 과학이 어떤 '유일한 원인'을 밝혀주기를 기대하기 때문이다. 그래서 세제 제조업자들은 세제가 지표수의 인산염 농도의 증가를 가져와 부영양화를 일으켰다는 증거가 분명해지자 질산염으로 그 책임을 돌렸다. 한편 화학 비료를 너무 많이 사용해 농경지에서 흘러나오는 질산염이 부영양화를 일으켰다는 증거 앞에서 농장주들은 인산염에게 책임을 돌리는 것이 관례가 되었다. 최근에 '새로운 발견'이라며 회자되는 이야기의 내용은 바로 이산화탄소에 의해 부영양화가 유발된다는 것이다. 이는 물론 당연한 이야기일 수도 있다. 하지만 이것이 사실이기 위해서는 인산염과 질산염 모두가 물속에 충분하게 있는 상태에서 단지 공기로부터 녹아드는 이산화탄소의 양이 부족했을 때 조류의 성장이 제한되는 상황이어야 한다.

위의 세 가지 영양염 중 어느 하나만으로도 조류의 과성장이 시작될 수 있겠지만, 과성장에 대한 제대로 된 답은 그 나머지 둘도 충분히 존재하는 상황임을 밝혀야 한다. 세 가지 중 하나의 영양염이 이미 과도하게 존재한다면, 과성장 여부는 다른 두 가지 영양염의 농도에 의해 결정될 것이다. 따라서 위 세 가지 물질 중 어느 하나라도 물속에 너무 많이 있다면 조류 과성장으로 인한 수질 오염의 위험으로부터 벗어났다고 말할 수 없다.

하지만 가장 흔한 회피 중 하나는 다름 아닌 현대식 하수 처리 시설이 오히려 조류의 과성장에 기여했다는 점에 있다. 이리호의 예를 보면 생활하수에 들어있는 세제의 인과 주변 농경지로부터 오는 질소를 제외한다면 부영양화를 일으킨 대부분의 영양염은 바로 하수처리 시설의 배출수로부터 온 것이다. 생태적 관점에서 보면 이 시설의 디자인에는 중대한 오류가 있다. 이건 아주 간단한 사실인데도 인정하기에 굉장히 어려운 측면이 있는데, 이는 지금껏 이 시설을 설치하는데 들인 엄청난 투자와 노력을 생각한다면 당연한 일일 것이다. 1968년 연방수질오염관리위원회the Federal Water Pollution Control Administration는 5년에 걸친 연구와 수많은 학술회의와 자문 끝에 이리호 문제에 관한 짤막한 보고서를 발간했다. 그 보고서는 부영양화 문제의 중요성을 역설하고, 보다 많은 '현대적 하수처리 시설'의 건설이 필요하다고 강력히 주장했다. 그런데 정작 현대적 하수처리 시설이 제대로 작동을 하면 할수록 부영양화 현상은 더욱 악화될 것이라는 사실은 놓치고 있었다.

이리호 사례는 환경오염으로 인해 자연 자원이 걷잡을 수없이 심각하게 파괴되는 현장을 적나라하게 보여준다.[14] 하지만 이것이 아주 특별한 사례인 것은 아니다. 이리호에서 나타나고 있는 생태적 변화는 미시건호Lake Michigan, 온타리오호Lake Ontario, 콘스탄스호Lake Constance에서도 비슷하게 나타나고 있다. 발틱해에서도 인간의 영향에 의한 부영양화 현상이 감지되었다. 심지어 세계에서 가장 깨끗하다는 바이칼호에서마저 이런 현상은 나타나고 있다. 이리호 오염 문제는 그 자체로도 큰 재앙이긴 하지만, 이리호를 넘어서는 훨씬 큰 규모의 생태적 파괴가 일어나고 있음을 경고하고 있다.

이리호의 환경 위기가 얼마나 심각한지를 알아볼 수 있는 가장 의미 있는 방법은 바로 이리호에 대해 우리가 항상 묻는 다음 질문에 있는 것 같다. '어떻게 하면 호수 상태를 다시 되돌릴 수 있을 것인가?' 내가 생각하기에 그 질문에 대한 대답은 '아무도 모른다'이다. 이리호로 흘러들어가는 오염 물질이 하룻밤 사이에 완전히 멈춘다 해도, 이미 들어가 쌓인 오염 물질을 해결하는 문제가 남아 있기 때문이다. 내가 아는 한 이 문제의 완전한 해결 방법으로서 조금이라도 현실성을 지닌 것은 없었다. 이리호가 25~50년 전과 비슷한 상태로 되돌아갈 수 있는 현실적인 방법은 없을 것이라고 나는 단언한다.

이것이 바로 이리호에 대한 우리의 공격이 가져온 결과다. 나타난 것이다. 인간은 이리호의 생태계를 되돌리지 못할 정도로 완전히 바꿔 버렸고, 그 결과 이리호가 인간에게 줄 수 있는 혜택을 영원히 손상시키고 말았다. 이런 일이 계속된다면 이리호와 인간 모두 오래 가지 못할 것임은 분명하다.

제7장
인간—생태권 안의 존재

환경 위기는 생태계 남용이 너무 심각해 더 이상 지속가능하지 않게 되었다는 경고의 신호다. 우리는 이 경고를 받아들여 환경뿐 아니라 우리 자신마저 파괴하는 자멸적인 질주의 근원을 찾아 막아내야만 한다.

환경 파괴는 인간의 다양한 활동에 의해 발생하며 그 결과 인간의 삶도 고통스럽게 만든다. 따라서 환경 위기는 환경에서 발생하는 문제로 끝나는 것이 아니라 사회적인 특성도 지닌다. 그자체로 이미 매우 복잡한 생태권에 인간 활동을 추가하면서 문제는 더욱 복잡해졌다. 지구 생태계가 유지할 수 있는 인구의 한계, 과학으로 우리가 알아낼 수 있는 자연에 대한 지식, 이 지식을 실용적으로 적용할 수 있는 기술, 그 기술로 자원을 지구로부터 뽑아내어 더 큰 가치를 창조할 수 있게 해주는 새로운 산업과 농업 생산, 재화를 분배하고 사용하게 해주는 경제 시스템, 그리고 이 밖의 모든 것을 이루는 사회적, 문화적, 정치적 프로세스들. 이렇게 다양하고 복잡한 문제 속에서 환경 위기를 어떻게 제대로 설명할 것인가?

앞서 생태권을 다룬 장에서 이야기했듯이 현대사회는 우리가 지금 직면하고 있는 문제에 대한 해결 능력이 매우 부족한 상태이다. 본질적으로 매우 복잡한 시스템에 대한 분석을 해야만 하기 때문이다. 따라서 생태권에서와 마찬가지로 이 경우에도 특정 원인이 어떤 결과를 가져오는가를 살펴보는 접근 방식이 유용할 것이다. 물론 이런 방식으로 문제 전체에 걸친 복잡한 관계를 모두 밝힐 수는 없겠지만, 우리의 목적을 위해 부분적인 이해는 가능하게 할 것이다. 환경문제와 가장 밀접한 관계를 지닌 목적이란 바로 인간 활동이 어떻게 환경에 의존하는지, 그리고 인간 활동에 의해 환경이 어떤 영향을 받게 되는지에 관한 것이다.

이런 네트워크를 이해하는 데 가장 중요한 것은 전체 안에서 각 부분들이 서로 어떻게 연결되어 있는지를 파악하는 것이다. 수중 생태계를 예로 든다면, 조류는 물고기에게 먹이를 제공하고, 물고기는 유기 노폐물을 생산하고, 유기 노폐물은 무기 영양염의 기반이 되며, 조류는 다시 무기 영양염에 의존한다. 이런 의존적 순환 고리를 살피는 것은 시스템의 일부분이 전체 시스템의 움직임에 어떻게 영향을 미치는지를 이해하는 유용한 방법이다. 이 같은 방법으로 생태계와 인간 활동이 서로에게 어떻게 의존하여 어떤 영향을 주고받는지 알아볼 수 있다.

생태권으로부터 시작해보자. 생태권은 지구의 광물자원과 더불어 인간이 만들어내는 모든 생산물과 재화의 근원을 이룬다. 모든 부의 근원은 생태권에 있다. 그리고 인간은 재화에 의존한다. 모든 인간의 발달에는 의식주와 교통, 통신 등 다양한 재화와 의료 서비스, 그리고 다양한 편의시설이 필요하다.

인간이 없다면 과학이나 기술, 산업, 농업, 경제도 없을 것이고, 또 이 모든 것을 결정하는 경제, 사회, 문화, 정치 프로세스도 존재하지 못할 것이다. '인구 과잉'의 문제를 걱정하는 사람들은 세계 인구의 걷잡을 수 없는 증가를 나타내는 자료를 종종 제시한다. 선사시대에 500만 명에 불과했던 전 세계의 인구는, 그리스도 탄생 시기에는 2억 5,000만 명으로 증가했고, 1650년에는 5억 명, 1850년에는 10억 명, 그리고 현재는 35억 명에 이르렀으며, 2000년에는 60억 명으로 늘어날 것으로 추정되고 있다[UN에 따르면 세계 인구는 1999년 10월에 60억 명을 기록했으며, 2011년에 70억 명을 넘어선 것으로 추정된다].[1] 이만큼 급격한 증가 추세를 보이는 것들은 인구 외에도 많이 있다. 여러 가지 기계나 건물, 운송수단, 심지어 조리 기구조차 그 수와 종류가 크게 늘어났다. 지적인 분야를 보아도 문학작품, 회화, 음악, 과학 논문 등도 굉장한 속도로 늘어났다. 따라서 지구가 겪는 것은 비단 '인구의 폭발적 증가'만이 아니며, 오히려 '문명의 폭발적 증가'라고 하는 것이 더 의미 있을 것이다. 인류 문명의 다양한 요소들이 거대한 네트워크를 형성할 수 있게 된 근본적 원인 역시 인간과 인구의 증가에 있다고 보아야 할 것이다. 과학의 힘으로 알게 된 자연에 대한 지식, 자연의 힘을 이용할 수 있게 해준 과학기술의 힘, 물질적 재화의 축적, 그리고 풍부한 경제, 문화, 사회, 정치적 프로세스가 그 몇 가지 예이다.

인간과 환경 사이의 상호작용을 알아보기 위해서는 수많은 인간 활동 중 생태권으로부터 시작하여 다시 생태권으로 돌아오는 순환 고리를 이루는 것 하나를 골라야 한다. 물론 어떤 것을 선택하든 상관은 없다. 선택은 자의적이다. 인간이 상상하거나 행하는 모든 일은 자신이 살고 있는 세계에 대한 태도와 행동에 영향을 미칠 수 있기 때문이다.

회화, 음악, 조각 등도 모두 자연이나 생태계 속에서의 인간 경험을 반영한다는 점에서 사례로 들 수 있을 것이다. 위대한 회화나 음악이 자연에 대한 인간의 태도를 변화시킬 수 있음을 누가 부정할 수 있겠는가? 내 의도는 그런 종류의 인간 활동의 가치를 깎아내리거나 부정하려는 것이 아니라, 다만 인간의 삶을 이루는 물질적 기반에 초점을 맞추려는 것이다.

그래서 인간과 자연 사이의 다양하고 복잡한 상호작용을 보여주기 위해 내가 선택한 인간 행위는 바로 과학이다. 과학이야말로 인간이 자신이 살아가는 세계의 본질을 배우는 수단이며, 우리가 그 세계 안에서 어떤 일을 어떻게 하는지를 가르쳐주는 필수 지침서이다. 특히 생물권과 관련된 인간의 모든 활동은 자연에 대한 과학적인 이해(혹은 우리가 그렇게 생각하는 것)에 의존하여 행해진다.

그리고 자연에 대한 축적된 지식 체계로서의 과학에 직접적으로 의지하는 것 중 하나가 바로 기술이다. 기술을 통해서 과학적 지식이 비로소 실용적으로 활용된다. 기술의 발전은 과거에는 주로 시행착오에 의해 이루어졌지만, 지금은 대부분 과학에 기반한 의식적 노력으로 이루어지고 있다.

이에 따라 특히 현대사회에서의 산업과 농업 생산력도 당대의 기술 수준에 의존한다. 미국 생산력의 증가가 대부분 기술 발전에 의해 이루어졌다는 사실은 존 갤브레이스John Kenneth Galbraith의 대표적인 연구에 잘 나와 있다. 그리고 모든 현대사회에서 재화의 생산은 재화의 분배와 교환을 결정하는 장치인 경제 시스템에 의존한다.

생태권으로부터 자원을 뽑아 새로운 재화를 창조하는 활동을 결정적으로 주도하는 것은 바로 경제 시스템의 운용이다. 왜냐하면 재화를 창조하는 활동의 전제조건은 그 활동의 결과물이 경제적 가치를 가져야만 한다는 것이며, 그러한 가치는 경제 시스템에 의해 결정되기 때문이다. 여기서도 우리는 하나의 순환 고리를 거쳐 다시 생태권으로 돌아오게 된다. 재화를 창조하는 기업이 무언가를 생산하는 데 반드시 필요한 생물자원을 구하기 위해서는 생태권에 의존해야만 하기 때문이다.

따라서 인간의 생존과 모든 활동에 필수적인 재화의 창조는 인간 활동에 의해 생산되며, 인간 활동은 과학적 지식에 기반한 기술을 통해 현실화되며 경제 시스템에 의해 운용되고, 그 영향은 생태권에서 나타난다. 물론 이렇게 단순화된 과정만으로 인간 사회 전체를 설명할 수 있는 것은 아니다. 인간 사회도 매우 복잡하며 여러 가지 상호 연관된 네트워크로 구성되어 있다. 그러므로 지구의 자연자원으로부터 만들어진 재화는 인간의 기본적 요구를 만족시키는데 그치는 것이 아니라, 새로운 도구, 기술, 공장, 교통 및 통신 수단, 병원, 박물관, 예술 작품, 나아가 전쟁 무기 등을 만드는 데에도 쓰이는 것이다.

과학기술과 경제 시스템 사이의 흐름도 항상 양방향으로 이루어진다는 점을 기억해야 한다.[2] 경제 시스템의 기반이 과학기술에 기초한 생산 활동이긴 하지만, 그 반대 또한 사실이다. 경제 시스템뿐 아니라 경제 시스템이 발현시키는 정치적 이데올로기 또한 과학과 기술의 발전을 결정하는 중요한 인자이다. 그 중 하나는 다름 아닌 '돈'인데, 바로 정부기관과 사립 재단이나 기업으로부터 제공되는 연구 개발에 대한 지원이다. 이런 지원을 제공하는 단체들은 자신의 선호도에 따라 과학과 기술의 발전 방향에 영향력을 행사한다. 환경 관련 연구는 이에 대한 좋은 사례를 제공한다. 지금처럼 환경문제에 대한 시민의 관심이 커지기 전에는 미국에서의 환경 연구에 대한 지원 규모는 매우 작았다. 그런데 최근 몇 해 동안에는 오히려 기초 연구에 대한 지원이 줄어들고 환경문제 연구에 대한 지원금이 늘어났다. 그 결과 지금은 환경의 중요성을 다루는 연구 분야로 과학자들이 몰리고 있다. 이렇듯 과학과 기술은 사회의 필요에 따라 그 사용 여부가 결정되는 독립적인 지식체계로 존재하는 것이 아니며, 오히려 사회적인 필요에 의해 크게 영향을 받는다. 그럼에도 불구하고 여전히 유효한 사실은 기업이나 정부가 생태계에서 벌이는 모든 활동에 필요한 지식을 얻기 위해서는 과학에 의존하며, 그 수단을 위해서는 기술에 의존한다는 것이다.

물론 지금까지의 설명은 끊임없이 변화하는 문명이라는 대상을 너무 정적으로 표현한 것이긴 하다. 따라서 앞서 기술한 대상이 시간에 따라 어떻게 움직이는지 어느 정도 이해하기 위해서는 수많은 현상 중 하나를 골라 일련의 과정으로 단순화시켜보는 것이 유용할 것이다.

먼저 생태계로부터 재화를 창출하는 단계에서 시작하자. 그렇게 만들어진 재화가 인간에 의해 이용되면서 사망률이 감소하고 출생률은 유지 혹은 증가하면서 인구가 증가한다. 모든 생명체가 그렇듯 인간도 번식 본능이 있으므로, 충분한 자원이 확보되었을 때 인구가 늘어나는 것은 자연스러운 현상이다. 또 인구가 증가함에 따라 인간이 주도하는 활동인 과학과 기술의 개발, 생산 활동, 재화의 축적 등도 촉진된다.

이렇게 재화의 축적과 기술 발달 그리고 인구 증가가 함께 점점 더 빠른 속도로 증가하는 현상에 대해, 인위적인 출산율 통제 없이는 '인구 폭탄'이 터져 큰 위기가 올 것이라고 주장하는 사람들이 있다. 하지만 사실 이런 변화는 오히려 인구 증가율을 크게 감소시키는 현상을 유발한다는 강한 증거가 존재한다. 산업화된 대부분의 국가에서 나타나는 이 현상을 인구학자들은 '인구학적 천이'[3]라고 부른다. 이 현상의 첫 단계는 18세기의 농업 및 산업 혁명 초기에 나타나기 시작했는데, 경제적 재화의 증가에 따라 사망률이 감소하고 출생률이 유지되면서 인구가 급격히 증가했다. 이후 19세기를 거치며 생활수준이 개선되면서 출생률이 감소하고 인구 증가 속도가 느려졌다. 이러한 변화의 원인은 생물학적인 것이 아니라 사회적인 것이었다. 무엇보다도 어린이의 역할에 변화가 일어난 것이 주요한 원인이었다. 생활수준이 낮았던 시기(예를 들자면 산업혁명 초기)에는 가족의 생존을 위해서 어린이들의 노동이 반드시 필요했기에 아동 노동은 흔히 찾아볼 수 있는 일이었다. 이후 생활수준이 개선되자 성인 노동만으로도 생존을 위한 가구 소득을 유지할 수 있게 되었다. 또 의무 교육제도가 시작되면서 어린이는 경제적 자산이 아니라 오히려 경제적 부채로 간주되었다. 동시에 사회 복지의 개선에 따라 자녀들을 '노후 보험'으로 인식하는 경향도 줄어들었다. 이에 따른 자연적인 결과가 출생률의 저 했고, 이 변화는 근대적 피임법 없이도 가능했던 것이다. 그러므로 생산 활동의 발전에 따라 인구는 본질적으로 늘어날 수도 있으나, 동시에 같은 이유, 즉 사회적 재화와 자원의 축적으로 인해 인구 감소를 유발하는 힘도 발생한다. 현재 개발 도상 국가에서 나타나는 높은 인구 증가율에 대해서는 이 나라들이 겪고 있는 인구학적 천이가 어떤 특정한 요인에 의해 영향을 받고 있는지를 중심으로 다시 다루겠다.

과학과 기술 사이에도 서로가 서로의 발달을 더욱 촉진시키는 현상이 발견된다. 이는 인간 문화의 본질적 특성으로, 인간의 지식과 아이디어가 축적, 기록되고 영속화되면서 나타나는 현상이다. 특히 과학적 문헌과 기술 혁신의 실용적인 기록이 만들어지면서 더욱 빠른 발전을 불러왔다. 이런 점에서 보면, 과학과 기술의 발전 양상은 서로가 서로의 발전을 더욱 빠르게 해준다는 점에서 인구의 자연적 증가와 비슷하며, 최소한 지금까지의 상황만을 놓고 보면 그 발전 속도가 점점 빨라지는 것으로 보인다. 과학적 '정보의 폭발적 증가'라는 현상은 과학 문헌의 증가율에서도 고스란히 나타난다. 과학 문헌의 양은 15년마다 두 배로 증가하고 있다. 또 새로운 장비와 발명품으로 대표되는 기술 발전의 속도도 빨라지고 있다. 사회적 조건이 허락하는 한, 과학과 기술은 모두 스스로의 발전을 가속화하는 경향이 있는 것으로 보인다.

이렇듯 스스로의 성장을 가속화하는 경향은 지구로부터 재화를 추출하는 산업과 농업 분야에서도 나타난다. 특히 현대 산업 시스템에서는 생산 활동의 결과가 재화와 금융자원의 축적을 동시에 불러오고, 이에 따라 생산 활동과 가치 창출의 속도도 더욱 증가하는 경향이 나타난다. 모든 현대 경제 체제는 이 같은 자기 확장성을 통해 더욱 성장하도록 되어 있다. 이런 특성이 결과적으로 지구상에서의 인간 활동과 생산력을 끊임없이 확대시키는 자기 추동력을 나타낸다는 것은 분명한 사실이다. 한편 이런 경제 시스템의 성장 추세가 계속 유지될 수 있을 것인가는 진지하게 고려해야할 문제로서, 이 책의 나중 부분에서 더 자세히 다루도록 하겠다.

이제 인간-자연 시스템의 근간을 이루는 생태권과 지구 광물자원의 영역을 생각해보자. 이 영역은 지금껏 이야기한 것들과는 매우 다른 성격을 가지고 있다. 첫째로 생태권과 광물자원은 인간이 만들어낸 것이 아니라는 사실이다. 이들은 인간이 지구상에 출현하기 훨씬 이전에 이미 존재 했으며, 그 근본적 특성도 인간 이전에 형성되어 있었다. 그리고 인간이 만들어낸 시스템과는 달리 이들은 끊임없는 성장이나 확장이 불가능하다는 특성을 지닌다.

지구와 생태권의 질량은 고정되어 있다. 생태권을 작동시키는 힘인 태양 복사 에너지도 인간 관점에서의 시간상에서는 고정되어 있다고 볼 수 있다(물론 수십억 년에 걸쳐 태양이 소멸하기까지 조금씩 줄어들기는 하겠지만). 또한 생태권에서 나타나는 프로세스는 순환 고리를 이루고 있기에 전체가 조화로운 상태를 유지해야만 생태권은 유지될 수 있다. 그렇다면 인간 존재가 생태권과 광물자원에 전적으로 의존한다는 점에서 인간 활동의 규모와 정도에는 한계가 있다는 것은 당연한 자연적 이치라고 하겠다. 과연 생태권이 인간 출현 이전이나 현재 상황에서 한계 조건에 도달했는가에 대한 답은 명확하지 않다. 하지만 생태권에 한계가 존재한다는 것은 분명한 사실이며, 끝없이 성장하는 것이 불가능하다는 것 역시 부정할 수 없다.

적절한 균형을 유지하는 한 지구 생태계의 순환 고리는 인간의 시간 관점에서는 영원히 지속될 수 있을 것이다. 따라서 적절한 인구 수준은 지구 구성 요소의 하나로써 영속적으로 지원되고 존재할 수 있을 것이다. 하지만 지구 광물자원은 소비될수록 그 양이 줄어드는, 말하자면 한 방향으로만 흘러가는 특성을 지닌다. 생태권의 다른 구성 요소들과는 달리 광물자원은 재생가능하지 않다. 석탄, 석유, 천연가스와 같은 화석 연료는 특정한 지질학적 시기 동안 그 시기를 특징지었던 환경에 의해 형성되었는데, 아주 느린 속도로 쌓여가는 이탄의 축적을 제외한다면 그러한 환경은 두 번 다시 돌아오지 않았다. 화석연료를 사용하면 수백만 년 전에 화석연료 안에 저장되었던 태양에너지가 발산되는 것이며, 이는 되돌릴 수 없는 과정이다.

지구의 금속 자원 역시 반복되지 않는 지질학적 사건에 의해 형성되었으므로 재생 가능하지 않다. 물론 물질 자체는 파괴되지 않으므로 원석 안의 광물이 사용된다 하더라도 그것이 완전히 사라지는 것은 아니며, 이론적으로는 모두 재활용될 수 있기는 하다. 하지만 철광석을 캐내어 철로 만들어 사용하는 과정을 예로, 철광석을 이용해 만든 물건이 결국에는 녹이 슬어 흩어지는 과정에서 돌이킬 수 없는 것은 바로 에너지이다. 어떤 물질이든 질서 있게 높은 농도로 모여 있던 것이 흩어져서 다른 물질과 섞이게 되었을 때 '엔트로피'라는 특성이 증가했다고 말한다. 엔트로피의 증가는 쓸 수 있는 에너지의 손실을 반드시 수반한다. 이를 반대로 생각해보면 좀 더 이해가 쉬울 수 있다. 무엇이든 흩어져 있는 것을 한 데로 모으기 위해서는 에너지를 사용해야만 한다(그림 조각 퍼즐 맞추기를 해보느라 애써본 사람이라면 이 자연 법칙을 이미 경험해보았다고 할 수 있겠다). 어떤 금속 자원이든 사용하고 나면 최소한 마찰에 의해서라도 약간씩은 흩어지기 마련이며, 이런 과정이 되풀이되면서 그 자원의 가용성은 끊임없이 감소하게 되고, 이를 되돌리기 위해서는 반드시 에너지—그 자체가 한정된 자원인—의 소비가 필요하다.

지금처럼 매우 빠른 속도로 금속 자원이 사용된 후 흩어져 다시 사용하지 못하게 되는 것이 불가피한 것은 아니다. 구리를 예로 들어 보자. 우리가 원하기만 한다면 구리가 원석으로부터 채취되어 유용한 물건으로 만들어져 사용된 이후에도 전량 회수하여 재활용되는 것이 불가능한 것은 아니다. 다만 이것이 가능하기 위해서는 그 금속이 충분히 비싼 가치를 가져야만 한다. 이것이 가능하다는 것을 보여주는 단적인 사례가 바로 금이나 백금과 같은 귀금속이다. 이 두 귀금속은 지금껏 채취된 거의 모든 양이 재활용되어 잘 보존되어왔다. 만약 모든 금속이 금 정도의 가치를 지니게 된다면 광물자원의 문제는 이미 오래전에 해결되었을 것이다. 금속 자원의 고갈은 그 금속의 사용량 자체보다는, 그 금속에 얼마만큼의 가치가 매겨져 있느냐와 그 결과 얼마나 잘 재활용되느냐의 문제에 의해 결정되는 것이다.

이렇듯 지구상의 인류라는 존재는 근본적으로 모순적인 상황에 처해 있음을 알 수 있다. 인류 문명은 의존적으로 순환 고리를 이루고 있는 다양한 프로세스에 의해 구성되는데, 지구의 광물자원과 생태권만 제외하고는 이들은 모두 끝없이 성장하는 특성을 지니고 있다. 그런데 광물자원과 생태권이야말로 대체 불가능하며 문명에게 절대적으로 필수적인 존재다. 따라서 인간 활동의 영역에서 추구하는 한없는 성장과 자연 자원의 한정성의 충돌은 불가피하다. 지구상에서의 인간 활동—문명—이 지구 시스템과 조화를 이루며 살아남기 위해서는 자연의 영역인 생태권이 가진 요구를 만족시켜야만 한다. 환경 파괴 현상은 지금껏 이러한 관계를 제대로 만들지 못했음을 알려주고 있다.

다음은 이미 잘 알려져 있는 환경오염에 대한 사례이다. 지표수 오염의 근본적 원인은 수중 생태계의 한정된 자연적 순환 고리에 과부하가 걸렸기 때문이며, 구체적으로는 지표수에 유입되는 하수나 산업 폐기물과 같은 직접적인 원인이나, 주변 농경지에서 과도하게 사용된 비료가 유입되어 부영양화를 일으키는 간접적인 원인으로 설명할 수 있다. 수질 오염은 생태계의 자연적인 자정 작용의 순환 고리가 너무 큰 스트레스를 받아 무너져 내리고 있다는 신호이다. 대기오염도 이와 비슷한 것으로, 인간 활동이 기상 시스템의 자정 능력의 한계를 넘어서면서 발생하는 것이며, 이제 바람, 비, 눈과 같은 자연적 기상 현상만으로는 우리가 배출하는 오염 물질로부터 대기를 정화할 수 없게 되었음을 보여준다. 토양 황폐화는 토양이 너무나 혹사당하고 있으며, 특히 식량의 형태로 유기물질이 빠져나가는 속도가 부식질로 되돌아오는 속도보다 훨씬 빨라서 생기는 일이다. 이 문제를 회피하기 위한 기술적 대안은 토양에 무기질 비료를 더하는 것이었는데, 이 방법은 작물 생산량을 회복시킬 수는 있었지만 지표수 오염의 증가라는 결과를 초래하게 되었다. 인간이 만들어낸 합성 물질인 살충제, 세제, 플라스틱, 그리고 지구 환경에 자연 상태로는 존재하지 않았던 납과 인공 방사성 물질이 퍼지면서 발생하는 오염 문제는 어떠한가? 이러한 물질들은 자연의 자정 능력에 의해 분해될 수 없기 때문에 결국 자연과 인간 모두에게 해를 입힐 수 있는 곳에 축적되었다. 이와 비슷하게 수은과 같은 금속이 일으키는 환경문제와 자원 고갈의 문제는, 현 경제적 기준에 의하면 충분한 가치가 없다는 이유로 재활용하지 않고 의도적으로 이를 '버림'으로써 나타나는 것이다.

분명 무엇인가가 심각하게 잘못되어 있다.

제8장
인구 위기와 풍요

환경 위기는 인간이 자신의 생존 기반이자 보금자리인 지구를 이용하는 방식에 심각한 문제가 있음을 말해주고 있다. 당연히 문제의 근원은 자연이 아니라 인간에게 있다. 그 누구도 최근의 환경오염 문제가 인간과 전혀 상관없는 자연적인 변화로 나타났다고 주장하지는 못할 것이다. 인간의 강력한 힘이 닿지 않는 얼마 남지 않은 곳에서는 스모그, 수질 오염, 토양 황폐화와 같은 현상이 훨씬 드물게 나타난다. 환경 파괴 현상은 무언가 문제 있는 인간 활동에 의해 발생하고 있는 것이 분명해 보인다.

어떤 이들은 환경 파괴 현상이 일어나는 이유가 인간이 '더러운' 동물이기 때문이라고 한다. 다른 동물과 달리 인간은 '자신의 둥지를 오염시킨다'고 보는 견해이다. 그들에 따르면 인간은 다른 동물과는 달리 '깔끔한' 성격을 가지고 있지 않기 때문에 인구가 증가할수록 그만큼 세계가 오염된다는 것이다. 이 설명에는 기본적인 오류가 있다. 동물들에게서 보이는 '깔끔함'은 동물들의 위생적인 행위의 결과가 아니라, 동물의 배설물이 다른 생물체의 활동에 의해 처리되면서 배설물을 쓸모 있는 영양염으로 사용하기 때문이다. 생태적 순환 고리에서는 쓸모없는 폐기물질 자체가 존재하지 않기 때문에 폐기물이 축적될 수가 없다. 따라서 생태계 속에 자연적으로 존재하는 생물체는 자신의 생물학적 활동만으로는 그 생태계를 파괴하지 못하며, 생태계가 받는 스트레스는 언제나 외부로부터 온다. 생물로서의 인간 역시 다른 생물보다 더 더럽다고 볼 수는 없다. 인간이 환경을 오염시키게 된 것은 생태계의 닫혀 있는[완전한 원을 이루는] 순환 고리 안에 있는 다른 모든 생명체와는 달리 인간은 그로부터 빠져나왔기 때문이다.

인간이 육상 생태계에서의 생물학적 지위만을 유지한다면, 다시 말해 땅에서 생산된 음식을 먹고 식물이 내주는 산소를 마시며, 배설물은 토양으로 되돌려 보내고 숨으로 내보낸 이산화탄소를 식물이 활용하게 한다면, 인간은 심각한 생태적 피해를 일으키지 않을 것이다. 이런 닫힌 생태적 순환 고리로부터 빠져나오는 순간, 예를 들어 인간이 도시에서 살게 되면서 인간의 배설물이 흙으로 돌아가는 대신 물로 들어가는 식의 변화가 나타나면서, 인간의 삶은 예전에는 전체 생태계의 일부였지만 이제는 그로부터 분리되고 말았다. 이제 인간의 배설물은 수중 생태계에 예전에 존재하지 않았던 외부 물질러서 그를 침범하게 되었고, 그곳의 자정 능력을 망가뜨려 수질 오염을 일으켰다.

농업, 임업, 수산업과 같은 인간 활동은 모두 특정한 생태계에서 생산되는 자원을 직접 이용한다. 이 경우 자원의 활용은 경제적 가치를 지닌 작물, 목재, 수산물 따위를 생태계로부터 끄집어낸다는 것을 의미한다. 이는 한 생태계의 자원이 외부로 유출되는 것을 의미하기에, 이로 인해 생태계가 붕괴되지 않도록 하기 위해서는 자연적이거나 인공적인 변화의 정도를 조절하여야 한다. 너무 많은 자원을 끌어내면 균형이 무너져 전체 생태계의 붕괴로 이끌 수 있다. 과도하게 집약적인 농경이나 벌목에 의해 나타나는 파괴적 토양 침식 현상이나 고래의 멸종으로 인해 사라져버린 포경 산업 등은 이러한 문제를 잘 보여주는 사례다.

환경 스트레스가 발생하는 또 다른 경로는 생태계의 한 구성 요소를 외부로부터 강제적으로 증가시키는 경우로, 생태계에 인간 노폐물을 버린다든지 특정 자원의 생산량을 증가시키기 위해 의도적으로 그 순환 과정을 더 빠르게 만들면서 일어나기도 한다. 첫 번째 경우는 강이나 호수에 하수를 다량으로 배출하는 행위가 해당될 것이고, 두 번째의 경우는 농업에서의 질소비료의 사용이 적절한 예가 될 것이다.

마지막으로 인간은 자연 상태로는 발견되지 않는 완전히 새로운 재료를 만들어내는 능력을 가지고 있기에, 예전에 존재하지 않았던 새로운 물질이 생태계에 들어가면서 환경 파괴가 발생하기도 한다. 아주 간단한 사례로 자연 물질과는 달리 생물학적으로 분해되지 않는 플라스틱이 있다. 플라스틱은 일단 만들어지고 나면 쓰레기로 버려져 그 형태를 그대로 유지하거나 불에 태워지는데, 이 두 가지 처리 과정은 모두 오염 물질을 만들어낸다. 마찬가지로 DDT나 납 같은 독성 물질도 축적 농도가 충분히 높아지면 생명을 유지하는 화학적 반응에 직접 관여하지는 않더라도 그런 반응을 일으키는 다른 물질의 기능을 저해하여 환경 피해를 일으킨다. 일반적으로 자연 환경에 존재하지 않던 물질을 만들어 유입시키는 생산 활동은 환경오염을 일으킬 위험성이 매우 크다.

따라서 우리가 해야 할 일은 인간 활동이 미치는 환경 영향을 밝히는 것이다. 다시 말해 생태계의 유지에 필요한 자기 조절 능력을 파괴하는 외부 인자를 밝혀야 한다.

그 첫 단계로, 미국과 같이 고도로 산업화된 나라에서 나타난 환경오염의 역사에 대해 살펴볼 수 있다. 불행히도 미국 정부는 컴퓨터를 이용해 온갖 종류의 통계 정보—개개인의 납세 정보로부터 특정 정치 집회에 참가한 기록까지 망라하여—를 기록하고 보유하는 데 큰 노력을 들이고 있지만 정작 환경오염 문제에 관해 남긴 기록은 얼마 되지 않는다. 하지만 얼마 되지 않는 기록만으로도 놀라운 사실이 드러난다. 미국의 거의 모든 환경오염 문제가 처음 발생했거나 심각한 문제로 발전된 시기가 제2차 세계대전 직후라는 사실이다.

이런 경향을 단적으로 보여주는 사례는 주요한 지표수 오염 물질인 인산염이다. 1940년에 도시 하수로 배출된 인산염의 총량은 30년 전인 1910년에 비해 두 배 이상으로 증가했는데, 인으로 계산된 연간 배출량이 1910년에 약 1,700만 파운드(약 7,700톤)였던 것이 30년 후인 1940년에 약 4,000만 파운드(약1만 8,000톤)으로 늘어났다. 그 이후의 인산염 배출량은 더욱 가파른 상승세를 보였다. 1940년부터 1970년까지 30년에 걸친 증가량은 일곱 배에 달했으며, 그 양은 연간 약 3억 파운드(약 14만 톤)에 이르렀다. 그 외에 1946년 이후 여러 가지 오염 물질이 보인 증가 추세는 다음과 같다.[1] 자동차로부터의 질소산화물(스모그를 유발하는 오염 물질)은 630퍼센트 증가, 가솔린의 4에틸납tetraethyle lead은 415퍼센트 증가, 클로르알칼리 공장에서 나오는 수은 배출량은 2,100퍼센트 증가, 합성 살충제는 270퍼센트 증가(1950년부터 1967년 사이만 고려), 무기질소비료(강과 호수의 오염 물질)는 789퍼센트 증가, 재활용이 되지 않는 맥주병은 595퍼센트 증가했다. 현재 우리가 알고 있는 오염 물질 중 많은 것들이 제2차 세계대전 이전에는 존재하지도 않았으며 전쟁 중에 처음으로 만들어진 것들이다. 스모그가 그렇고(1943년 로스앤젤레스에서 처음 발견되었다), 인간이 만들어낸 방사성 물질(전시 원자폭탄 제조 프로젝트로 탄생했다), DDT(1944년 처음 만들어져 사용되었다), 합성세제(1946년 이후로 비누를 대체하기 시작했다), 합성수지(플라스틱, 제2차 대전 이후에 심각한 쓰레기 문제를 유발하게 되었다)도 마찬가지이다.

제2차 세계대전 이후에 등장하여 환경 파괴를 대표하게 된 이 변화들은 환경오염 문제의 근원에 대한 중요한 단서를 제공한다. 지난 50년간 과학이 이룩한 혁명적 발전은 기술의 발전뿐 아니라 기술이 적용되는 산업, 농업, 교통, 통신 분야에서도 강력한 변화를 일으켰다. 제2차 세계대전은 이런 역사적 전환이 일어난 중요한 전환기였다. 제2차 세계대전 이전의 25년의 기간은 기초과학이 현대적으로 발전하는 과도적 시기였으며, 특히 이후 새로운 생산 기술의 기반이 된 물리학과 화학 분야에서 눈부신 발전이 이루어졌다. 전쟁 기간 중에는 군의 요구에 따라 새로운 과학 지식의 대부분이 새로운 기술과 대량 생산에 적극적으로 활용되었다. 따라서 제2차 세계대전은 그 이전의 과학 지식 혁명과 그 이후의 기술적 혁명을 가르는 시기라고 할 수 있다.

전쟁 이전에 일어났던 과학 지식 혁명의 성격은 전쟁 이후에 나타난 기술적 혁명의 중요한 단서를 제공한다. 1920년대가 시작되면서 물리학계는 뉴턴 이후 학계를 지배해왔던 이론으로부터 탈출하게 되었다. 원자의 특성에 대한 새로운 발견은 물질의 본질적 특성에 대한 개념을 완전히 바꾸었다. 실험과 이론적 발전을 거듭한 결과 물리학자들은 아원자 입자 간의 상호작용이 전체 원자의 특성을 결정하게 되는 현상에 대한 이해를 크게 발전시킬 수 있었다. 이 새로운 지식으로부터 파괴가 불가능하다고 생각되었던 원자를 쪼개 원자핵으로부터 엄청나게 큰 에너지를 지닌 입자가 튕겨나가게 하는 새롭고 강력한 기술이 만들어졌다. 또 자연 방사능과 인공 방사능이 발견되었다. 1930년대에 이르자 원자핵으로부터 엄청난 에너지가 방출될 수 있다는 것이 이론적으로 분명해졌다. 이 이론은 제2차 세계대전 중에 현실화되어 원자력 무기와 원자로가 만들어지게 되었고, 이에 따라 인공 방사능이 가져올 위험성과 파멸적인 전쟁의 가능성 역시 시작되었다.

새로운 물리학 이론들은 고체상의 물질에서 나타나는 전자 운동도 잘 설명해주었다. 이는 전쟁 이후 트랜지스터의 발명과 컴퓨터 반도체 부품의 급격한 발전을 불러오게 되었다. 이 발전은 트랜지스터 라디오로부터 현대적 컴퓨터를 만들어낼 새로운 전자 기술의 기반을 제공했다.

화학 분야에서도 제2차 세계대전 이전에 놀랄 만한 발전이 이루어졌다. 특히 훗날 큰 환경적 영향을 불러오게 될 발전은 유기 화학의 분야에서 일어났다. 유기화합물이 최초로 발견된 것은 18세기 화학자들에 의해서였는데, 주로 생명체로부터 나온 액체에서 발견되는 것들이었다. 시간이 지나면서 화학자들은 단순한 형태의 자연적인 유기화합물의 분자 구성을 알게 되었다. 화학자들은 자연을 모방하고자 하는 강한 열망을 드러냈다. 예전에는 생명에 의해서만 만들어지는 유기물질을 실험실에서 합성하고자 했던 것이다.

인간이 만들어낸 최초의 유기화합물은 1848년 처음으로 합성된 요소urea였다. 이 단순한 성과를 시작으로(요소는 단 하나의 탄소 원자만을 포함한다) 화학자들은 자연에서 발견되는 보다 복잡한 물질을 실험실에서 만들어내기 시작했다. 일단 유기물질을 합성하는 기술이 실현되고 나자, 온갖 종류의 화합물이 만들어지기 시작했다. 이는 유기화합물에서 실현 가능한 여러 가지 원자의 조합 방법을 고려한다면 자연스런 결과였다. 예를 들어, 당糖으로 분류되는 여러 분자를 구성하는 원자는 탄소, 산소, 그리고 수소 단 세 가지뿐이며 이 원자들이 서로 연결될 수 있는 방법은 그렇게 많지 않지만, 원자 여섯 개가 들어있는 당류(포도당이 대표적이다) 중 서로 다른 구조를 지닌 물질은 무려 열여섯 가지에 달한다. 이런 식으로 보면 존재 가능한 유기화합물의 종류는 너무도 많아서 의미 있는 한계가 있다고 보기 어려울 정도이다.

20세기로 넘어오면서 화학자들은 이론적으로만 가능했던 분자 구조를 만들어내는 실질적인 방법을 현실화시키게 되었다. 생각할 수 있는 존재 가능한 유기화합물의 종류는 사실상 무궁무진한 데다가 이를 실제로 만들어낼 수 있는 기술이 있다는 사실은 거부하기 힘든 매력적인 힘이었으리라. 이는 마치 언어가 발명되자마자 새로운 문학작품이 걷잡을 수 없이 쏟아져 나오는 것과 비슷한 현상이었을 것이다. 시를 쓰는 대신, 화학자들은 새로운 분자를 창조했다. 그리고 시와 마찬가지로, 어떤 물질들은 창조라는 즐거운 작업—화학자들이 알아낸 새로운 지식이 사실임을 입증하는—에 의해 만들어진 최종 산물이기도 했고, 어떤 물질은 보다 복잡하고 어려운 창조물을 만들기 위한 전 단계였으며, 또 어떤 물질은 특정한 용도—예를 들어 섬유를 염색하기 위해—에 사용하기 위해 의도적으로 만들어졌다.

이로 인해 나타난 일들은 인간이 창조해낸 발명물의 개수만을 따진다면 역사상 인간의 창의성이 가장 폭발적으로 드러난 사건이라고 말할 수 있을 것이다. 그리고 이 변화의 속도는 더욱 빨라지고 있었으니, 새로운 화합물을 창조하고 나면 그 화합물 자체가 다른 여러 가지 새로운 화합물을 만드는 기본 물질로 이용되었기 때문이다.

그 결과 화학자들의 실험실 선반에는 엄청나게 많은 종류의 새로운 물질들이 쌓여갔는데, 이 물질들 대부분은 생명을 구성하는 자연화합물과 마찬가지로 탄소를 기반으로 한다는 공통점을 지니긴 했지만, 사실 생태계에는 존재하지 않는 물질들이기도 했다. 쓸모 있는 새로운 화합물을 찾기 위해 선반 위의 화합물들이 사용되었다. 화합물 선택의 기준은 인공 화합물과 자연적 화합물과의 유사성에 의해 결정되기도 했지만, 그냥 이것저것 닥치는 대로 선택되어 시도되기도 했다. 이런 과정을 거쳐 1908년 항생제인 술파닐아미드sulfanilamide가 합성되었으며(그런데 이를 합성한 사람은 색소 전문 화학자였다), 1939년에는 살충제인 DDT—DDT는 1873년에 이미 합성되었지만 이때까지 스위스의 한 화학실험실 선반에 고이 놓여 있었다—가 발견되었다.

그러는 동안 중요한 분자의 화학적 성질에 대한 기본 지식—즉 어떤 물질의 색, 탄성, 섬유질의 강도, 혹은 세균이나 곤충이나 잡초를 죽일 수 있는 능력을 가늠하는 분자 구조에 대한 지식이 늘어났다. 그래서 원하는 기능을 수행하는 새로운 분자를 디자인하는 것이 가능해졌으며, 이는 선반에 잔뜩 놓인 후보 화학물질 중 그럴듯한 것을 고르는 것과 매우 다른 방식이었다. 이런 발전이 제2차 세계대전 이전에 이루어지긴 했지만, 아직 대량 생산 체제를 갖추진 못했다. 이는 얼마 후에 일어날 일이었다.

제2차 세계대전 이전의 과학 혁명은 현대 물리학과 화학 분야에서 자연을 조작할 수 있는 능력, 즉 지구 역사상 완전히 새로운 형태의 물질을 만들어낼 수 있는 능력을 이루어냈다. 하지만 제2차 세계대전 이전에는 축적된 새로운 지식의 방대한 양에 비해 실용적인 결과는 얼마 되지 않았다. 물리학자들이 새롭게 알게 된 원자 구조도 실험실 밖에서는 전구나 엑스레이 기계 정도의 몇 가지 도구만으로 현실화되었을 뿐이었다. 산업 분야에서는 여전히 기계적 운동이나 전기, 열, 빛 등의 물리적 현상이 대부분 사용되었다. 화학 산업도 몇 가지 광물과 무기 화학물질로 제한된 오랫동안 알려져왔던 물질에 의존하고 있는 형편이었다. 하지만 인간이 역사상 처음 가지게 된 강력한 힘과 새로운 능력은 위급한 전쟁의 소용돌이와 전후 재건 과정에서 경기 회복을 일으키는데 사용될 기회를 조용히 기다리고 있었다. 이러한 과학기술이 심각한 문제를 지니고 있다는 사실은 나중에야 알려질 것이었다. 과학기술은 마치 다리가 두 개뿐인 삼발이 의자와도 같았다. 탄탄한 물리학과 화학적 기초에 기반하고 있었지만, 중요한 것은 세 번째 다리가 없었다는 사실이다. 그 세 번째 다리는 바로 환경 생물학이었다.

이 모든 사실은 환경 위기의 원인을 찾기 위한 노력에 유용한 지침

서로 이용될 수 있다. 제2차 세계대전 이후에 엄청난 기술적 혁신과 심각한 환경오염 문제의 급증이 동시에 나타난 것은 우연일까? 새로운 과학기술이 환경 위기의 주원인일 가능성이 있는가?

이상이 1946년 이후 미국의 급속한 환경오염 문제의 증가에 대한 배경 지식이다. 물론 이 외에도 많은 변화가 있었고, 그 중 환경오염 문제와 연결된 것이 있을 수도 있다. 예를 들어 환경오염이 발생한 원인이 인구 증가[2]와 우리 삶이 윤택해졌기 때문이라는 주장이 있다. 하지만 전후 미국 인구는 42퍼센트 증가하는 데 그쳤으므로, 인구 증가만으로 미국의 환경오염이 심각해진 정도를 설명하는 것은 어렵다. 물론 이런 질문이나 대답 모두 너무 단순하다는 점은 인정해야 할 것이다. 40~50퍼센트 정도의 인구 증가율만으로도 그보다 훨씬 크게 증가한 환경오염을 설명할 수 있을는지도 모른다. 늘어난 인구를 위한 의식주를 제공하기 위해 생산량이 증가할 것인데, 급속도로 늘어난 수요에 맞추기 위해 이미 폐쇄된 공장을 다시 가동하는 등 비효율적인 생산 방식이 사용되었을 수도 있기 때문이다. 효율적이지 못한 생산방식을 사용한다면 40~50퍼센트의 인구 증가율보다 훨씬 더 많은 생산 활동이 필요했을 수도 있다. 이는 곧 생산능력의 감소를 가져올 것이다(단위 노동당 생산된 가치가 감소했음을 의미한다). 하지만 실제로 일어난 일은 이와 정반대의 현상이었다. 1946년 이후 생산성은 크게 증가했다. 특히 대표적인 오염 산업인 화학 산업의 생산성은 크게 증가했다.[3] 1958년부터 1968년까지 화학 산업의 생산성은 73퍼센트 증가했는데, 이는 다른 모든 제조업 생산성의 평균 증가율인 39퍼센트에 비해 훨씬 높은 수준이다. 따라서 생산 효율성만 따져서는 최근의 환경오염 증가와 인구 증가 사이에서 나타나는 차이를 설명하기 힘들다.

또 하나의 흔한 주장은 인구 증가로 도시가 빠른 속도로 성장했고, 이에 따라 사람들이 붐비고 사회적 조건이 악화되면서 환경오염 문제가 더욱 심해졌다는 것이다. 하지만 이 주장도 실제로 나타나고 있는 환경 위기의 심각성을 설명하는 데에는 한계가 있다. 그 이유를 하나만 들어보자. 아주 심각한 오염 문제를 불러일으키는 물질인 방사능 낙진, 비료, 살충제, 수은 등의 여러 가지 산업 오염 물질은 도시로부터 유래한 것이 아니다. 물론 도시의 크기와 인구 밀도가 높아짐에 따라 한 사람이 만들어내는 오염 물질이 늘어나는 것은 사실이다(이는 '가장자리' 효과에 의한 것인데, 도시가 커짐에 따라 그 가장자리 길이와 면적 간의 비율이 줄어드는 현상에 기인한다. 도시의 폐기물은 대개 도시의 가장자리에 버려질 것인데, 증가한 도시 면적만큼 도시 가장자리의 길이가 증가하지 않았으므로 단위 가장자리 길이당 버려지는 폐기물의 양이 늘어날 것이다). 이런 효과로 크기가 다른 도시마다 대기오염과 관련된 질명 발생률이 다르게 나타나는 이유를 설명할 수 있다. 대도시(인구 100만 명 이상)에서의 폐암 발생률은 25만~100만 명 인구 수준의 소도시에 비해 37퍼센트 높게 나타난다.[4] 어찌되었건 이 설명 역시 인구 증가와 도시의 성장만으로 환경오염의 급속한 증가를 설명하기 어렵다는 것을 보여준다.

인구 분포가 자동차로 인해 발생하는 환경오염에 큰 영향을 미친다는 것은 사실이다.[5] 미국 도시에서 일반적으로 나타나는 인구 구성의 변화, 즉 도시의 슬럼가에서는 흑인을 비롯한 소수 민족이 계속 늘어나는 반면 부유한 계층은 도시 근교로 이주하면서 나타나는 일들을 사례로 들어보자. 이 현상은 거주지와는 상관없이 모든 사람들의 집과 일터를 공간적으로 분리하게 된다. 도시 근교에서 사는 사람들은 도심에 일자리를 가지고 있지만 도심에서 살기를 원하지는 않으므로 통근을 해야만 한다. 슬럼가의 주민들은 반대로 주로 도시 외곽의 공단 지역에 일자리가 있지만 근교에서 살만한 형편이 되지 않으므로 반대 방향으로 통근을 한다. 이 현상은 왜 대도시의 1인당 차량 이동거리가 1946년의 1,050마일(약 1,700킬로미터)로부터 1966년에는

1,790마일(약 2,900킬로미터)로 증가했는지 어느 정도 설명해준다. 이렇듯 도시화에 의한 환경문제의 심화는 인구 증가 자체보다도 대도시에서의 거주지와 직장의 공간적 분포의 문제로 기인한 측면이 더 클 수도 있다.

종합하자면, 1946년 이후 미국에서 점차 심해진 환경오염 문제를 같은 시기에 나타난 인구 증가만으로는 설명하기가 어렵다. 단순한 인구의 증가나 도시 인구 밀도 상승에 의한 밀집 효과, 또는 생산 효율성의 감소(사실은 증가했지만) 그 어느 것도 환경오염의 급격한 증가를 설명하지 못한다. 더 근본적인 원인은 다른 곳에 있을 것이다.

위와 같은 사실 중 우리가 주목해야 할 것은 1946년 이후 미국의 환경오염 증가율이 인구 증가율에 비해 매우 컸다는 사실이다. 인구 규모에 비해 배출되는 오염 물질의 양이 크게 증가한 것이다. 그런데 어떤 이들은 이러한 관계를 잘못된 수학적 원리로 표현하기도 하는데, 바로 '1인당' 오염도가 증가했다는 주장이다. 예를 들어 인구가 43퍼센트 증가했는데 오염도가 열 배 증가했으므로, 1인당 오염도가 약 일곱 배(10÷1.43=7이므로) 증가했다고 하는 것이다. 하지만 한 사람이 만들어내는 생물학적 노폐물이 일곱 배씩 증가할리가 없으므로, 이 주장의 핵심은 결국 우리 삶이 윤택해지면서 더 많은 재화를 사용함에 따라 더 많은 쓰레기를 만들어내게 되었다는데 있다. 이 주장이 즐겨 인용하는 통계 자료는 미국이 전 세계 인구의 6퍼센트 정도만을 차지하고 있지만, 소비 규모는 전 세계 재화의 40~50퍼센트에 달한다는 것이다. '사회가 풍요로워지면서' 그만큼 버리는 쓰레기도 많아졌다는 것이다.

하지만 미국의 '풍요로운 생활'과 관련된 사실에 대해 알아보자. 일단 개인의 복지를 위해 1인당 사용되는 재화의 양을 따져볼 수 있겠다. 단순하게 생각한다면 1인당 국민총소득[6]Gross National Product per capita을 사용할 수 있겠다(단 이 경우 결과가 크게 부풀려지는 경향이 있음을 유의하자). 1946년 미국의 1인당 국민총소득은 2,222달러였고, 1966년에는 3,354달러로 증가했다(인플레이션을 고려해 1958년 가치로 환산했다). 이는 약 50퍼센트의 증가에 불과하므로, 인구당 오염도의 증가를 설명하기에는 크게 부족하다.

국민총소득은 한 국가에서 생산된 모든 재화와 서비스를 아주 단순하게 환산한 평균치이므로, 이를 좀 더 의미 있게 활용하기 위해 세부항목으로 구분하여 따져보도록 하자. 특히 살아가는 데 필수적인 의식주와, 그 외 부수적인 항목인 승용차나 텔레비전, 더 나아가 팝콘기계 따위를 구분해 고려해 보자는 것이다.

식품 소비의 경우,[6] 1946년부터 1968년까지의 변화 특성은 매우 뚜렷하게 나타났다. 주식 카테고리를 따져보면 1인당 하루 총 칼로리와 단백질 섭취량에는 뚜렷한 변화가 일어나지 않았다. 총 칼로리 섭취량은 오히려 약간 줄어들었다. 1946년에 1인당 3,380칼로리였던 것이 1968년에는 3,250칼로리로 감소했다. 단백질 섭취량은 제2차 세계대전 직후 몇 년간 약간 감소했다가, 1인당 95그램의 수준으로 1963년까지 지속되었고, 그 이후 조금씩 증가하여 1968년에는 99그램이 되었다. 하지만 이는 여전히 1946년에 비해 낮아진 수준이다.

이러한 특성은 미국 전체 농업 생산 자료[7]에도 그대로 나타난다. 1인당 총 곡물 생산량은 1946년부터 1950년까지 약 8퍼센트 감소했다. 1인당 육류 생산량도 같은 시기에 6퍼센트 정도 감소했다. 같은 시기에 몇 가지 중요한 보조 영양소인 칼슘, 비타민 A, C, 그리고 티아민 같은 것은 오히려 11~20퍼센트 정도 감소했다. 이는 전시 식량 프로그램에 의해 영양 균형이 일시적으로 증가했다가, 전쟁이 종료된 후 그 프로그램이 끝나면서 미국민의 식생활 질이 오히려 떨어지게 된 불행한 결과를 보여주고 있다.

그렇다면 미국의 1인당 식량 소비량은 1946년부터 1968년 사이에 아무런 변화도 보이지 않았고, 단지 섭취하는 식량의 영양 측면에서 약간의 질적인 하락이 있었을 뿐이다. 따라서 식량 소비 자체가 풍요로워졌다는 증거는 전혀 보이지 않는다.

1인당 의복 생산량도 별다른 변화를 보이지 않았다.[8] 미국 1인당 신발 생산량을 보면 1946년부터 1966년 사이에 세 켤레 정도로 일정하다. 그 기간 동안 양말류의 1인당 생산량은 어느 정도의 변이를 보이지만 전반적으로는 큰 변화가 없었다. 같은 기간 동안 패션 스타일의 변화로 인해 생산되는 외피 의복 종류는 크게 변화했지만(남녀 모두 정장류는 크게 감소한 반면 투피스, 바지, 그리고 스포츠용 의류는 증가했다) 역시 전반적인 1인당 생산량에는 변화가 없었다. 1950년 1인당 섬유 총 소비량이 45파운드(약 20킬로그램)였는데, 1968년에 49파운드(약 22킬로그램)로 불과 9퍼센트 증가에 그쳤다. 아주 단순화된 자료이긴 하지만, 미국 의복 소비 수준 역시 1946년 이후 크게 달라지지 않은 것으로 보인다.

주거 형편은 어땠을까? 1946년 1인당 주택 비율은 0.272였고, 1966년에는 0.295였다.[9] 물론 이 수치가 주거지의 질을 반영하지는 않지만, 이 수치만 보면 주거지가 더 풍요로워졌다고 볼 근거는 없다. 이 수치는 주택 자재 생산량에서도 나타난다. 1946년 이후 주택 자재 생산량에는 거의 변화가 없었다.

미국 환경오염 문제에서 소비 생활의 '풍요'가 끼친 영향은 다음과 같이 요약할 수 있다. 필수적인 생존 여건인 의식주를 해결하기 위한 재화의 1인당 생산량은 1946부터 1968년까지 늘어나지 않았으며, 오히려 특정 분야에서는 감소하기까지 했다. 1인당 전력, 연료 및 종이 제품 생산량은 늘어났지만, 이 또한 급증한 환경오염을 충분히 설명하지는 못한다. 만약 미국인이 누리는 풍요로운 소비를 특정한 편의 시설(텔레비전, 라디오, 전기 캔 따개, 팝콘 기계)이나 레저 도구(스노모빌, 보트 등)로만 파악한다면 물론 큰 변화가 있긴 했다. 하지만 이런 물품이 차지하는 비중은 국가 전체 생산량에 비해 매우 작기 때문에 환경오염을 증가시켰다고 하기에는 곤란하다.

위의 수치가 말해주는 것은, 몇 가지 아주 특수한 물품을 제외한 미국의 전체 생산 능력은 1946년부터 1968년 사이에 인구 증가에 맞추어 증가했을 뿐이라는 사실이다. 아주 기본적인 재화, 즉 식량, 철강, 섬유 등의 생산량 증가는 인구 증가율에 맞추어 40~50퍼센트 정도 증가하는 데 그쳤다. 이렇듯 미국 전체적인 생산력의 변화는 동시기에 200퍼센트에서 2,000퍼센트까지 늘어난 환경오염의 급격한 증가에 크게 못 미치는 수준이다. 그러므로 '인구 과밀'이나 '풍요로운 소비 생활', 혹은 둘 모두가 미국 환경 위기의 주범이라는 주장은 잘못된 것이며, 환경 위기의 원인에 대한 답은 다른 곳에서 찾아야 할 것이다.

제9장
과학기술 속의 오류

미국 환경 위기의 근본적 원인에 대한 탐색으로 우리가 알아낸 것들은 다음과 같다. 제2차 세계대전 이후에 무언가가 크게 잘못되었다는 것은 분명하다. 가장 심각한 환경문제들이 시작된 것도, 또 이 문제들이 아주 심각한 상태로 발전한 것도 이 시기의 일이기 때문이다. 환경 위기의 원인으로 인구 증가나 풍요로움의 증가를 꼽는 경우가 많지만, 이 두 가지가 보인 증가의 정도는 1946년 이후 200에서 2,000퍼센트까지 증가한 환경오염을 설명하는 데는 한계가 있다. 인구와 소비 수준을 함께 고려하여 전체적인 재화 생산량을 계산해 보아도(총생산량은 인구×인구당 생산량이므로) 그만한 환경오염의 증가를 설명하기에는 역부족이다. 국민총소득GNP은 1946년 이래 126퍼센트 증가했지만, 대부분의 오염도는 최소한 그 몇 배의 수준으로 증가했다. 따라서 인구와 풍요로움 말고도 무언가 다른 것이 환경 위기에 깊게 연관되어 있는 것으로 보아야 한다.

'경제성장'은 일부 생태론자들이 즐겨 비판하는 동네북 같은 존재다. 이미 언급했듯이, 경제성장이 환경오염을 일으켰다고 볼 만한 근거들은 물론 있다. 경제성장을 위해 생태계를 이용하는 과정에서 그 이용 속도를 계속 증가시켜 혹사시킨다면 생태계는 파괴되고 말 것이다. 물론 이런 논리로부터 경제 활동의 증가가 반드시 더 많은 환경오염을 유발한다고 주장할 수는 없다. 환경이 경제성장에 의해 얼마나 큰 영향을 받는가는 사실 경제성장이 어떻게 달성되느냐에 달려 있다. 19세기를 돌아보면 어떤 국가이든지 어느 정도의 경제성장은 무분별한 벌목에 기반하고 있었다. 벌목은 산림을 황폐하게 만들었고 토양 유실을 일으켰다. 한편 1930년 미국을 대공황으로부터 구해낸 경제성장은 생태적으로 건전한 토양 보존 프로그램에 의해 더욱 촉진되었다. 이 프로그램은 황폐화된 토양을 복원하여 경제성장에 기여했다. 생태적으로 건전한 경제성장은 환경 파괴를 막아주었을 뿐 아니라 황폐된 환경을 이전 상태로 복원시켜주었다. 그 한 예로, 미주리강 유역 서부의 초지 보호 및 개선 프로그램은 해당 지역 강에서의 질산염 오염 문제를 완화시켰다.[1] 반면 그 하류인 네브래스카에서는 비료 사용을 늘려서 농업 생산성을 증가시켰지만 그 결과 심각한 질산염 오염 문제가 나타나게 되었다.

따라서 경제성장이나 GNP 증가만 살펴보아서는 환경문제 파악에 별 도움이 되지 않는다. 다시 말하지만, 환경문제를 파악하기 위해서는 경제가 어떻게 성장했는가를 파악하는 것이 필요하다.

미국의 경제성장은 다양한 정부 통계 보고서에 매우 자세히 기록되어 있다. 이 자료에는 매년 여러 가지 물건의 생산량에 대한 방대한 정보가 일목요연하게 정리되어 있으며, 해당 연도의 지출과 생산물 판매량 등도 기록되어 있다. 이런 방대한 양의 자료를 처리하는 것은 어려운 일이기는 하지만, 이로부터 의미 있는 결론을 내리게 해줄 분석 방법은 존재한다. 특히 각종 생산 활동의 증가율을 알아보는 것은 유용하다. 컴퓨터 프로그램을 활용하여 서로 다른 경제활동을 비교하기 위해 생산이나 소비의 증가율 혹은 감소율을 살펴보는 것은 매우 유용한 방법인 것으로 나타났다.

최근에 나는 두 명의 동료와 함께 수백 가지 생산물에 대한 통계자료를 분석했다.[2] 주로 미국의 주요 농업과 산업 생산량을 살펴보았다. 우리는 1946년 이후의 데이터를 활용하여 여러 가지 생산물의 연간 평균 생산량과 소비량을 계산했고, 또 25년 전체에 걸친 변화율도 계산해 보았다. 이렇게 계산한 증가율을 순서대로 정리해보면, 미국 경제가 제2차 세계대전 이후에 어떤 변화를 보였는지 전체적인 그림을 그려 볼 수 있다.

전후 성장률 1위를 차지한 것은 바로 재활용되지 않는 음료수 병이었으며, 증가율은 무려 5만 3,000퍼센트에 달했다. 그리고 꼴찌를 차지한 것은 아이러니하게도 가축 노동work animal horsepower이었다. 가축노동은 전후에 87퍼센트나 감소했다. 2위 이하의 결과는 흥미롭기는 하지만 뭔가 뒤죽박죽 복잡한 양상을 보여준다. 2등을 차지한 것은 합성섬유의 생산으로 5천 980퍼센트 증가했다. 3등은 염소chlorine 생산에 사용된 수은의 양으로, 증가율은 3,930퍼센트였다. 에어컨의 냉각기는 2,850퍼센트, 플라스틱은 1,960퍼센트, 질소비료는 1,050퍼센트, 전기주방기기(깡통따개나 팝콘기계 따위)는 1,040퍼센트 증가했다. 합성 유기화합물질은 950퍼센트, 알루미늄은 680퍼센트, 염소 가스는 600퍼센트, 전력생산량은 530퍼센트, 살충제는 390퍼센트, 목재펄프는 313퍼센트, 트럭 운송량은 222퍼센트, 가전제품(텔레비전이나 테이프 녹음기)은 217퍼센트, 자동차연료 소비량은 190퍼센트, 시멘트는 150퍼센트 증가했다.

다음으로 앞서 언급했던 식량 생산과 소비, 섬유와 직물 생산, 가정용품, 철, 구리, 기타 금속 재료 생산 등을 조사해본 결과 이들의 증가율은 인구 증가율(약 42퍼센트)과 비슷하게 나타났다.

마지막으로 하위권을 차지한 항목들은 생산량이 인구에 못 미치는 증가율을 보이거나 오히려 줄어든 것들이었다. 철도 수송(17퍼센트 증가), 목재(1퍼센트 감소), 면화(7퍼센트 감소), 재활용 가능한 맥주병(36퍼센트 감소), 모직(42퍼센트 감소), 비누(76퍼센트 감소), 그리고 마지막으로 가축노동(87퍼센트 감소)이 이에 해당한다.

이 데이터에서 나타나는 놀라운 사실은, 의식주와 같이 삶에 필수적인 물품의 생산량은 인구 증가율(40~50퍼센트)과 거의 비슷한 수준으로 늘어났을 뿐인데(필수재의 1인당 생산량은 늘지도 줄지도 않았다), 생산되는 재화의 종류는 크게 증가했다는 것이다. 새로운 생산 기술이 옛 기술을 몰아냈다. 가루비누는 합성세제로 대체되었고, 자연섬유(면과 모직)는 합성섬유로 바뀌었으며, 철강과 목재의 자리에는 알루미늄, 플라스틱, 콘크리트가 들어서게 되었다. 철도 수송은 트럭 수송으로 바뀌었고, 재활용이 가능한 병은 재활용되지 않는 병으로 대체되었다. 도로 위에서도 비슷한 변화가 보인다. 1920년대와 1930년대에 주로 만들어졌던 저출력 자동차 엔진은 고출력 엔진으로 바뀌었다. 농업 분야에서는 1인당 생산량은 변함이 없었으나 경작지의 면적은 오히려 줄어들었고, 줄어든 경작지만큼 화학비료의 사용량이 늘어났다. 전통적인 방식의 해충 방제법은 화학살충제(DDT 등)로 바뀌었고, 잡초를 제거하기 위해 사용하던 경운기는 제초제로 대체되었다. 초원에서 풀을 뜯던 가축들은 이제 축사에 갇혀 길러지게 되었다.

이 각각의 사례를 보며 알 수 있는 사실은, 전체 재화의 생산량은 그대로이지만 재화를 생산하는 기술이 크게 변화했다는 것이다. 물론 1946년 이후 미국 경제성장의 일부분은 완전히 새로운 상품에 의해 이루어졌다. 에어컨, 텔레비전, 테이프녹음기, 스노모빌 등이 그 예로, 이들은 완전히 새로운 물건이며 예전에 있던 다른 물품을 대체한 것이 아니다.

이런 식으로 전체 생산 통계량 수치가 의미 있는 패턴을 만들어내기 시작한다. 일단 1946년 이후 미국 경제의 성장은 개인이 필요로 하는 기본적인 재화를 충족시키는 것과는 거의 상관이 없었다. 1946년과 비교해서 '평균적인 미국인'이 매년 소비하는 칼로리나 단백질이나 음식의 양은(비타민을 제외하면) 예전과 거의 같다. 마찬가지로 옷이나 세제, 주거 면적, 물류량, 심지어 연간 맥주 소비량(1인당 약 26갤런[약 100리터]!)마저 거의 비슷한 수준이다. 그러나 그가 먹는 음식은 예전에 비해 작은 면적의 땅에서 더 많은 비료와 살충제를 사용하며 재배된다. 그가 입는 옷은 면이나 모직보다는 합성섬유로 만들어진 것이 더 많아졌고, 그는 이제 가루비누보다는 합성세제를 사용해 빨래를 하게 되었으며, 그가 살고 있는 건물의 자재에는 철근이나 목재보다 알루미늄, 콘크리트, 플라스틱이 훨씬 더 많이 들어간다. 그가 소비하는 물건들은 이제 철도보다는 트럭에 의해 수송되고 있으며, 재활용이 되는 병에 담겨 있거나 동네 술집에서 마시던 맥주는 이제 재활용이 되지 않는 병이나 깡통에 담겨 팔린다. 또 그는 냉방이 되는 건물 안에서 살거나 일하게 되었고, 자동차로 이동하는 거리는 두 배 정도 늘어났으며, 그가 타는 자동차는 더 무거워졌으며, 자동차 타이어는 천연고무가 아니라 합성고무로 만들어지게 되었고, 자동차의 연비는 낮아졌으며, 더 높은 마력과 고압축률을 지닌 자동차 엔진이 사용됨에 따라 자동차 연료에는 더 많은 4에틸납 성분이 들어가게 되었다.

이런 중대한 변화는 필연적으로 또 다른 변화를 불러왔다. 새로운 생산품인 합성섬유, 살충제, 세제, 플라스틱, 고무를 만들기 위해 사용되는 원료인 합성유기화합물질의 생산량도 급속하게 늘어나게 되었다. 또 합성유기화합물질을 합성하는 데에는 많은 양의 염소가 필요하다. 그 결과 염소 생산량 역시 크게 증가했다. 염소를 생산하기 위해서는 수은 전극을 통해 소금물에 전류를 흐르게 해 전기분해를 일으킨다. 그 결과 수은 소비량은 전쟁 이후 지난 25년간 3,930퍼센트 증가했다. 화학제품뿐 아니라 시멘트와 알루미늄(이 둘 역시 생산량이 급격히 증가한 품목이다)을 생산하는 데에도 엄청난 전력이 소모된다. 따라서 1946년 이후에 전력 생산량이 크게 늘어난 것이 놀라운 일이 아니다.

이제껏 말한 것들, 즉 현대 기술에 기반한 경제로부터 우리가 받는 축복에 관한 이야기들은 광고를 통해 이미 여러 번 들어본 이야기일 것이다(재미있는 것은 광고 또한 크게 증가했다는 것이다—광고를 위한 신문 출판량이 뉴스 자체를 위한 출판량보다 훨씬 큰 증가율을 보였다). 하지만 합성섬유, 합성세제, 알루미늄 가구, 재활용되지 않는 병, 그리고 디트로이트에서 쏟아져 나오는 최신형 자동차를 어서 사라고 유혹하는 광고가 말해주지 않는 것이 있으니, 바로 이러한 '진보'의 결과 우리가 환경에 미치는 영향도 그만큼 커졌다는 것이다.

이런 경제성장의 패턴이야말로 환경 위기의 중요한 원인이다. 환경 위기가 왜 전후에 갑자기 나타나게 되었는가에 대한 수수께끼와 혼란을 풀기 위해서는 전쟁 이후의 기술혁신이 GNP는 126퍼센트 증가시켰지만 어떻게 하여 환경오염은 그 열 배가 넘는 증가를 가져왔는지에 대해 주요 오염 물질을 하나하나 짚어보면 된다.

일단 농업으로부터 시작해보자. 대부분의 사람들은 '신기술'이라는 말을 들으면 컴퓨터나 복잡한 자동화 설비, 원자력, 우주 탐사와 같은 것을 떠올릴 것이다. 이런 최첨단 기술들이야말로 현재 발생하는 많은 환경문제의 원인이라고 비난받는 것들이다. 그런 기술에 비해 농장은 너무나도 순수해 보인다. 하지만 미국의 가장 심각한 환경파괴는 농업에서 일어난 기술혁신에 말미암은 바가 크다.

농업은 수많은 조직화된 인간 활동 중에서도 특히 자연에 가까운 것으로 여겨진다. 현대기술에 의해 바뀌기 이전의 농장은, 인간 편의를 위해 몇 가지 자연적인 생물학적 활동을 한곳으로 모아 놓은 곳에 지나지 않았다. 식물을 흙에서 자라게 하고, 그 식물을 가축에게 먹여

기르는 곳이었을 뿐이다. 이렇게 식물과 가축을 보살피고 기르고 그 수를 불리는 과정은 오랜 시간 동안 자연에서 일어나던 방식과 크게 다르지 않았다. 식물과 동물간의 상호관계도 자연 상태에서 나타나는 것과 비슷했다. 작물은 토양으로부터 유기질소와 같은 영양염을 빨아먹는데, 그 영양염은 한 때 토양의 유기물에 저장되었다가 미생물의 활동에 의해 서서히 흘러나오면서 사용 가능해진 것이다. 토양의 유기물 창고를 유지하는 것은 죽은 식물체나 동물의 노폐물이 흙으로 되돌아가거나 공기 중의 질소가 고정되면서 유용한 유기물의 형태로 바뀌면서 가능했다.

이러한 생태적 순환은 상당한 수준의 균형을 이루고 있었기 때문에 약간의 보살핌만으로도 자연적으로 토양을 비옥하게 유지할 수 있었다. 이런 보살핌의 방식은 유럽이나 동양의 많은 나라에서는 수백 년 동안 이루어져 온 것이다. 특히 중요한 것은 가축의 거름과 아주 작은 작물의 조각이라도 농경지 밖으로 나가지 않도록 갈무리하는 일이었다. 이에는 농경지에서 생산된 음식이 도시에서 소비되고 나서 나오는 쓰레기를 되가져오는 것도 포함된다.

미국을 방문하는 유럽인 중 토양 지식을 조금이라도 가지고 있는 사람이라면 누구나 토양의 보존에 거의 신경을 쓰지 않는 미국인의 모습에 놀라지 않을 수 없을 것이다. 그런 점에서 미국의 농부들이 경제적으로 살아남기 위해 지금껏 끝없이 고생해야 했다는 것도 놀라운 일이 아니다. 1930년대 대공황 시기에 가장 큰 어려움을 겪은 이들은 바로 농부들이었는데, 제대로 관리하지 않은 토양이 황폐화되다가 나중에는 문자 그대로 바람에 날아가버리고 강물에 씻겨 나가는 심각한 침식으로 망가지고 말았다. 전쟁 이후 나타난 새로운 농업 기술이 이러한 상황으로부터 구해주겠다고 나섰다. 농부들의 손에 쥐어진 돈을 척도로 보자면 이 새로운 기술은 아주 성공적이었으며, 그 결과 이전의 농사 방법과 너무나도 달라진 이 새로운 농업 방식은 '농업 관련 산업'agribusiness이라는 완전히 새로운 이름으로까지 불리게 되었다.

농업 관련 산업은 몇 가지 중요한 기술적 발전에 기반하고 있다. 농기계, 유전자변형 작물, 비육장feedlot, 무기비료(특히 질소), 합성 살충제가 대표적이다. 그런데 생태적으로는 이러한 신기술의 대부분은 재앙이었으며, 환경 위기를 일으키는 데 가장 큰 기여를 했다.

비육장을 예로 들어보자.[3] 가축은 이제 초원에서 시간을 보내는 대신 일생을 비육장에 갇혀 살찌워지며 시장에 출하될 날을 기다리게 되었다. 가축이 움직이지 못하므로 작은 축사 안과 근처에는 배설물이 잔뜩 쌓이게 되었다. 이런 유기물이 부식질로 전환되는 자연적인 속도는 매우 느리므로 축사의 질소폐기물은 대부분 암모니아나 질산염과 같은 수용성 형태로 바뀐다. 이러한 형태의 질소 폐기물은 빠른 속도로 공기 중으로 증발하거나 지하수로 유입되고, 비가 오면 지표수로 바로 흘러 들어가게 된다. 이는 농촌지역의 우물물에서 높은 질산염 농도가 발생하거나 미국 중서부 하천에서 부영양화 같은 심각한 환경오염 문제가 발생하는 데에 부분적인 기여를 하게 된다. 특히 처리되지 않은 축사의 배설물이 지표수로 직접 유입되면 이미 생활하수로 인해 오염된 하천의 산소요구량이 더욱 높아지게 된다.

가축은 사람보다 훨씬 많은 양의 배설물을 만들어낸다. 그리고 이 배설물의 대부분은 조그만 비육장에 쌓이게 된다. 1966년에 미국에서 고기를 얻기 위해 비육장에서 길러지는 가축 수는 천만 마리를 넘어섰으며, 이는 8년 전에 비해 66퍼센트 늘어난 것이다. 이는 미국 전체 가축 수의 절반에 이른다. 이제 비육장으로부터 쏟아져 나오는 가축 배설물의 양은 미국 모든 도시에서 나오는 하수량보다도 많아졌다. 미국의 하수 문제는 알려진 것보다 최소한 두 배 이상 더 심각한 상태라고 봐야 한다.

가축이 흙으로부터 분리되면서 매우 복잡한 일련의 과정이 나타나게 되고, 이는 결국 더욱 심각한 환경문제로 이어진다. 비육장에 갇힌 가축은 풀이 아니라 곡식 사료를 먹는다. 미국 중서부 대부분의 지역은 이미 초지가 아니라 곡물 생산을 위해 집약적으로 이용되고 있는 상황인데, 이로 인해 토양의 부식질 함량은 고갈되고 말았다. 그 대신 농부들은 더욱 많은 무기질 비료, 특히 질소비료를 사용하게 되었고, 이는 이미 설명했듯이 생태적으로 문제 있는 일련의 사태를 일으키게 되었다.

비료 회사 영업인들이나 농학 관련인들 중에는 당연히 이런 입장에 대해 이의를 제기하는 사람이 있을 것이다. 미국뿐 아니라 전 세계에서 급격히 증가하는 인구를 먹여 살리기 위해서는 비료의 집약적 사용이 반드시 필요하다는 이유에서일 것이다. 따라서 이와 관련된 통계 자료를 들여다볼 필요가 있다.[4] 이 자료를 살펴보면 농업 생산에서 새로운 기술이 이룬 성과뿐 아니라 그로 인해 유발되는 오염 문제에 대한 새로운 정보를 알아낼 수 있다.

1949년부터 1968년까지 미국 농업 생산량은 45퍼센트 가량 증가했다. 같은 기간, 미국 인구는 34퍼센트 정도 증가 했으므로 식량 생산 증가율은 인구 증가율을 가까스로 따라잡은 정도였다. 1인당 식량 생산은 불과 6퍼센트 증가하는데 그친 것이다. 그런데 같은 기간 동안 연간 질소비료 사용량 증가율은 식량 생산 증가율보다 훨씬 높은 648퍼센트였다. 이런 차이가 발생한 한 가지 이유는 농업 통계 자료에서 찾아볼 수 있다. 1949년부터 1968년까지 농경지의 면적은 16퍼센트 감소했다. 경작지는 줄어들었는데 오히려 더 많은 식량이 생산되었다(단위 면적당 농업 생산량이 77퍼센트나 증가한 셈이다). 이렇듯 단위 면적당 생산량을 증가시킨 일등공신은 바로 질소비료의 집약적 사용이었다. 따라서 '농업 관련 산업'은 집약적인 질소비료의 사용을 통해 인구 증가에 따라 식량 생산을 증가시켰으며, 심지어 이를 더 작은 농경지에서 실현시킨 것이다.

수질 오염 문제도 이와 비슷한 통계값을 이용하면 설명이 가능하다. 1949년 USDA 기준 단위 작물 생산량당 질소비료 사용량은 1만 1,000톤이었는데, 1968년에는 5만 7,000톤으로 늘어났다. 다시 말해 같은 양의 식량을 생산하는데 사용한 질소비료의 효율성이 5분의 1로 줄어들었다. 사용된 질소비료 중 많은 양이 작물에 의해 흡수되지 않고 생태계의 다른 곳으로 흘러가게 되었다는 것이다.

앞서 5장에서 소개한 일리노이 농경지의 사례는 이 현상을 잘 설명해 주고 있다.[5] 1949년 일리노이의 옥수수 생산량은 1에이커(약 0.4헥타르)당 50부셸(약 35리터) 정도였는데, 이를 위해 사용된 질소비료의 양은 2만 톤 정도였다. 1968년에 이르러 같은 면적에서 사용된 질소비료의 양은 약 60만 톤으로 늘어났지만 옥수수 생산량은 93부셸로 늘어났을 뿐이었다. 이렇듯 사용된 질소비료의 양과 증가한 옥수수 생산량이 정확히 비례하지 않는 이유는 생물학적으로 설명할 수 있다. 옥수수에게 생장의 한계가 있기 때문에 생장의 한계에 가까워질수록 생산량 증가를 위해서는 더 많은 비료를 주어야만 한다. 따라서 아주 높은 생산량을 달성하기 위해서는 식물이 사용할 수 있는 것보다 훨씬 많은 양의 질소를 주어야만 한다. 그 결과 식물이 사용하지 못해 남은 질소는 토양으로부터 씻겨져 나와 강을 오염시키기 때문에, 이렇듯 많은 양의 비료를 사용하여 많은 생산을 하는 농업 방식은 환경을 오염시킬 수밖에 없다. 농부들 또한 이렇게까지 토양을 오염시키지 않고서는 도저히 살아남을 수 없는 경제적 상황에 놓여 있다는 것도 현실이다. 농부들이 수지를 맞추기 위해서는 에이커당 최소한 80부셸의 옥수수를 생산해야 한다. 그리고 그가 적당한 이윤을 내기 위해 20부셸을 더 생산할 경우 추가적으로 사용해야 하는 질소비료의 양은 두 배에 달한다. 그런데 늘어난 질소비료 중 일부분만이 식물에 의해 활용될 뿐이며, 나머지는 강물로 흘러 들어가 수자원을 오염시킨다. 그 대표적인 사례가 일리노이의 디케이터에서 일어난 일들이다.

새로운 비료 기술이 보다 작은 경작지에서도 더 높은 수확을 올릴 수 있게 하여 농부들에게 혜택을 주었다는 점은 분명하다. 특히 농부들이 일정한 정도의 농업 생산량을 높이기 위해 지불해야 하는 경제적 비용 중 비료에 들어가는 비중이 상대적으로 작을 뿐 아니라, 비료 사용만으로도 생산량이 늘어나기에 토지 이용료를 더 지불해야 하는 것도 아니므로, 비료라는 신기술이 매우 유용한 것은 사실이다. 하지만 그로 인한 환경 파괴로 인해 발생하는 비용은 수질오염의 영향을 받는 모든 이웃들이 공유하게 된다. 이 기술은 경제적으로는 성공했지만, 이는 생태적 실패에 의해서 가능했던 것이다.

살충제[6]도 이와 비슷한 양상을 보이는데, 점차 증가하는 사용량에 비해 그 효율성은 감소하면서 환경문제를 일으키게 되었다. DDT와 같은 새로운 합성 살충제가 도입되면서 1950년부터 1967년까지 미국에서 USDA 기준 단위 농업 생산량당 사용된 살충제의 양은 168퍼센트 증가했다. 살충제를 사용하면서 해충의 자연적인 천적까지 제거하게 되었으며 해충에게 내성이 생김에 따라 새로운 살충제의 효과는 점점 줄어들게 되었다. 그 결과 생산량 유지만을 위해서도 더 많은 살충제를 사용해야만 하게 되었다. 애리조나를 예로 들자면, 목화 농업에 사용된 살충제의 양은 1965년부터 1967년까지 세 배로 늘어났지만 생산량은 오히려 줄어들었다. 이는 점점 속도가 빨라지는 농업의 러닝머신과도 같아서, 제자리를 유지하려고만 해도 점점 더 빨리 달려야만 하는 것이다. 살충제의 효율성이 줄어들면서 더 많은 양이 사용되어 환경에 유입되고, 이는 결국 야생동물과 인간 모두를 위협하게 되었다.

한편 생태적인 시각으로 현대 농업 기술을 바라보자면 그 영민한 장삿속에 감탄을 금할 수 없다. 질소비료 산업은 인류 역사상 가장 탁월한 사업일 것이다. 농부들은 무기질소비료의 등장 이전에는 비옥한 토양을 유지하기 위해 질소 고정 박테리아에 거의 전적으로 의지해야만 했다. 토양 속의 질소는 수확한 작물을 외부로 팔거나 여러 가지 자연 현상을 통해 빠져나가는데, 질소고정 박테리아는 식물의 뿌리 속이나 근처에 살면서 이렇게 빠져나간 질소를 보충해준다. 이 박테리아가 제공하는 서비스는 완전히 공짜다. 윤작과 같이 적절한 토양 관리만으로도 박테리아의 서비스는 유지된다. 그런데 바로 여기서 화학 비료 세일즈맨이 등장한다. 그는 무기질소비료를 사용하면 작물 생산을 획기적으로 증가시킬 수 있다는 과학적이면서도 눈에 확 들어오는 증거를 들고 다닌다. 물론 사용해야 하는 질소비료의 양은 수확 이후 빠져나간 양보다 훨씬 많다. 그런데 화학비료는 자연이 공짜로 제공하는 것을 대체할 뿐 아니라, 토양 속에 있는 비료회사의 경쟁자까지 제거한다. 실험 결과에 따르면 무기질소가 존재하는 토양 속의 질소 고정 박테리아는 활동을 멈추는 것으로 드러났다. 무기질소비료를 많이 사용하면 할수록 토양 속의 질소 고정 박테리아는 죽어버리거나, 살아남는다 해도 질소 고정을 하지 않는 형태로 변하는 것이다.

따라서 나는 대량의 무기질소비료가 꾸준히 사용되어 온 곳에서는 질소 고정 박테리아의 개체군도 크게 감소했을 것이라고 생각한다. 그 결과 질소비료를 많이 사용하는 농업 방식을 포기하는 것은 더더욱 어려워질 것이다. 자연적으로 질소를 보충해 주던 원천이 사라졌기 때문이다. 비료회사 세일즈맨에게 무기질소비료는 '완벽한' 상품이다 —사용하면 할수록 경쟁자를 제거해주는 것이다.

새로운 살충제도 이와 맞먹을 정도로 뛰어난 사업이었다고 할 수 있다. 이 새로운 기술의 사용으로 지금껏 무료로 해충을 제거해 주었던 유익한 곤충이 사라짐으로써 화학 살충제의 경쟁자들이 사라졌기 때문이다. 농부들은 뒤늦게 합성 살충제에 의존하지 않기로 하고 사용을 중지하고 나서야 유익한 곤충을 어디선가 수입해야 하는 상황에 놓였음을 깨닫는다.

질소비료와 합성 살충제는 마치 마약과도 같다. 사용할수록 더 많은 양을 사용해야만 하며, 구입하는 사람은 그 제품에 중독되고 만다.

마케팅 차원에서 현대적 기술 혁신 중 가장 성공한 상품은 세제일 것이다. 인간에게 있어 가장 오래되었으며 가장 쓸모 있는 기술이며, 충성스런 사용자층을 형성했던 것이 바로 비누이다. 그런데 불과 25년 만에 합성세제는 비누를 제치고 전체 세제 시장의 약 3분의 2를 차지했다. 이렇게 새로운 기술이 옛 기술을 대체하는 일, 특히 합성 상품이 자연적인 상품을 대체하는 일은 제2차 세계대전 이후 흔하게 나타났다. 그리고 모든 경우 새로운 기술로 만들어진 합성 상품은 환경에 큰 영향을 미치게 되었다.

비누는 자연 유지油脂를 알칼리와 반응시켜 만든다. 비누 생산에 일반적으로 쓰이는 유지는 야자유이다. 야자유는 야자수가 만들어내는데, 이 과정에는 물과 이산화탄소가 주원료로 쓰이고 태양에너지가 사용된다. 이 모든 것은 공짜일 뿐 아니라 재생 가능한 자원이기도 하다. 야자유 분자의 합성 과정에서는 환경 파괴가 일어나지 않는다. 물론 제대로 관리되지 않은 야자수 플랜테이션은 토양을 파괴할 수도 있고, 야자열매로부터 기름을 추출할 때 사용된 연료로 인해 대기오염이 일어날 수 있으며, 유지와 알칼리로부터 비누를 만드는 과정에서 연료가 소비되고 폐기물이 발생하기도 한다.

천연 비누는 일단 사용되고 나서도 박테리아에 의해 금세 분해된다. 자연 유지를 분해하는 생물학적 효소는 자연계에 다양한 종류로 매우 풍부하게 존재한다. 대부분의 경우 비누 분해라는 생물학적 과정이 일어나는 곳은 하수처리장이라는 제한된 곳이다. 유지는 탄소, 수소, 산소 원자로만 구성되어 있기 때문에 분해 과정에서 발생하는 물질은 이산화탄소와 물뿐이다. 따라서 비눗물이 수중 생태계에 생물학적 산소 요구량의 형태로 미치는 영향(유기물이 미생물에 의해 분해될 때 대개 나타나는)은 아주 작다고 할 수 있다. 그뿐만 아니라 비누 분해 산물의 하나인 이산화탄소 또한 다른 여러 가지 자연적인 공급원과 발생량을 고려했을 때 큰 문제가 되지 않는다. 천연 비누가 환경에 미치는 영향은 생산과 소비 과정을 모두 고려해도 그다지 크지 않다.

합성세제의 생산이 환경에 미치는 영향은 천연 비누에 비해 훨씬 크다. 세제는 석유 속의 다양한 유기화합물과 여러 가지 부재료를 합성하여 만든 것이다. 세제의 합성에 필요한 원료를 얻기 위해 석유는 정유 뿐 아니라 많은 에너지가 소비되는 다양한 공정을 거치는데, 이 과정에서 많은 대기오염 물질이 발생한다. 이렇게 정제된 원료는 또 다시 고온의 환경과 다량의 염소를 사용하는 여러 화학적 공정을 거치게 된다. 그 다음에는 센 물에서도 잘 씻기게 하거나 때를 잘 빠지게 하거나 빨래를 더 하얗게 만들어주는(이 첨가제는 빛의 반사를 늘려서 하얀색을 더 돋보이게 한다) 등 광고 카피에 나올 만한 모든 기능을 수행하는 첨가제와 섞는다. 이를 제대로 포장하고 나면 비로소 합성세제 상품이 되는 것이다. 이렇게 세제를 생산하는 데 사용되는 에너지 총량(그리고 이로 인해 부수적으로 발생하는 대기오염 물질)은 비누를 만드는 것의 세 배 정도에 이른다. 게다가 이 과정에서 사용되는 염소 생산에 수은이 활용되며, 이는 환경으로 유출되어 오염을 일으킨다. 세제 산업은 비누라는 자연 제품을 인간이 합성한 화학제품으로 대체하면서 생산과정에서만도 비누에 비해 훨씬 큰 환경오염을 일으킨다.

합성세제는 사용된 이후에는 더욱 큰 오염을 일으킨다. 이 부분에서 세제와 비누가 가진 차이는 엄청나다. 비누는 전 세계에서 수천 년 동안 다양한 생태적, 경제적, 문화적 환경에서 이용되었으며, 내가 아는 한 비누로 인해 오염 문제가 발생했다는 기록은 없다. 반면에 합성세제는 사용된 기간이 불과 25년에 불과하지만, 사용된 곳마다 매우 나쁜 환경 영향을 끼쳤다는 기록을 찾을 수 있다.

시장에 처음으로 등장한 합성세제는 석유 제품으로부터 합성된 것이었는데, 그 분자 구조가 가지 모양을 지니고 있었다. 미생물들이 지닌 효소는 이런 가지 모양의 분자를 분해할 수 없었으므로, 세제는 전혀 처리되지 않은 채 하수 처리장을 통과했다. 산업계가 이 문제를 깨달은 것은 이미 하천에 세제 거품이 산더미처럼 쌓이고 수돗물이 맥주처럼 거품을 머금기 시작한 후였다. 1965년 관련 법안의 입법이라는 협박을 받고서야 '생분해'biodegradable세제가 미국에 등장한다. 이 세제는 미생물이 처리할 수 있도록 가지 없는 분자 구조를 가진 것이 특징이었다. 하지만 그 분자의 한쪽 끝에 벤젠기가 붙어 있었는데, 이것이 수중 생태계로 들어가면 페놀phenol이라는 독성 물질로 전환되는 경우가 있었다. 따라서 이 새로운 세제는 물고기와 같은 수생 생물에게는 이전의 세제보다 더 치명적이었으며, 단지 거품만 좀 덜 날 뿐이었던 것이다.[7]

합성세제로부터 발생하는 또 다른 문제는 인산염phosphate으로부터 비롯된다. 인산염은 조류의 과도한 생장을 유발하는데, 그렇게 웃자란 조류가 죽은 사체의 형태 유기물질이 증가하면서 수중 생태계에 피해를 끼치게 되었다. 합성세제에 인산염을 첨가하는 이유에는 두 가지가 있다. 첫째는 센물에서도 세척력을 유지하기 위한 것이며(인산염은 물의 경도를 증가시키는 칼슘과 같은 물질을 묶어버리는 역할을 한다), 둘째는 때 입자가 물에 잘 떠다니게 하여 수월하게 씻겨 나가게 하려는 것이다. 기존의 비누는 때를 녹이는 두 번째 역할은 잘 수행하는데, 센물에서는 영 힘을 쓰지 못했다. 센물에서 기존의 비누가 아주 비효율적이라는 문제를 개선하기 위해 연수화 물질인 인산염을 세제에 첨가한 것이다. 그러므로 사실 인산염은 센물이 문제가 되는 곳에서만 필요하다. 그러나 센물이 있는 곳이라 해도 손쉽게 세탁기에 부착하여 사용할 수 있는 가정용 연수기를 설치하면 문제는 쉽게 해결될 일이다. 다시 말해 센물의 문제는 인산염을 사용하지 않고도 해결할 수 있는 문제이다. 그럼에도 세제에 인산염을 첨가함으로써 이미 세제가 불러오는 환경문제를 더욱 심각하게 만든 것이다. 그러므로 비누를 합성세제로 대체해야 하는 필요성은 그리 크지 않다. 화학공학 교재에 이미 나와 있듯이, "예로부터 사용되던 비누가 대부분의 가정용 그리고 상업용으로 사용되지 못할 이유는 전혀 없다."[8]

최근 합성세제 제조사들은 환경관련 민원에 시달렸다. 처음 제기된 문제는 세제가 분해되지 않아서 발생 했고, 그 다음에는 인산염에 의한 문제로 인한 것이었고, 아주 최근에는 인산염을 NTAnitrilotriacetic acid(나이트릴로트라이아세트산)로 대체한다고 하면서 발생했다. 이 대체 작업에는 매우 큰 비용이 들기도 하는데, 나중에 이 물질이 실험동물에게 선천적 기형을 유발한다는 사실마저 드러나면서 미국 공중보건국으로부터 비판을 받기에 이른 것이다. 다음과 같은 질문을 던지지 않을 수가 없다. 과연 합성세제가 우리에게 주는 경제적 편익이 이런 모든 문제를 상쇄할 정도로 큰 것인가? 세제로부터 우리가 얻고자 하는 편익은 바로 깨끗하게 씻는 것이다. 그렇다면 합성세제는 비누보다 나은 점이 거의 없다. 반면 합성세제가 비누보다 훨씬 많은 생태적 '악영향'을 미친다는 것은 사실이다.

이에 대해 시장에서 합성세제가 비누를 몰아냈다는 사실은 결국 합성세제의 장점이 비누보다 많다는 것을 반영하는 것이 아니겠느냐고 반론할 수 있을 것이다. 그렇지만 합성세제 광고의 실상을 살펴보면 이 주장은 설득력을 잃는다. 한 연구는 영국의 세제 판매량이 광고비용에 비례함을 보여주었다.[9] 게다가 소비자가 한 번 합성세제를 사용했다고 해서 단골 고객이 되지도 않았음이 밝혀졌다. 광고비용을 줄이자마자 판매량이 급감한 것이다. 1949년에 유니레버Unilever사는 영국 합성세제 광고 총비용의 60퍼센트를 지출했는데, 이들의 합성세제 시장점유율 역시 60퍼센트였다. 1951년에 광고비용을 20퍼센트로 줄이자 점유율은 10퍼센트로 떨어졌다. 1955년 광고비용이 세 배로 늘어나자 판매량도 마찬가지로 세 배로 증가했다. 이 사실은 판매량을 결정하는 가장 중요한 요인이 세제의 우수한 세척력보다는 광고의 효과일 가능성이 크다는 것을 말해준다.

비누나 합성세제가 제공하는 경제적 편익은 거의 비슷하다는 전제 하에, 세제의 환경적 비용(인산염 함량에 의해 결정)과 경제적 편익의 관계를 살펴보자.[10] 1946년 미국에서 판매된 세척성분(1톤의 비누가 지닌 유효세척력에 해당하는 세제의 양) 1톤에는 7파운드(약 3킬로그램)의 인산염 인이 포함되어 있었다. 이 인산염은 세제가 사용되고 나면 지표수로 흘러들어가 녹조현상을 유발한다. 1968년에는 세척성분 1톤당 포함된 인산염 인의 양이 무려 137파운드(약 62킬로그램)로 늘어났다. 비누를 합성세제로 대체하는 기술적 발전의 결과 세척제 속의 인산염이 끼치는 환경 영향이 무려 스무 배나 증가한 것이다. 그렇다고 합성세제가 비누를 대체한 결과 우리가 훨씬 더 깨끗해진 것 같지는 않다. 환경이 훨씬 더러워졌다는 것은 분명한 사실이지만.

섬유산업에서도 자연 재료를 인간이 만든 합성재료로 대체시킨 대표적 사례가 있다. 몇 가지 관련된 통계자료를 살펴보자. 1950년 미국의 1인당 섬유소비량은 44파운드(약 20킬로그램)이었다. 이 중 35파운드(약 16킬로그램) 정도가 면과 모직이었고, 레이온과 같은 변형된 셀룰로오스 섬유가 9파운드(약 4킬로그램)을 차지했고, 완전한 합성섬유(나일론)은 1파운드(약 0.5킬로그램) 정도에 불과했다. 1968년이 되자 1인당 섬유소비량은 49파운드(약 22킬로그램)로 약간 증가했다.[11] 하지만 전체 섬유소비량 중 면과 모직의 비중은 22파운드(약 10킬로그램)로 줄었고, 셀룰로오스 섬유가 9파운드(약 4킬로그램), 그리고 완전한 합성섬유의 비중이 18파운드(약 8킬로그램)로 크게 늘었다. 1인당 섬유사용량 자체로 나타나는 섬유 소비의 풍요로움 측면에서 보면 큰 변화가 없었지만, 자연섬유 사용은 합성섬유 사용으로 크게 줄어들었다. 이러한 변화는 환경오염을 더욱 증가시켰다.

자연이든 합성이든 섬유의 생산에는 원재료와 에너지가 사용된다. 섬유를 구성하는 분자는 실 모양의 폴리머polymer[단위체가 반복 연결되어 구성된 고분자의 한 종류]로 구성되어 있다. 면綿의 경우 셀룰로오스라는 폴리머로 구성되어 있는데, 수백 개의 글루코오스 조각들이 길게 연결된 모양을 이루고 있다. 이런 정교한 구조를 만들어내는 데에는 에너지가 소모된다. 에너지는 글루코오스 조각을 만드는 데에 사용될 뿐 아니라 글루코오스 조각들을 기다란 실과 같은 분자로 이어주는 데에도 사용된다. 목화 식물이 면 섬유를 만들어내는 데 사용되는 에너지는 재생가능하면서도 무료로 제공되는 에너지원인 태양으로부터 온다. 모직의 경우 케라틴이라는 단백질 폴리머를 만드는데 필요한 에너지가 양의 먹이로부터 얻어지는 것이며, 양의 먹이를 이루는 에너지는 결국 태양으로부터 오는 것이다.

온도는 에너지 현상과 주변 환경을 이어주는 중요한 연결고리이다. 살아 있는 생물에서 일어나는 에너지 현상은 주변 온도를 크게 높이지도 않고 해로운 연소물질을 만들지도 않는다. 목화나 양이 자연 폴리머를 이어주는 화학적 반응을 일으킬 때의 온도는 아주 낮으며 매우 높은 에너지 효율을 보인다. 이 반응이 완성되기까지 태워 없어지거나 낭비되는 에너지는 많지 않다. 사실 이런 반응을 상온에서 효율적으로 일으킬 수 있다는 것은 생명현상이 얼마나 대단한지를 보여준다. 지구 표면의 환경에서 찾아볼 수 있는 물질의 화학적 구성은 그 환경에서 일반적으로 나타나는 온도에 의해 크게 좌우된다. 만약 지구의 온도가 높아진다면 이전에는 비활성 상태였던 물질들이 반응을 일으키기 시작하면서 전체 지구 환경의 화학적 구성을 바꾸게 될 것이다. 예를 하나 들어 보자. 지구 표면에서 찾아볼 수 있는 온도 범위에서는 산소와 질소 사이에 화학적 반응이 거의 일어나지 않는다. 그래서 산소와 질소는 대기 중에 많이 있지만 산소와 질소가 반응을 일으켜야만 생성되는 질소산화물은 자연적으로 거의 존재하지 않는다. 산소와 질소를 반응시키기 위해서는 지구상에 존재하는 일반적 온도보다 훨씬 높은 온도 조건이 필요하기 때문이다. 지구에 살아 있는 생물은 질소산화물이 거의 없는 환경에 적응하도록 진화했다. 따라서 질소산화물이 존재하는 환경에서는 지구의 생물체들이 일으키는 여러 가지 생명 화학 반응에 문제가 발생한다. 따라서 생물체는 질소산화물이 일으키는 독성 반응에 취약하며, 질소산화물이 생성될 수 있는 높은 온도의 조건은 생명체를 위험에 처하게 한다.

나일론과 같은 합성섬유를 만드는 데 사용되는 에너지원에는 크게 두 가지가 있다. 첫 번째는 원재료에 이미 포함되어 있는 에너지다. 합성섬유의 원재료는 대개 석유나 천연가스이기 때문에 그 안에 함유된 에너지는 오래전에 화석식물에 의해 저장된 태양에너지이다. 이는 재생 불가능한 에너지이기 때문에 생태적 관점에서 보면 낭비되는 에너지원이라고 할 수 있다.

두 번째 종류는 석유나 천연가스로부터 합성섬유의 원료가 되는 물질을 분리해내고 다양한 화학반응을 일으키는 데 사용되는 에너지이다. 나일론은 여섯 내지 열 가지의 화학반응을 거쳐야만 만들어지는데, 그 반응을 일으키기 위해서는 화씨 200도(섭씨 93도, 끓는 점 가까운 온도)~화씨 700도(섭씨 370도, 납이 녹는 정도의 온도) 정도의 온도 조건을 만들어야 한다. 이렇게 높은 온도 조건을 만들기 위해 연료를 연소시키는 과정에서 고온의 상태가 유지되면서 대기오염이 발생하게 된다. 이렇게 대기나 물에 화학폐기물질이 배출되면서 자연섬유 생산에서는 발생하지 않는 환경 영향이 생기게 된다.[12]

물론 면이나 모직을 생산하는 과정에서도 생태적 원리에 역행하는 일이 발생할 수 있으며, 또 현실로 나타나고 있다. 미국에서의 목화 생산은 질소비료와 살충제와 제초제를 많이 사용한다. 이로 인한 심각한 환경오염 문제는 합성섬유 생산과정에서는 전혀 발생하지 않는 것들이다. 또 목화 생산에 농기계를 사용하면서 화석 연료 연소에 따른 심각한 대기오염도 발생한다. 이러한 영향 중 일부분은 줄일 수 있는 것이다. 예를 들어 자연적인 해충 방제 방법을 사용하는 것이 한 방법일 것이다. 이와 비슷하게 나일론 생산도 화학 폐기물의 생성을 줄이도록 개선한다면 생태적인 개선이 불가능한 것은 아니다. 하지만 최대한 생태적 개선을 이룬다 해도 자연 섬유가 합성 섬유에 비해 생태적으로 이로울 것이라는 사실은 변하지 않는다. 면 생산에는 공짜이며 오염도 없고 재생 가능한 에너지원인 태양이 사용된다. 하지만 합성섬유 생산은 재생 불가능한 에너지원에 의존할 뿐 아니라 고온의 조건을 만들어야 하기 때문에 생태적으로 해로운 물질이 생성된다. 이런 물질을 걸러내는 최고의 장치가 있다 해도 버려지는 열에 의한 환경오염은 불가피할 것이다.

합성섬유는 일단 생산되면 자연섬유에 비해 환경에 더 큰 영향을 미칠 수밖에 없다. 합성섬유는 사람이 만들어낸, 자연에 존재하지 않았던 물질이므로 버려지고 나면 반드시 환경에 피해를 준다. 반면 면과 모직을 이루는 자연 폴리머(면은 셀룰로오스, 모직은 케라틴)는 토양 생태계의 중요한 구성 요소이기 때문에 분해되지 않는 폐기물로 축적되는 일이 없다.

셀룰로오스의 생태적 운명은, 그것이 나뭇잎이나 면 티셔츠나 종이 등 어디에 존재하든 상관없이, 이미 잘 알려진 과정을 거친다. 셀룰로오스는 땅에 떨어져 흙으로 덮이고 나면 복잡하고 다양한 생물학적 분해과정을 거친다. 셀룰로오스는 먼저 곰팡이로부터 공격을 받는다. 곰팡이가 지닌 셀룰로오스 분해 효소가 이를 분해하여 다양한 당류로 만들어 토양으로 보낸다. 이 당류는 토양 미생물의 활동을 활발하게 해준다. 그뿐만 아니라 셀룰로오스 분해과정에 사용되는 효소는 셀룰로오스 이외의 폴리머도 분해하여 그 안의 질소를 토양으로 보낸다. 이 또한 토양미생물의 활동을 활발하게 한다. 이 모든 과정의 최종 결과물은 바로 미생물이 만든 유기물질인 부식질로, 토양의 자연적인 비옥도를 유지하는데 핵심적인 역할을 한다. 셀룰로오스는 토양이라는 생태적 기계의 핵심 부품이기에 쓸모없는 폐기물로 쌓이는 일이 없다. 케라틴도 토양생태계에서 이와 비슷한 운명을 따라간다. 이것이 가능한 이유는 살아 있는 생명체에 의해 자연적으로 만들어진 모든 폴리머에게는 그것을 분해하는 특별한 효소가 자연에 이미 존재하기 때문이다. 만약 그러한 효소가 존재하지 않는다면 자연 폴리머는 잘 분해되지 않을 것이다. 잘 썩지 않도록 고안된 자연섬유는 이런 생물학적 분해 작용으로부터 보호되도록 만들어진 것이다.

합성섬유는 자연섬유와는 완전히 다르다. 나일론과 같은 합성 폴리머의 구조는 인간에 의해 만들어진 것이며 자연세계에는 존재하지 않는다. 그래서 자연 폴리머와는 달리 합성 폴리머를 분해할 수 있는 효소는 자연에 존재하지 않는다. 생태적으로 보면 합성폴리머는 문자 그대로 분해가 불가능하다. 게다가 합성 폴리머는 파괴되는 속도 또한 매우 느리다. 따라서 지구상에 존재하는 모든 합성섬유와 폴리머는 태워 없어지거나(이 경우에는 대기오염을 일으킨다) 쓰레기로 쌓여갈 수밖에 없다.

이 사실은 최근에 바닷가를 돌아다닌 사람이라면 누구든 보았을 플라스틱 쓰레기 더미를 통해 잘 드러난다.[13] 그 속에는 나일론 끈, 버려진 플라스틱 조각과 플라스틱 병 등이 주를 이룬다. 바닷가에 놓인 모든 물체는 파도에 의해 조금씩 깎여나간다. 플라스틱 쓰레기도 마찬가지다. 생태적으로 보았을 때 환경에 존재하는 모든 물질에 대해서 다음과 같은 질문을 던져보는 것은 아주 유용하다. '도대체 그 물질은 어디로 가는가?' 바닷가의 플라스틱 조각들이 깎여나가면 어디로 가게 되는 것일까? 이 문제에 대한 답은 최근 한 연구에 의해 분명해졌다. 바다로부터 미생물을 수집하는 장치에는 이제 새로운 물질이 포집되기 시작했다. 그것은 주로 빨간색, 파란색, 그리고 오렌지색의 다양한 색깔을 가진 플라스틱 섬유 조각이다. 이는 새로운 기술이 옛 기술을 대체한 결과 나타나는 현상이다. 낚싯줄과 그물을 만드는 데 사용되던 삼과 같은 자연섬유는 최근 들어 거의 완전히 합성섬유로 대체되었다. 자연섬유는 생물학적으로 분해되지만 합성섬유는 그렇지 않기 때문에 계속 쌓여가는 것이다.

이를 염두에 두고 물고기 잡이 도구의 재료로 쓰이던 자연섬유로 만든 끈이 왜 합성섬유 끈으로 바뀌었는지 생각해보면 우리는 놀라운 사실을 알게 된다. 그 주요 원인은 합성섬유가 곰팡이 등에 의한 분해에 저항하는 능력이 매우 크다는 것이다. 반면에 삼과 같은 자연물질은 곰팡이 등에 의해 쉽게 분해된다. 따라서 생물학적 분해에 대해 높은 저항성을 보인다는 것이 합성섬유의 높은 경제적 가치를 결정하는 특성인 동시에 합성섬유가 환경에 미치는 악영향을 증가시키는 것이다.

합성섬유와 마찬가지로 모든 플라스틱은 인간이 만들어낸 물질이며 자연 상태에서 존재하지 않는 폴리머로 구성되어 있다. 따라서 플라스틱도 생태계에서 자연 분해되지 않는다. 지금껏 생산된 수십억 톤의 플라스틱을 생각해 보면 끔찍한 일이다. 그 중 일부는 불태워져 일반적인 연소의 결과물뿐 아니라 염화수소산과 같은 독성물질로 배출되었을 것이다. 그 나머지는 어떤 형태로든 지구상 어딘가에 여전히 남아있을 것이다.

합성 폴리머는 가소성plasticity[고체가 힘을 받아 모양을 이룬 후 고정되는 특성]이 높아서 어떤 모양으로든 자유자재로 만들 수 있다. 이 특성 덕분에 온갖 모양의 플라스틱 물건이 많이 생산되었다. 그들의 모양이 주는 미적인 문제는 제외하더라도, 심각한 생태적 문제가 발생하게 되었다. 생태계가 한없이 다양한 모양과 크기의 플라스틱 조각에 뒤덮였고, 그들의 다양한 모양과 크기 덕분에 자연세계에 존재하는 모든 틈 속으로 비집고 들어가게 되었다. 이 현실은 최근에 알려진 야생오리 사진 한 장에서 극적으로 나타난다. 그 오리의 목은 맥주 캔 여섯 개를 묶어주는 플라스틱 조각의 구멍에 옥죄어져 있는 상태였다. 이런 일이 일어날 수 있는 확률은 너무나 희박한 것이었다. 공장에서 캔 묶는 플라스틱 조각이 만들어지고, 그것이 맥주공장으로 옮겨져 맥주 캔 포장에 사용되고, 마침내 누군가가 그 플라스틱을 맥주 캔으로부터 벗겨내어 내버렸을 것이다. 그렇게 버려진 이 플라스틱 조각이 분해되지 않은 채 돌아다니다가 어떤 호수에 떠 있었을 것이고, 그 야생오리 또한 이 새로운 물건에 대해 전혀 인식하지 못한 채 물 속으로 잠수하려 할 때 그 구멍 속에 목에 끼게 되었을 것이다. 상상하기 힘들 정도로 희박한 확률의 사건들이 들어맞음으로써 한 생명체를 죽게 만든 사건이다. 하지만 이런 사건은 앞으로 플라스틱 소비량이 늘어남에 따라 더 자주 일어나게 될 것이다. 플라스틱으로 만들어진 물건은 앞으로도 끊임없이 생산될 것이고, 언젠가는 분해되고 마는 자연물질과는 달리 이런 물건은 오랜 기간 동안 자연계에 쓰레기로 남아 있게 될 것이다.

현대 합성유기물질의 발전은 이 밖에도 전혀 예상치 못했던 환경피해를 일으켰다. 이러한 물질은 플라스틱처럼 변하지 않는 특성과는 반대로 생화학적으로 활성화되어 문제를 일으켰다. 이러한 특성이 의도적으로 만들어진 경우도 있다. 해충을 죽이는 살충제나 베트남전에서 숲과 작물을 파괴하기 위해 개발된 고엽제가 그런 경우이다. 지구의 생물들은 겉으로는 다양해 보이지만 사실 비슷한 생화학적 시스템을 공유하는 경우가 많다. 그래서 애초에 특정 생물을 대상으로 했던 효과가 다른 생물에게도 나타나는 일이 비일비재하다. DDT를 예로 들어보자. DDT[14]는 곤충 신경계의 생화학적 반응을 공격하도록 만들어졌는데, 나중에 가서야 조류의 간에도 치명적인 피해를 입힌다는 사실이 밝혀졌다. 그뿐 아니라 알껍데기의 형성을 막기 때문에 조류들이 쉽게 깨져 버리는 알을 낳게 했다. 고엽제로 알려진 2,4,5-T는 베트남의 숲과 논밭에 대량으로 살포되었는데,[15] 이는 식물의 생화학적 반응을 저해시켜 잎을 떨어뜨리는 작용을 한다. 그런데 최근에 알려진 바에 의하면 고엽제는 실험동물에게 선천적 기형을 유발한다는 것이 밝혀졌다. 최근에 베트남 참전군인의 자녀에게 선천적 기형의 발생률이 높아졌다는 사실이 이와 무관하지 않을 것이다. 이러한 물질은 사실상 약물이기 때문에 사용 시 충분한 예방과 주의가 필요하다. 하지만 공중으로부터 대량 살포되는 생태적 약물을 제대로 통제한다는 것은 사실상 불가능했던 것이다.

이런 새로운 물질—합성섬유, 플라스틱, 합성세제, 합성 살충제, 약물—의 원료인 유기화학물질의 생산량은 1946년 이후 746퍼센트나 증가했다. 이 증가로 인해 나타난 다양한 결과는 주로 환경에 부정적인 영향을 끼치는 것들이었다. 합성세제의 생산이 수은에 중독된 물고기 문제를 일으키게 된 것은 그 한 사례다. 현재 많이 사용되는 생분해 합성세제의 생산에 필요한 리니어 알킬 술폰산염linear alkyl sulfonates은 파라핀 화합물을 염소처리해서 만든다. 염소는 유기반응에 흔히 관여하는 반응물질이다. 유기분자에 붙어있는 염소원자는 다른 분자와 손쉽게 화학적 연결고리를 형성하기 때문이다. 합성유기화학물질의 생산이 급격하게 증가함에 따라 1947년부터 1969년까지 염소의 생산이 600퍼센트 증가했다. 염소는 주로 소금물(염화나트륨 용액)을 전기분해하여 생산된다. 이 과정에서 수은은 매우 중요한 부수물질로 사용되는데, 전류를 흐르게 하는 전도체로도 활용되며 또 이 공정에서 부산물로 만들어지는 나트륨을 모아주는 역할도 한다.[16] 미국에서 염소생산에 사용되는 수은의 양은 1946년 이후 100퍼센트나 증가했다. 전기분해 과정을 거치고 난 후 나트륨이 많이 들어있는 수은을 물과 반응시켜 나트륨을 알칼리나트륨수산화물로 전환시키는 동시에 순수한 수은을 뽑아내어 재활용한다. 이 때 대량의 수은과 물이 섞이는 과정에서 약간의 수은이 필연적으로 손실된다. 손실된 수은은 하수로 유입되어 강바닥과 호수 바닥으로 이동하고, 그곳에서 미생물에 의해 메틸수은으로 전환되어 물고기를 중독시킨다. 세인트 클레어 호수의 거의 모든 어류에게 수은이 환경 기준 이상으로 쌓이게 된 주원인은 바로 주변에 있는 두 개의 염소공장으로부터 흘러나온 수은이었다. 수은 중독은 '플라스틱 시대'를 상징하는 대표적인 환경피해라 할 수 있겠다.

자동차와 내연기관이 처음 발명되었을 당시만 해도 70년 후에 이것이 도시 환경문제의 가장 주요한 원인이 되리라고는 아무도 상상하지 못했다. 수많은 자동차가 길을 가득 메우게 되면서[17] 이로 인한 일산화탄소, 납, 스모그와 같은 환경오염은 불가피한 것으로 인식되고 있다. 하지만 이는 자동차가 일으키는 전체 문제의 일부분에 불과하다. 1947년부터 1968년까지 미국의 자동차 수는 166퍼센트 증가 했고, 전체 자동차 주행 거리는 174퍼센트 증가했다. 하지만 자동차로 인한 가장 심각한 오염 물질인 납과 광화학적 스모그는 자동차 수나 주행 거리, 도로 길이보다 훨씬 빠른 속도로 증가했다. 한 연구는 빙하에 매년 축적되는 납을 분석한 결과 지난 25년간 가솔린 연소로 인해 쌓인 납이 무려 400퍼센트나 증가했다고 밝혔다. 같은 시기의 가솔린 소비 증가는 159퍼센트였으니 이보다 훨씬 높았던 셈이다. 스모그 상황은 이보다 더하다. 로스앤젤레스에서 광화학적 스모그가 처음 나타난 것은 1943년이었다. 이후 스모그는 미국 전역의 주요 도시에서도 발생 했고, 특히 로스앤젤레스에서는 매우 심각한 수준으로 발전했다. 제2차 세계대전 이후 미국의 전반적인 스모그 수준은 약 1,000퍼센트, 즉 열 배 정도 증가 했으며, 이는 자동차와 관련된 다른 여러 가지 수치보다 훨씬 높은 수준이다. 따라서 자동차와 연관된 대기오염 문제의 증가는 자동차 수와 주행거리만으로는 설명되지 않는 무언가 다른 것이 있음을 말해주는 것이다.

사실 변한 것은 자동차 그 자체였다. 물론 디트로이트에서 매년 새롭게 출시하는 자동차 모델에 변화가 있기나 하느냐고 비판하는 사람이 있기도 한다. 그들은 자동차 회사가 주장하는 혁신이래야 광고에서 떠드는 미사여구일 뿐 기술적으로 달라진 것은 없다고 한다. 하지만 자동차 산업의 엔지니어들의 달라붙어 끊임없이 노력하여 만들어낸 변화는 점차 화려해지는 자동차 외관 아래 보이지 않는 곳에서 활발하게 일어나고 있었다. 그 중 특히 엔진과 관련된 기술은 자동차를 효율적인 스모그 공장으로 바꾸어 놓고 있었다.

산업계의 자료와 정부 통계자료를 종합해보면 자동차 엔진 기술이 끼치는 환경 피해가 더 분명하게 드러난다. 내연 기관인 엔진 안에서 일어나는 일을 살펴보자. 엔진의 실린더에서 가솔린이 공기와 섞이고 나면 적당한 시점에 전기 스파크가 일어나 이 혼합 기체를 폭발시킨다. 폭발 직전의 연료—공기 혼합기체는 피스톤에 의해 압축되는데, 이 때 얼마나 압축되는가의 정도는 엔진이 낼 수 있는 최고 출력과 밀접한 관계를 가진다. 일반적으로 압축률이 높을수록 출력도 높아진다. 무슨 이유에서인지 자동차 회사들은 오래전부터 엔진의 출력을 향상시키는데 온 힘을 기울여왔다. 1925년 엔진 출력에 대한 기록이 시작되었을 당시의 승용차 평균 출력은 55마력이었다. 그러던 것이 1946년에는 100마력으로, 1958년에는 240마력으로 증가했다.[18] 그 해 미국 자동차 생산 업체는 외국과의 경쟁으로 차체 크기를 약간 줄여 소형차를 생산하기 시작했다. 그 결과 1961년 평균 승용차 출력은 175마력으로 감소했다. 그런데 이후 생물학적인 현상이라고도 볼 수 있을 정도로 묘한 현상이 일어났다. '소형차'의 크기와 출력이 점점 커지기 시작하더니, 1968년에 이르자 승용차의 평균 마력이 다시 250마력으로 늘어나게 된 것이다.

높은 출력을 얻기 위해서는 실린더 압축비를 높여야 한다. '실린더 압축비'는 1946년 5.9로부터 1961년에 9.3으로 증가했다. 이후 잠시 주춤하며 마력과 함께 감소하더니, 1968년에 이르러서는 다시 9.5

로 증가했다. 1946년부터 1968년에 사이에 저출력 저압축비의 엔진은 사라졌다. 이런 엔진 기술의 변화는 앞서 이야기한 기술 대체와 마찬가지로 자동차가 환경에 미치는 영향을 크게 증가시켰다.

첫째, 고출력 엔진은 연료 효율이 크게 떨어지는데, 특히 시내처럼 차가 많이 막히는 곳에서 느리게 달릴 경우 더욱 심각하다. 1946년 미국 승용차의 평균 연비는 1갤런당 15마일(리터당 약 6.4킬로미터) 정도였다. 1968년에는 평균 연비가 1갤런당 14마일(1리터당 6킬로미터)로 감소했다. 이는 주행거리당 배출되는 대기오염 물질이 증가했음을 의미한다.

둘째 문제는 고압축 엔진 기술로 인해 발생하는 오염 문제이다. 실린더 내부의 압력이 매우 높아지면 연소 조건이 불균일해져서 '노킹 현상'이 발생하는데, 이는 엔진 출력을 감소시킨다. 노킹 현상을 없애기 위해서 가솔린에 4에틸납을 첨가해야만 했다. 독성물질인 납 첨가물은 배기가스에 섞여 대기 중으로 배출된다. 엔진 압축률이 높아짐에 따라 가솔린의 납 함유량도 함께 높아졌다. 1946년에 미국에서 사용된 가솔린에 포함되어 환경으로 배출된 납은 총 5만 톤이었는데, 1968년에는 26만 톤으로 증가했다. 이는 자동차 주행거리 백만 킬로미터 당 배출된 납의 양이 80킬로그램에서 142킬로그램으로 증가했음을 의미한다. 고출력 엔진을 위해 압축률이 높아지자 같은 거리를 주행하는데 배출되는 납 오염 물질은 거의 두 배 가까이 증가하게 된 것이다.

마지막으로 광화학적 스모그의 문제가 있다. 이 문제는 최근 자동차 기술 '발전'에 의해 발생한 전혀 예기치 못했던 환경문제라고 할 수 있다. 4장에서 언급했듯, 광화학적 스모그는 질소산화물 배출물[19]에 의해 생성되며 주로 자동차 통행량이 많은 도심지에서 발생한다. 대기 중에 자연적으로 존재하는 질소산화물의 양은 매우 적기 때문에, 생물들은 이 독성 물질을 잘 견뎌내지 못한다. 하지만 엔진 내부에서 연료가 연소할 때 발생하는 고온의 조건에서 질소와 산소가 반응하여 질소산화물이 생성되는 것이다. 엔진 압축률이 높아짐에 따라 엔진 내부의 온도도 더욱 높아지게 되었고, 이에 따라 질소산화물의 생성율도 크게 증가했다. 그 외에도 질소산화물 생성에 영향을 미치는 여러 가지 엔진 특성이 영향을 미침에 따라, 1946년에 500ppm이었던 승용차 배기가스의 질소 산화물 농도가 1968년에는 1,200ppm으로 두 배 이상 증가했다. 따라서 연비의 감소와 주행거리당 더 많아진 질소 배출물을 모두 감안하면 1946년부터 1968년까지 질소 산화물의 총 배출량은 무려 일곱 배나 증가했다는 계산이 나온다. 이 정도의 증가량은 스모그 문제가 급격하게 악화된 이유를 어느 정도 설명해준다. 기술의 발전이 반 생태적인 결과를 불러일으킨 또 하나의 사례라 하겠다.

한편 지난 25년간 자동차 사용량 자체가 늘어났다는 것 자체도 반 생태적인 기술 발전의 대표적인 사례로 볼 수 있다. 자동차 사용량이 증가하게 된 배경에는 주거지와 직장의 공간적 분포의 특성이 변했다는 사실이 있다. 집과 직장 사이의 거리가 증가함에 따라 1인당 자동차 주행 거리가 증가하는데 일정부분 기여했다는 사실은 최근 교통 연구 결과에서 밝혀졌다. 이 연구에 따르면 자동차 1회 사용당 주행거리의 90퍼센트 이상은 10마일(약 16킬로미터) 이하에 그쳤으며, 이러한 단거리 주행이 전체 자동차 이용거리에서 차지하는 비율은 30퍼센트에 달했다. 미국 대도시에서 거주지—직장 간 평균 거리는 도심 거주자의 경우 5마일(약 8킬로미터), 교외 지역 거주자의 경우에는 6마일(약 10킬로미터)정도였다. 이는 사람들이 매일 교통체증으로 겪는 불편함을 간접적으로 보여주는 통계적 증거이다. 도시 지역 대부분의 도로에서는 매일 두 번씩 극심한 교통 체증이 일어나게 되었다. 주거지와 직장이 점점 멀어지는데 그에 맞추어 대중교통이 확보되지 않았기에 나타난 결과이다.

이와 관련된 기술 대체의 결과로 1946년 이후 미국의 철도가 담당했던 물류량의 대부분이 트럭에 의해 대체되는 변화도 생각할 수 있다. 이 변화에 의해 발생하게 된 생태적 비용은 다음의 통계값에 잘 나타난다.[20] 1톤의 화물을 1마일(약 1.6킬로미터) 옮기는 데 필요한 에너지는 철도를 이용할 경우 624btu[British Thermal Units, 영국 열량 단위로 1btu는 1갤런의 물을 화씨 1도 올리는데 필요한 에너지의 양이며 약 252칼로리에 해당된다]이다. 그런데 트럭을 이용하면 훨씬 많은 3,460btu의 에너지가 필요하다. 다시 말해 트럭을 이용하여 화물을 수송하면 철도에 비해 거의 여섯 배의 연료를 더 써야 하며, 그만큼 더 많은 환경오염 물질을 배출하게 된다. 그뿐이 아니다. 트럭의 운행에 반드시 필요한 것 중 하나가 바로 4차선 고속도로이다. 이러한 도로에 투입되는 시멘트와 철강의 생산에 사용되는 에너지는 철로 건설에 비해 3.6배나 더 많다. 마지막으로 고속도로 건설에 필요한 부지의 폭은 400피트(약 120미터)에 달하지만, 철로는 단지 100피트(약 30미터)에 그친다. 이 모든 것을 감안한다면 철도가 담당했던 승객과 화물의 수송을 자동차가 대체함으로서 발생하는 환경 영향은 훨씬 커졌다고 볼 수 있다.

전력이야말로 전후 미국 경제의 급성장을 직접적으로 반영해 주는 지표이다. 전력 산업은 또한 대기오염 물질을 만들어내는 주요 원인이기도 하다. 황산화물, 질소산화물, 그리고 분진 따위 등 주요 오염 물질이 화석 연료를 이용하는 발전소에서 배출된다. 원자력 발전소에서는 방사성 폐기물이 생성될 뿐 아니라, 드물기는 하지만 재앙적인 사고가 발생할 수도 있다. 두 가지 발전 방식 모두 대기와 주변 지표수로 폐열을 배출한다. 전력 사용량은 미국 경제의 현대화와 밀접한 관계를 가지고 있을 뿐 아니라, 생활의 풍요와도 어느 정도 연관성이 있다. 다음의 통계 자료가 이를 잘 말해준다. 현재 미국의 연간 전력 소비량은 1인당 2만 540킬로와트이며,[21] 전 세계 전력 생산량의

34퍼센트를 소비하고 있다. 이에 비해 칠레의 1인당 전력 소비량은 2,900킬로와트, 인도는 260킬로와트, 태국은 230킬로와트에 불과하다. 물론 전력은 그 자체로서 인간의 필요를 충족시켜주는 것은 아니므로 전력이 얼마나 우리 삶의 질에 기여하는가는 결국 이를 활용해 얼마나 많은 경제 재화를 생산했는가로 평가되어야 한다. 사실 이런 기준으로 따져보면 전후에 나타난 새로운 생산 기술이 정작 본질적인 삶의 질 향상에는 별다른 기여를 하지 못했음을 알 수 있다. 왜냐하면 전후의 신기술은 대개 에너지 효율성이 떨어지기 때문이다. 그래서 같은 양의 경제적 재화를 생산하는데 새 기술이 옛 기술에 비해 훨씬 많은 에너지를 사용한다. 알루미늄을 예로 들어 보자. 알루미늄은 예전에 건설 재료로 주로 사용되던 철강과 목재를 점차 대체하고 있다. 알루미늄의 생산을 위해서 사용되는 에너지는 철강 생산에 필요한 에너지의 열다섯 배에 달하며, 목재 생산에 비하면 무려 150배에 이른다. 이러한 차이는 알루미늄이 철강보다 무게가 덜 나간다는 점을 감안한다 해도 크게 줄어들지 않는다. 그 예로, 알루미늄 캔의 생산에도 여전히 철 캔의 생산보다 6.3배 더 많은 에너지가 사용된다.

합성유기물질로 자연 재료를 대체하는 것이나, 목재나 철강을 콘크리트로 대체하는 것도 이와 비슷한 결과를 가져온다. 화학 공장의 공정이나 콘크리트 생산 과정에 막대한 양의 에너지가 사용되기 때문이다. 미국에서 알루미늄 제련과정과 화학 공장에서 소비하는 전력량은 국가 전체 전력 소비량의 28퍼센트에 달한다. 그렇다고 미국 전력 생산이 증가한 만큼 경제적 재화가 증가한 것은 아니다. 다만 에너지 효율적인 생산 방식이 에너지 과소비 생산 방식으로 대체되면서 에너지 사용량만 증가했을 뿐이다. 그리고 이러한 비효율성의 무거운 짐은 고스란히 환경이 지게 되었다.

또 하나의 기술적 대체는 일반인들이 쉽게 찾아볼 수 있는 것으로, 바로 많아진 포장재로 인한 쓰레기 증가이다. 맥주를 예로 들어 설명해 보자. 이 경우 핵심적인 경제적 재화는 맥주이지 그것을 담고 있는 병이나 캔이 아니다. 그런데 재활용이 불가능한 병이나 캔이 사용되어 쓰레기로 '버려지면' 이는 자연적인 생태 순환 고리로 돌아갈 수 없다.[22] 따라서 이런 쓰레기는 어딘가에 쌓여가거나, 에너지를 들여 재처리해야 하고, 이렇게 에너지를 소비하는 과정에서 공해 물질을 배출한다. 이런 세 가지 결과에 기반하여 1950년부터 1967년까지 맥주 생산량, 재활용 불가능한 맥주병 생산량, 그리고 인구 증가의 변화가 어떠했는지를 살펴보자. 그 기간 동안 재활용 불가능한 맥주병의 생산은 595퍼센트 증가했다. 맥주 자체의 소비량은 단 37퍼센트 증가했을 뿐이다. 같은 기간 동안 인구는 30퍼센트 증가했으므로, 결과적으로 1인당 맥주 소비량으로 대표되는 생활의 풍요의 증가폭은 5퍼센트라는 미미한 수준에 그쳤다. 한편 재활용 불가능한 맥주병으로 대표되는 쓰레기가 일정량의 맥주 소비당 얼마나 증가했는지 계산해 보면 그 증가율은 무려 408퍼센트에 달했다.

물론 재활용 불가능한 맥주병을 사용하는 것이 소비자에게는 더 큰 이익일 수도 있다. 재활용병을 사용한다면 소비자가 그 병을 재활용하기 위해 어떠한 형태로든 노력을 들여야 하는 것도 사실이기 때문이다. 하지만 맥주병 재활용에 따르는 노력을 감안하더라도, 재활용 불가능한 병을 사용했다는 것만으로 환경오염이 408퍼센트 증가했다는 것을 알아두어야 할 것이다. 또 다른 두 가지의 재활용 불가능한 맥주 용기인 철제 캔과 알루미늄 캔을 비교할 경우 위와 같은 미묘한 차이는 걱정하지 않아도 된다. 알루미늄 캔의 생산에는 철제 캔보다 6.3배의 에너지가 더 소비되며, 그 생산과정에서 발생하는 오염 물질도 훨씬 많다.

이와 비슷하게 식료품이나 다른 상품에 사용되는 포장이 늘어나거나 포장의 재료가 생분해되는 재료로부터 플라스틱이나 비닐 따위로 바뀌는 것도 환경 영향을 증가시킨다. 이 경우 현대 과학기술의 발전이 가져온 성과로 포장재의 기능이 개선되는 것이 아니라 다만 환경오염을 더 많이 일으키는 방향으로 나타난 것이다. 그 결과 커져만 가는 쓰레기 더미야말로 기술의 시대가 왔음을 알리는 상징이 되고 말았다.

물론 위와 같이 환경영향을 평가하는 방식에는 여전히 개선의 여지가 많다. 진정 필요한 것은—그리고 부디 머지않은 미래에 현실이길 바라는 것은—어떤 상품이 생산되고 소비되고 버려지는 전체 과정에 대한 생태적 분석이다. 모든 생산 활동에 대한 '생태 영향 인벤토리'가 필요하다. 이를 확보한다면 모든 상품이 지닌 오염비용을 명확하게 보여줄 수 있을 것이다. 예를 들어 합성세제 1킬로그램을 생산하는데 사용된 전력량과 그로 인해 대기오염 물질이 얼마나 많이 발생했는지를 알 수 있을 것이고, 또 그 생산 과정 중 염소를 생산하는 과정에서 손실되어 수질을 오염시킨 수은의 양이 얼마나 되는지도 알 수 있을 것이다. 그뿐만 아니라 합성세제 사용의 결과로 하수로 배출되는 인산염에 의한 오염 정도도 파악할 수 있을 것이고, 그 밖에도 불소나 비소 등의 첨가제에 의한 생태적 영향도 알 수 있을 것이다. 이 같은 오염 비용 표시 제도는 모든 상품이 지닌 상대적인 사회적 가치를 평가하는데 필수적이다. 앞에서 소개한 여러 가지 사례는 사실상 현대 기술이 일으키는 오염 비용에 대해 우리가 얼마나 무지한지를 보여주는 것이라고 할 수 있다.

이쯤에서 처음 제기했던 문제로 다시 돌아가보자. 환경오염 문제의 정도를 가늠하는 세 가지 요인(인구, 생활의 풍요, 생산기술이 발생시키는 오염의 정도)이 각자 지닌 중요도에 대한 질문 말이다. 사실 이 세 가지 요인만으로 환경에 배출되는 오염 물질의 총량을 계산하는 것은 상당히 간단하다. 배출된 오염 물질의 총량은 이 세 가지를 곱한 값이다. 다시 말해 오염 물질 배출 총량=인구×1인당 경제적 재화 사용량×단위 경제적 재화당 발생되는 오염 물질의 총량인 것이다. 1946년 이후 미국에서 이 세 가지 요인은 큰 변화를 보였다. 오염 물질 배출 총량의 증가와 이 세 가지 요인의 변화를 비교하면 전체 오염 물질 배출량의 증가에 각각의 요인이 기여한 정도를 알 수 있다.[23] 이 간단한 계산식을 이용하여 앞서 말한 경제적 재화를 분석한다면 어느 정도 분명한 그림이 그려질 것이다. 농업생산물의 경우에는 질소비료와 살충제라는 오염 물질 배출을 고려하고, 합성세제의 경우 인산염을, 자동차는 납과 질소산화물 배출량을, 그리고 맥주에 대해서는 맥주병의 배출량을 파악하면 될 일이다.

1946년 이후 인구의 증가만으로 오염 물질 배출량에 기여한 정도는 12~20퍼센트 정도이다. 생활의 풍요(인구 당 경제 재화의 소비량)의 기여도는 1~5퍼센트 정도에 불과했다. 물론 자동차 이용거리의 증가만 고려할 경우 생활 풍요의 기여도가 40퍼센트 정도로 늘어나기는 한다. 하지만 자동차 이용 거리의 증가로 삶의 질이 개선되었다기보다는, 다만 도심지의 쇠퇴와 교외 거주지의 개발에 의해 이동거리가 증가했을 뿐이다. 반면 새로운 기술의 환경오염 기여도—1946년 이후 새로운 생산 기술 도입 이후 단위 생산당 증가한 오염 물질 배출량—는, 자가용 사용을 제외한다면, 환경오염 물질 배출 총량의 95퍼센트에 달한다.

앞서 이야기한 사례들은 생산과 오염 물질 발생량에 대한 통계 자료가 존재하는 상품만으로 제한되었다. 그렇지만 그러한 자료가 존재하지 않는 환경오염 문제에서도 비슷한 경향을 찾아볼 수 있을 것이다. 환경오염의 급격한 증가는 인구의 증가나 풍요로움의 증가에 의한 것이라기보다는, 생산기술의 변화에 의한 측면이 훨씬 크다.

이 모든 것은 우리에게 분명히 말해주고 있다. 최근 미국에서 발생한 환경 위기는 제 2차 세계대전 이후의 생산기술 변화와 밀접한 관련이 있다. 1946년 이후 미국이 이룩한 경제성장은 국민에게 제공된 기본적 재화의 측면에서는 거의 변화가 없었다. 그러나 환경오염을 크게 일으키는 새로운 기술이 예전 기술을 대체하게 되었다. 현재의 환경 위기는 이 같은 반 생태적 성장이 가져온 피할 수 없는 결과이다.

제10장
환경 위기와 사회문제

지금까지는 주로 환경 위기의 근본 원인에 대한 이야기를 했다. 지금까지의 논의를 살펴보면 현재의 환경 위기가 자연적인 재앙이나 인간의 어떤 특별한 생물학적 특성에 의해 발생한 것이 아니라는 것은 분명해 보인다. 환경오염이 발생하는 이유는 사람이 특별히 더러운 동물이어서도 아니며 또 인구수가 너무 많아서도 아니다. 문제는 바로 인간 사회에 있다. 인간이 지구로부터 자원을 획득하여 부를 형성하고 이를 분배하여 사용하는 과정에서 문제가 발생했다. 환경 위기의 사회적 근원을 제대로 이해한다면 환경문제를 해결하기 위한 적절한 사회적 대책을 세울 수 있을 것이다. 이번 장에서는 그런 내용을 중점적으로 다루고자 한다.

현대 산업사회에서 인간사회와 생태계를 이어주는 가장 중요한 연결고리는 과학기술이다. 미국과 같은 선진국에서 생산 활동을 주도하는 새로운 과학기술이 생태계에 큰 문제를 일으키고 있다는 것은 분명한 사실이다. 간단히 말해 과학기술은 환경을 파괴하고 있다. 이런 현대 과학기술의 문제를 어떻게 해결할 수 있을 것인가?

이쯤에서 현대사회에서 과학과 기술이 차지하는 특별한 지위에 대해 살펴볼 필요가 있다. 과학기술은 종종 스스로의 의지를 가진 것처럼 보일 때가 많다. 자신을 사용하는 주체인 인간으로부터 독립되어 있고, 때로는 인간보다 더 큰 능력을 가지고 있는 것처럼 보이기까지 한다. 예를 하나 들어 보자. 미래를 확실하게 예측하는 것은 인간의 능력 밖에 있다고 흔히 이야기한다. 하지만 이러한 한계는 과학기술에는 적용되지 않는다. 과학기술 지상주의자인 사이먼 라모Simon Ramo의 이야기를 들어보자.[1]

> 최고의 과학기술자들을 모아, 그들의 전문 분야에서 앞으로 일어날 만한 발전에 대해 예측해보라고 하면, 그들이 앞으로 얼마간의 기한에 어떤 일이 있을 것이라고 한 예상이 정확히 들어맞을 확률은 매우 높다고 본다.

그는 과학기술이 마치 미래를 내다보는 수정 구슬을 가지고 있다고 생각하는 듯하다. 과학기술자들이 과학기술의 미래에 대해 이만큼 확신을 가질 수 있는 이유 중 하나를 과학기술의 사회적 기능에 대해 많은 연구를 한 존 갤브레이스는 이렇게 설명한다.[2]

> 모든 현대 과학기술의 문제에는 그 해결 방법이 반드시 존재한다. 다만 우리가 아직 그 방법을 알아내지 못했을 뿐이다.

이 짧은 문장에서 갤브레이스는 과학기술의 특성을 너무나 잘 표현해 주고 있다. 과학기술이 스스로에 대한 믿음에 바탕하고 있다는 것이다. 과학기술의 힘은 너무도 분명하고 강력하기 때문에 기술 지상주의를 비판하는 자들을 위협하는 것처럼 보일 때도 있다. 과학기술이 인간성에 끼치는 해악에 대해 혹독하게 비판한 자크 엘륄Jacques Ellul조차 다음과 같이 말했다.[3]

> 과학기술은 그 자신만의 의지를 획득했다. 스스로를 위한 탐욕스런 세계를 만들었고, 그 세계의 규칙을 모두에게 강요하며 기존 질서를 파괴했다. (……) 과학기술은 끝내 인간 문명 전체를 집어삼키고 말았다. (……) 이제 인간은 과학기술의 힘에 압도되었고, 과학기술이 마음대로 쥐고 흔들 수 있는 대상으로 전락하고 말았다.

이를 살펴보면 과학기술 옹호론자나 비판자 모두 과학기술이 나름의 의지를 지니고 있다고 이해하고 있다. 이들이 보기에 과학기술은 인간처럼 실수를 저지르지도 않으며, 인간의 의지대로 통제될 수 없는 대상이다. 과학기술 옹호론자들은 더 나아가 이제 인간은 변화하는 과학기술에 맞추어야만 살아갈 수 있게 되었다고 말한다. 라모는 다음과 같이 이야기한다.

> 이제는 기계가 우리와 함께 살 수 있는 환경을 마련해 주어야 한다. (……) 우리는 기계와 파트너가 되었다. 기계가 최적의 성능을 낼 수 있는 그런 사회를 만들어 주어야만 한다. 물론 우리 인간들이 더 선호하는 방식이 있을 수도 있다. 그러나 우리는 기계가 우리에게 제공하는 것을 몹시 열망하기에 타협을 할 수 밖에 없게 되었다. 이제 우리는 인간과 기계가 공존할 수 있도록 우리 사회의 규칙을 바꿔야만 한다.

여기서 라모가 의미하는 것은, 기계가 '최적의 성능'을 낼 수 있는 환경을 만들어주는 것은 당연한 반면, 인간이 선호하는 것들은 '선택 사항'에 불과하다는 것이다. 이러한 불균형한 관계로부터 이룰 수 있는 '타협점'은 당연히 기계중심적인 결과를 낳을 수밖에 없다. 변화해야 하는 것은 사회이지 기계가 아니라는 것이다.

아치볼드 맥클리시Archibald Macleish는 인간의 가치를 더 중요하게 여기던 사람들이 느끼게 된 당혹스러움을 잘 표현하고 있다.[4]

> 히로시마 이후 과학은 인간이 아니라 과학 자체를 위해 복무한다는 것이 분명해졌다. 과학의 법칙은 선의 법칙, 즉 선함이나 도덕성, 혹은 인간성과 같은 가치에는 관심이 없다. 과학은 자신이 밝혀낼 수 있는 지식의 한계에만 관심이 있을 뿐이다. 과학기술 또한 자신이 할 수 있는 일의 한계에만 관심이 있다. (……) 이런 상황에서 우리가 피부로 느끼는 모욕적인 당혹감을 해소한다는 것은 쉬운 일이 아니며, 이는 아마도 우리가 우리 자신에 대한 신뢰와 삶의 주체성을 회복하고, 우리의 행동을 스스로 결정하게 되기 전까지 어려울 것이다.

이러한 상황에 비추어 본다면 현재의 환경 위기가 다름 아닌 과학기술의 '오류'로부터 비롯되었다는 사실은 주목할 만한 대목이다. 그런 점에서 '범죄와의 전쟁'을 기반으로 당선되었던 닉슨 대통령이 연두연설 내용을 환경 위기와 그 해결책에 대한 이야기로 대부분 채워 사람들을 놀라게 했을 때, 그는 환경 위기를 해결할 수 있는 방법으로 애초에 그 문제를 일으킨 당사자인 과학기술의 놀라운 창의성을 최대한 활용해야만 한다고 제안한 것이다.[5]

닉슨 대통령의 연설은 환경파괴의 원인이 현대 과학기술에 있음을 확인해주었다는 점에서는 분명 환영할 만하다. 하지만 그가 제시한 해법에 대해서는 좀 더 자세히 살펴볼 필요가 있다. 환경 위기의 주범으로서 과학기술을 비판하고자 한다면, 과연 과학기술의 어떤

'뛰어난 능력'이 이런 실패를 야기했는가를 밝혀내고 그 오류를 고쳐야만 할 것이다. 그러고 나서야 비로소 우리 미래의 생존을 위해 과학기술의 도움을 안심하고 받을 수 있을 것이다. 이를 위해서는 환경과 관련된 과학기술이 어떤 노력을 기울였으며 왜 그리 자주 실패했는지 사례들을 살펴보고 그 원인을 분석하는 것이 선행되어야 한다.

하수처리 기술은 좋은 사례다. 하수와 환경문제에 관련된 기본적인 문제들은 이미 설명되었다. 많은 양의 유기물질을 포함하고 있는 하수가 강이나 호수에 흘러들어 가면 그 분해 미생물이 유기물질을 처리하는 과정에서 산소요구량이 과도하게 높아지게 된다. 그 결과 지표수의 산소가 고갈되고 나면 분해 미생물도 함께 죽어나가면서 수중 생태계가 지닌 자체 정화 기능마저 멈춰버리고 만다. 이 문제를 공중보건 전공의 환경과학자가 어떻게 해결하는지를 살펴보자. 일단 그는 이를 다음과 같은 기술적인 문제로 정의할 것이다. 어떻게 하면 지표수로 흘러들어가기 이전에 하수의 산소요구량을 감소시킬 수 있을 것인가? 이에 바탕한 문제 해결 방법이 고안된다. 하수처리장에 분해 미생물을 정착시키고, 그 분해 미생물이 유입되는 유기물을 대부분 처리할 수 있도록 충분한 산소를 인공적으로 공급하는 방법이다. 그 결과 하수처리장에서 배출되는 물질은 미생물 활동의 결과물인 무기 영양물질이다. 이렇게 처리된 하수에는 산소요구량이 없어졌으므로 앞에서 문제라고 정의되었던 유기물질을 포함한 하수의 산소요구량은 해결된 것이다. 이것이 바로 현대적인 하수처리 기술이 태어나게 된 과정이다.

이 단적인 과학기술 적용의 시나리오는 해피엔딩으로 끝나는 듯 보이며, 그 결과 과학기술에 대한 신뢰를 더욱 공고하게 해주는 것처럼 느껴진다. 하지만 이 시나리오에서 한 발짝만 나가면, 즉 하천이나 호수라는 환경에서 어떤 일이 벌어지는지를 살펴보면 이야기는 완전히 달라진다. 처리된 하수 속에는 이산화탄소, 질산염, 인산염과 같은 무기영양물질이 풍부하게 들어있다. 이 성분들은 자연계에서 조류의 성장을 도와준다. 하수가 유발하는 비료효과에 의해 조류는 무서운 속도로 번식했다가 순식간에 모두 죽으면서 매우 많은 양의 유기물을 생성한다. 애초에 하수처리 기술이 해결하려 했던 산소요구량 문제가 다시 발생한 것이다. 과학기술이 이루었다고 생각했던 성공은 무효화되고 말았다. 이 실패의 원인은 자명하다. 이 문제를 이해하고 정의한 과학기술의 시각이 너무도 편협했기 때문이다. 자연은 어느 한 부분이라도 문제가 생기면 전체가 무너져 내릴 수 있는 복잡한 순환과정을 이루고 있는데, 이 중 아주 작은 일부분만을 고려했기 때문에 이런 문제가 발생한 것이다. 이와 비슷한 오류는 현대 과학기술이 일으킨 거의 대부분의 환경문제에서 발견된다.

합성세제를 예로 들어 살펴보자. 세제 기술의 목적은 비누를 대체할 만한 합성세척제를 개발하는 것이었다. 따라서 1세대 합성세제 개발과정에서 고려된 사항들은 다음의 몇 가지 목적을 중심으로 제한되었다. 과연 새로운 합성세제의 세척력은 만족할 만한가? 여성들의 손을 너무 거칠게 하지는 않는가? 흰색 빨래를 더욱 희게 만들어줄 것인가? 잘 팔릴 것인가? 하지만 이 합성세제가 하수구를 타고 생태계로 들어갔을 때 발생할 수 있는 문제에 대해서는 아무도 관심을 가지지 않았다. 합성세제 출시 이전에 이미 수많은 '소비자 적합도' 검사가 이루어졌지만, 이 새로운 상품의 진정한 최종 소비자가 될 지표수와 하수 시스템의 미생물들은 완전히 무시되었다. 그 결과 합성세제 또한 실패한 과학기술의 사례가 되고 말았다. 자연에서 분해되지 않는 일세대 합성세제는 시장에서 사라지는 운명을 맞이한 것이다.

합성세제 개발자들은 이렇게 좋지 않은 결과에도 불구하고 그들의 편협한 시각을 고수해왔다. 몇 년 전, 여러 화학공학자들과 함께 부영양화 문제에 대해 토론한 적이 있다. 질산염과 인산염이 지표수에 유입되면 조류의 과도한 성장이 일어나므로 합성세제로부터 인산염을 제거하는 것이 매우 중요하다고 이야기하자, 한 대형 합성세제 제조사의 직원이 일어나 이렇게 말했다. 그의 회사는 세제 속의 인산염을 대체할 수 있는 물질을 찾기 위해 매우 열심히 연구하고 있다고 했다. 내가 그 연구에 어떤 성과가 있었는지를 묻자 그는 자신 있게 "폴리나이트레이트polynitrate를 사용하면 됩니다"라고 말했다.

얼마 후 인산염을 대체할 질산염에 기반한 새로운 물질을 생산하기 위해 공장이 세워지기 시작했다는 소식을 들었다. 대체물은 NTA라는 물질이었는데, 얼마 지나지 않아 이 물질이 실험동물에게 기형을 유발한다는 이유로 사업은 중단되고 말았다. 이와 비슷한 사례로 난분해성 합성세제를 대체하는 과정에서 나타난 사건이 있었다. 난분해성 세제가 미생물에 의해 빨리 분해되지 않았던 이유는 가지 모양의 분자구조 때문이었다. 제조업자들은 문제의 해결 방안으로 가지가 없는 분자구조를 지닌 '생분해 가능한' 합성세제를 만들어냈다. 하지만 이번에는 새로운 분자에 붙어있는 벤젠기를 무시 했는데, 이 물질은 지표수에서 페놀이라는 독성물질로 전환되는 특성을 지녔던 것이다.

과학기술의 편협한 시각은 비료 기술에서도 드러났다. 비료 기술이 추구하는 단 하나의 목표는 생산량의 증가였다. 필요 이상의 질산염이 지표수의 환경오염 문제로 닥쳐오기 전까지는 이 물질이 생태계에 어떤 영향을 미칠 것인가에 대해서 아무도 관심을 가지지 않았다.

살충제 기술 또한 해충에만 집중한 나머지 해충을 자연적으로 조절해주는 생태계의 천적이나 사람들의 건강이나 다른 야생 동물에게 끼치는 영향에 대한 문제는 전혀 고려하지 않았다.

자동차 기술 역시 고출력이라는 목적 하나만을 가졌기에 고열의 내연기관에서 발생하는 연소물이 환경에 미치는 영향을 전혀 고려하지 않은 사례이다.

플라스틱은 엄청난 연구와 개발의 결과물이다. 플라스틱은 섬유,

병, 다양한 포장재 등 사용될 특별한 기능을 염두에 두고 제조되었다. 하지만 물건이 사용되어 쓸모가 없어진 이후에도 플라스틱은 오래도록 환경에 남아 영향을 미치게 될 것이라는 점에 대해 걱정하는 사람은 없었다.

아스완 댐[이집트 나일강 아스완에 위치한 대규모 다목적 댐이다]은 어떠한가? 대부분의 거대한 토건 사업이 그렇듯 이 댐은 전력을 생산하고 관개수로에 댈 물을 저장하는 목적만을 위해 건설되었다. 하지만 관개 수로를 통해 주혈흡충증schistosomiasis(오염된 물을 통해 퍼지는 주혈흡충과의 작은 기생성 편형동물로 인해 발생하는 질병)과 같은 심각한 질병이 널리 퍼질 수 있으리라는 점은 고려되지 않았다.

수은의 경우, 이 물질이 지닌 특별한 전기 및 화학적 특성으로 인해 다양한 화학 공정에 사용되었다. 하지만 수은 폐기물이 수중 생태계로 유입되어 최종적으로 어류에 축적된 것은 아무도 예기치 못한 결과다.

핵폭탄은 엄청난 폭발력을 얻기 위해 개발된 기술이었다. 하지만 오랜 시간이 지나 외부의 압력에 못 이겨 밝혀진 사실을 들여다보면, 핵폭탄은 단순한 폭발물로 그치는 것이 아니라 전 지구에 생태적 재앙을 불러올 수 있는 기술임을 깨닫게 된다.

한편, 이런 오염 문제들이 새로운 기술이 지닌 작은 결함일 뿐이라고 말할 수는 없다. 오히려 그 기술이 애초에 목적했던 바를 훌륭하게 수행했기 때문에 생긴 것이라고 보아야 한다. 현대적 하수처리 시설이 조류의 과도한 성장과 오염문제를 일으키게 된 원인은 그 시설이 제대로 작동하지 않았기 때문이 아니라, 원래의 설계 의도대로 제대로 작동했기 때문이다. 처리시설로부터 나오는 배출수에 엄청난 양의 영양염이 포함되었다는 것은 하수처리 기술이 성공적으로 작동한 결과이다. 고농도의 질소비료가 질산염 오염원이 되어 하천과 호수에 흘러들어간 것도, 그 비료가 성공적으로 토양의 영양 조건을 향상시키는데 성공했기 때문에 발생한 일이다. 고출력 가솔린 엔진이 스모그와 질소산화물 오염 문제를 발생시킨 것도 엔진 고출력 실현이라는 목적을 성공적으로 달성했기 때문에 일어난 일이다. 합성 살충제가 해충 뿐 아니라 새, 물고기, 그리고 이로운 곤충까지 모두 죽이게 된 것도 원래 목적대로 살충제 성분이 효과적으로 곤충에 흡수되어 죽이려는 목적을 달성했기 때문에 발생한 결과들이다. 플라스틱 쓰레기가 넘쳐나는 현실도 플라스틱 개발의 원래 목적이었던 분해되지 않는 물질을 성공적으로 만들었기 때문이었다.

여기서 그 자체만으로는 아무런 문제가 없어 보이지만 환경에 대한 영향을 따져보면 온통 실패로 가득한 과학기술의 현실을 만나게 된다. 사실상 새로운 과학기술은 실패한 것이 아니다. 원래의 목적을 훌륭하게 달성한 성공적인 결과물이다. 핵폭탄의 목적 자체, 즉 엄청난 폭발력을 지닌 무기의 개발이라는 목적은 아주 성공적으로 달성되었다. 수 천 개의 무덤과 우리 뼈 속에 남아 있는 방사성 물질의 존재가 이를 증명한다. 마찬가지로 하수처리장도 성공적이었다. 하수 속의 생물학적 산소 요구량 하나만은 확실히 성공적으로 줄였기 때문이다. 질소비료도 작물 생산력을 성공적으로 증가시켰으므로 그 목적을 제대로 달성했다고 볼 수 있다. 합성 살충제도, 합성세제도, 플라스틱도 모두 마찬가지다.

따라서 우리가 걱정해야 하는 것은 기술 자체의 결함이 아니라, 오히려 기술 개발의 성공으로 인해 발생하게 될 궁극적인 실패임이 분명해진다. 현대 과학기술이 생태적 재앙을 불러오게 되었는데, 그 이유가 과학기술 원래의 목적이 성공적으로 달성되었기 때문이라고 한다면, 근본적인 문제는 그 기술의 목적 자체에 있음을 말해주고 있다.

현대 과학기술이 이루고자 하는 목적은 어떻게 이토록 항상 생태적인 문제를 일으키는 것일까? 이 문제에 대해 갤브레이스는 과학기술이 생산력에 미치는 영향을 중심으로 다음과 같이 설명한다.[6]

> 과학기술은 실질적인 성과를 내기 위해 과학을 비롯한 다양한 지식의 체계적 적용을 의미한다. 경제적인 측면에서 이런 방식이 큰 변화를 일으킬 수 있었던 이유는 전체 생산 과정을 아주 작은 단위의 공정으로 나눌 수 있었기 때문이다. 지식 체계가 생산을 증가시킬 수 있는 방식 역시 이러한 변화를 통해서만 가능하다. 자동차 생산을 예로 들어 보자. 체계적인 지식의 적용이 가능한 영역은 전체 자동차 생산 과정도 아니며, 그보다 작은 자동차 바디나 섀시의 생산 공정 같은 단위도 아니다. 전체 생산 과정을 아주 세분화하여 하나의 공정이 하나의 과학기술이나 공학적 지식 체계와 맞물리기 시작할 때에야 비로소 체계적인 지식의 적용이 가능해진다. 주조학적 지식이 자동차 생산 과정 전체에 적용될 수는 없지만, 엔진 블록의 냉각 시스템 디자인에는 적용될 수 있다. 마찬가지로 기계공학적 지식이 유용한 영역 하나를 꼽으라면 크랭크샤프트의 가공 형성 기술 정도로 국한될 것이다. 화학적 지식 역시 최종 도장 작업 정도의 영역에서 적용 가능하다 할 것이다. (……) 거의 모든 과학기술이 현대 산업 시설과 접목되는 부분은 바로 이런 공정의 세분화와 관련이 있다고 보인다.

과학기술이 생태적 실패를 가져오는 이유는 이제 분명해졌다. 자동차와는 달리, 생태계는 하나하나의 부속품으로 나누어 생각할 수 없다. 왜냐하면 생태계의 특성은 그 작은 부분들이 서로 맺고 있는 관계에 의해 결정되며, 또 생태계 전체를 고려해야만 파악할 수 있기 때문이다. 따라서 전체의 한 부분만을 고려하는 편협한 시각에 바탕한 접근 방식은 실패할 수밖에 없다. 갤브레이스가 설명했듯이, 과학기술이 자동차의 생산에 적용되는 방식, 즉 전체 공정을 아주 세부적인 공정으로 나누어 나가는 방식이야말로 과학기술이 환경에 막대한 피해를 입히게 된 주요 원인이다. 과학기술은 고출력의 자동차 엔진이나 비료, 원자폭탄 등을 성공적으로 만들었다. 하지만 앞서 이야기 했듯이, 지금과 같은 과학기술의 시각으로는 고출력의 자동차 엔진과 비료, 그리고 원자폭탄이 전체 생태계에 미치는 영향을 파악하는 것은 불가능하다. 따라서 위의 기술들이 스모그나 수질 오염, 그리고 전 지구적 방사성 낙진이라는 생태적 문제를 일으키게 된 것은 필연적이었다. 갤브레이스가 정의한 그대로, 생태 재앙은 현대 과학기술의 필연적인 결과였다.

이뿐 아니라 '과학기술에 의해 발생한 모든 문제에는 반드시 해결방법이 존재한다'는 신념의 존재야말로, 기술의 시대라 불리는 현재 우리가 자연을 대상으로 벌이는 일들이 가져올 결과를 알기도 전에 어떻게 이렇게 맹목적이고도 무지막지한 일을 벌일 수 있었는지를 설명해준다. 우리는 과학기술자를 현대적인 의미의 마법사로 생각해 온 듯하다. 하지만 실상 그 마법사는 마법사 조수만도 못한 그런 존재였다.

과학 지식이 제대로 활용된다면 자연에 해를 미치지 않게 할 수도 있다. 이것이 가능하기 위해서는 과학기술의 적용 대상이 전체 생태계에 맞춰져야 하며, 다루기 용이한 부분만으로 국한되어서는 안된다. 하수의 예를 다시 한번 들어보자. 생태적으로 건강한 과학기술이 적용된다면, 문제의 정의 단계에서부터 하수에 포함된 유기물을 '처리'하는 자연적인 프로세스 전체를 고려해야 할 것이다. 이는 당연히 토양 생태계를 지칭하는 것으로, 유기물 분해로 발생한 영양물질을 자연적인 영양염의 순환 고리로 되돌아가게 하는 것이다. 많은 사람들이 흙에서 멀리 떨어진 도시에 산다는 현실을 고려한다면, 생태적으로 적절한 기술은 도시 하수의 유기물을 토양으로 돌려보낼 수 있어야 한다.

하수의 유기물이 지표수로 유입되는 대신, 위생을 위한 적절한 처리를 거쳐 파이프를 타고 주변 농경지 토양으로 들어가게 된다면 어떨까? 이 파이프는 도시 인구를 토양의 생태 순환 고리 안으로 끌어들이는 역할을 할 것이다. 이런 시스템은 영양염의 순환이라는 순환 고리를 복원시킬 수 있을 뿐 아니라, 무기질소비료에 대한 의존도도 없애므로 화학 비료가 수중 생태계에 미치는 악영향도 줄일 수 있을 것이다. 도시 인구가 토양의 생태 순환 고리로 들어오면서 도시 인구가 토양이나 수중 생태계에 미치는 부정적인 영향을 없앨 수 있을 것이다. 그렇다고 이런 환경 영향 전무全無의 조건이 반드시 원시적인 생활방식으로 돌아가야만 가능한 것은 아니다. 흙으로 돌아가는 것은 사람이 아니라 하수 속의 유기물일 뿐이다. 이 부분이 새로운 과학기술의 발전이 요구되는 지점으로, 하수 유기물을 수송할 수 있는 파이프 시스템의 건설을 맡아야 하는 것이다.

생태계의 생존을 위해 과학기술이 반드시 폐기되어야 하는 대상인 것은 아니다. 오히려 과학적 분석을 통해 자연계에 적절히 적용할 수 있는 과학기술을 개발하는 것이 필요하다.

이는 현대 과학기술이 생태계를 파괴하는 이유가 과학지식 체계의 근간에 문제가 있기 때문임을 의미한다. 갤브레이스를 한 번 더 인용하자면, 과학기술의 성격이 편협한 시각을 가지게 된 이유는 과학기술이 적용되어야 하는 '대상 자체에 대한 인식이 편협하기 때문이다'. 따라서 과학기술 자체의 오류로 보이는 것들의 본질은 사실 그 기술이 기반하고 있는 과학적 지식의 편협한 시각에 있다.

나는 현대 과학기술이 생태계를 파괴하게 된 근본적 원인은 과학적 지식이 자연세계를 이해하는 방식이 잘못되었기 때문이라고 본다. 그 오류는 다름 아닌 환원주의reductionism에 있는데, 환원주의적 시각은 복잡한 시스템을 효과적으로 이해하기 위해 전체를 작은 부분으로 나누어야 한다는 생각에 기반한다. 이와 같은 사고방식은 현대 과학적 연구의 매우 중요한 특성이지만, 끊임없이 파괴되고 있는 거대하고 복잡한 자연계를 이해하는 데에는 그다지 도움이 되지 않는다. 한 예로, 수질오염은 전체 수중 생태계와 그 안에 서식하는 많은 종류의 생물체에 영향을 미치는 문제이다. 따라서 실험실에서 어떤 특정한 한 가지 생물종만을 순수하게 배양하여 수행하는 연구로는 이렇게 복잡한 전체 자연 시스템에서 일어나는 일들을 제대로 이해할 수 없다. 이와 대비되는 접근 방식은 바로 전일주의holism이며,[7] 이는 록펠러 대학의 르네 듀보René Dubos에 의해 적극적으로 주장된 바 있다. 르네 듀보는 인간과 자연간의 상호 의존성에 대해 많은 연구를 수행한 학자이다.

환원론적 접근 방식은 위기에 처해 있는 자연계의 생물 시스템에 특히 해로운 영향을 주어왔다. 미국에서 생물학분야는 많은 지원을 받아 크게 발전해왔다. 생물학의 발전에 따라 새로운 지식이 많이 축적되었고, 과학자들도 많이 배출되었다. 하지만 현대 생물학의 지배적인 사고방식은 특정한 생물학적 프로세스의 '메커니즘'을 규명하는 가장 효과적인 방법이 그에 연관된 분자 수준에서의 현상을 이해하는 데 있다고 본다. 하지만 토양 생태계의 복잡함이나 하천 생태계의 질소 순환 고리가 가진 미묘하고도 섬세한 균형과 같은 것은 단순화된 분자 수준에서의 메커니즘으로 환원시켜 이해하기 어려운 대상이다. 따라서 환원주의적 입장에서는 이 같은 주제가 그다지 흥미로울 것이 없는 고대의 유물 정도로 치부된다. 분자생물학이 대두됨에 따라 하수에서 일어나는 생물학적 현상은 재미도 없을 뿐더러 주목받지도 못하는 연구 대상이 되었고, '현대' 생물학자의 관심을 끌기에는 역부족인 분야로 전락한 것이다.

이는 현재 미국의 환경 과학이 처해 있는 기이하면서도 역설적인 상황을 설명해준다. 제2차 세계대전 이후 생물학적 연구는 전례 없는 성장을 이룩했다. 그럼에도 불구하고 같은 시기에 우리 주변의 생물 환경에서 발생하기 시작한 중대한 변화에 대한 우리의 이해 정도는 너무나도 형편없는 수준에 머물고 있다. 예를 들어 토양이나 물이나 대기 중의 납, 수은, 카드뮴 같은 중금속 오염 물질의 농도가 어떻게 변해 왔는지에 대한 역사적 자료는 전무한 실정이고, 스모그와 같은 도시 대기오염 물질에 대한 측정도 아주 최근에야 제한적으로 시작되었을 뿐이다. 이렇게 기초 데이터가 없는 상황에서 현재의 오염 수준을 제대로 해석하는 것은 어려운 일이다. 내가 정부 연구 기관의 연구원에게 이 문제에 대해 질문한 적이 있다. 그의 솔직한 대답은 다음과 같았다. 환경오염 물질을 측정하고자 하는 연구 신청서는 '시시한 연구'라는 이유로 거의 탈락했다는 것이다. 분자생물학 이론으로 한정되는 '근본적인' 생물학적 지식의 발전에 이와 같은 데이터가 기여할 여지는 없다는 판단이었을 것이다. 그들은 다만 시험관에서 나온 데이터만이 의미 있다고 여겼을 뿐이다. 다행스럽게도 지난 몇 년간 환경문제에 대한 직접적인 대응의 일환으로 미국과학재단National Science Foundation은 "국가 필요에 따른 응용 연구"Research Applied to National Needs라는 프로그램을 통해 완전히 새로운 형태의 연구 활동을 지원하는 데 앞장서게 되었다. 이 프로그램의 목적은 '국가적 필요'에 부응하는 새로운 연구 활동을 지원하는 것인데, 이는 바로 예전의 연구 프로그램이 이러한 요구를 충족시키지 못했다는 안타까운 현실을 보여준다.

환원주의가 생물학적 연구에만 국한된 것은 아니었다. 환원주의는 사실상 현대 과학계를 지배했던 주류적 사조였다고 볼 수 있다. 이 현실은 사회학자를 심리학자로 바꾸었고, 심리학자는 생리학자로, 생리학자는 세포생물학자로, 세포생물학자는 화학자로, 화학자는 물리학자로, 그리고 물리학자는 수학자로 바꾸어버리는 결과를 낳았다. 환원주의는 다양한 과학적 연구 분야를 분리시키려고 하고, 특히 과학을 현실 세계로부터 떼어놓는 경향을 가지고 있다. 이 두 가지 경향을 생각해 보면 과학의 여러 분야가 자연 세계라는 실질적인 대상으로부터 점점 멀어지고 있는 것이 아닌가 싶다. 생물학자들은 본래의 연구 대상이었던 자연의 살아 있는 생명체를 연구하는 대신 세포나 심지어 분자 수준의 현상을 연구하게 되었다. 이러한 접근 방식의 결과로 나타나는 현상 중 하나는 극도로 단순화된 공통분모 없이는 다양한 과학 분야 사이의 소통이 어려워졌다는 것이다. 다시 말해 분자 수준에서 발생하는 현상을 연구 대상으로 하지 않는 한 생물학자와 화학자가 서로 소통할 기회는 사라지고 말았고, 그 결과 과학 연구는 현실 세계와 동떨어진 대상을 다루게 되었다. 이처럼 기초과학 분야 간의 소통이 사라지면서 환경문제를 제대로 이해하는 일은 매우 어려워지게 되었다. 한 예로, 가지 구조를 이루고 있는 합성세제를 개발한 화학자가 생화학자와 활발하게 연구 결과를 공유할 수 있었다면, 합성세제로 말미암아 발생한 환경문제를 사전에 막을 수 있었을지도 모른다. 생화학자는 분자 구조 특성상 합성세제가 자연계에 존재하는 효소에 의해 분해되지 않을 것이며, 결과적으로 환경문제를 일으킬 것이라는 것을 미리 알려줄 수 있었을 것이다.

뿐만 아니라 환원주의는 인간 삶의 조건에 대한 문제로부터 과학을 분리해 놓는 역할도 수행했다. 환경오염은 대개 매우 복잡한 시스템 속에서 발생한다. 인간의 삶 역시 단 한 하나의 과학 분야로만 설명할 수 있는 것이 아니다. 우리 삶에 영향을 미치는 현실 문제들은 물리화학, 핵물리학 혹은 분자생물학 등으로 깔끔하게 정리된 대학 교과목에 끼워 맞춰지지 않는다.

도시에서 발생하는 심각한 환경문제를 제대로 이해하기 위해서는 다양한 분야의 지식 체계가 필요하다. 경제학, 건축학, 도시 계획학적 원리뿐 아니라, 대기의 물리화학적 특성과 수중 생태계의 생물학적 특성, 심지어는 쥐나 바퀴벌레 같은 해로운 생물의 생태까지도 이해해야만 가능한 것이다. 다시 말해, 인간 삶의 조건과 관련이 있는 모든 과학과 기술적 지식을 이해하는 것이 필요하다.

하지만 대부분의 과학 분야가 지닌 전통은 이러한 필요와 동떨어져 있음을 보여준다. 과학자들은 자신의 전문 분야가 가진 지적 독립성에 대해 대단한 자부심을 가지고 있을 뿐 아니라, 이러한 독립성이 진실을 추구하는 데 필수적인 요소라는 사실을 잘 인식하고 있다. 하지만 과학자들은 지적 독립성을 확보하기 위해서는 자신의 분야와 직접 관련되지 않은 모든 문제를 완전히 배제해야만 한다고 생각하는 경우가 많다. 이러한 생각은 현실 사회가 긴급하게 필요로 하는 문제를 과학자들이 외면하게 하는 결과를 낳기도 했다. 그 결과 과학이 종종 현실 문제로부터 너무나 동떨어지게 되거나, 현실 문제를 제대로 이해하지 못하는 경우가 보이고 있다.

요약하자면, 환경 위기의 근원은 다음과 같이 설명할 수 있다. 대부분의 환경 파괴는 새로운 산업 및 농업 생산 기술에 의해 발생한다. 이 새로운 기술은 생태적으로 문제가 있는 기술인데, 그 이유는 전체 시스템을 고려하지 않고 지나치게 단순화된 단편적인 문제를 다루기 때문이다. 생태계의 복잡한 그물망 속에서 새로운 기술이 만들어낼 피할 수 없는 '부작용'을 미처 고려하지 못하는 것이다. 사실 과학기술이 보이는 이런 편협한 시각은 과학적 지식 체계가 가진 근본적인 한계일지도 모른다. 과학은 제아무리 복잡한 시스템이라도 작은 조각으로 나누어야만 제대로 이해할 수 있다는 철학에 따라 많은 세부 분야로 분리되어 왔기 때문이다. 이런 환원론적 편향에 의해 과학은 환경문제와 같이 우리 삶에 직접 영향을 미치는 문제로부터 멀어지게 되었다.

과학이 현실적인 문제로부터 분리됨으로써 나타나는 불행한 결과는 이 뿐만이 아니다. 많은 사람들이 현실과 동떨어진 문제만 다루는 과학에 대해 흥미를 잃어가게 되었다. 과학과 시민이 분리됨에 따라 사람들이 환경문제를 과학적으로 이해하는 데에 한계가 생기고 말았다. 하지만 환경문제의 해결을 위해서는 시민이 문제를 과학적으로 이해하는 것이 필수적이다. 환경문제는 과학적 데이터에만 기반한 공학적 접근으로 해결할 수 있는 것이 아니기 때문이다. 과학기술이 가져올 수 있는 이익과 환경 피해에 대해 시민들이 정확한 평가를 내릴 수 있어야만 환경문제의 해결이 가능해진다.

따라서 시민들은 현대 과학기술에 대해 매우 중요한 질문을 던져야만 한다. 과연 그 기술은 그만한 가치가 있는 것인가? 이 질문이 경제적 이익이나 손해와 같이 직접적인 평가 기준에 의한 것이든, 사회복지와 같이 좀 더 추상적인 개념에 기반한 것이든 간에, 이러한 질문을 하는 것 자체가 매우 중요하다. 모든 종류의 인간 활동은 그 지속가능성 여부를 결정하기 위해 이 간단한 테스트를 반드시 거쳐야만 한다. 과연 기술은 그만한 가치가 있는 것인가?

대부분의 환경문제에 관한 한 이 질문에 대한 대답은 이미 나와 있는 듯하다. 전력 회사들이 화석연료로 가동되는 발전소보다 원자력발전소를 건설하려 하는 것이나, 농부들이 새로운 살충제나 비료를 빠르게 받아들여 사용하는 현상을 보면, 새로운 기술이 가져오는 이익이 그에 수반되는 비용에 비해 훨씬 더 크다고 인식하고 있음을 보여준다. 하지만 그 와중에 환경 재앙이 우리에게 알려주는 것은 무엇일까? 그 계산이 아직 완전하게 끝나지 않았다는 것이다. 특히 매우 중요한 몇 가지 비용 항목이 아직 제대로 평가되지 않은 것이다.

도시 지역에서 석탄 발전소 가동에 들어가는 진정한 비용이 얼마나 되는지 생각해 보자. 발전소 건설에 필요한 초기 자본이나 관리 및 운영비용, 그리고 세금과 같은 비용은 잘 알려져 있다. 하지만 우리가 최근에 발견한 것은 위와는 다른 형태의 비용이 존재한다는 것이다. 그 새로운 비용의 화폐 가치가 얼마나 되는지에 대한 논의는 이제 겨우 시작되었을 뿐이다.

석탄 발전소가 만들어 내는 것은 전력만이 아니다. 석탄 발전소는 우리가 원하지 않는 여러 가지 다른 물질도 만들어낸다. 연기와 검댕, 황산화물, 질소산화물, 그리고 이산화탄소와 같은 다양한 물질과 폐열이 생산된다. 이런 것들은 피해 요소이며 누군가에게 혹은 무엇에겐가 피해를 입히게 된다. 연기와 검댕은 세탁이나 청소비용을 증가시키고, 황산화물은 건물 관리비를 증가시킨다. 발전소에서 나오는 유기화합물질은 폐암 발생률을 높이기에 돈뿐 아니라 인간 고통이라는 비용을 유발시킨다.

이러한 비용의 일부는 화폐 가치로 환산될 수 있다. 미국 공중위생총국에 의하면, 대기오염에 의한 연간 피해 비용은 1인당 60달러에 이른다고 한다.[8] 도시 대기오염비용의 절반 정도는 화석 연료를 사용한 전력 생산으로부터 비롯되며, 1인당 연간 20달러 정도의 수준이다. 이것이 의미하는 것은 무엇인가? 연간 전기 비용을 제대로 계산하려면 4인 기준으로 도시에 거주하는 한 가구당 전력비용에 80달러 정도를 추가해야만 한다는 것이다.

이 계산 결과가 의미하는 것은 분명하다. 대기오염과 같이 전력 생산에서 발생하는 숨겨진 비용은 사회적 비용이다. 따라서 이 비용을 지불하는 것은 생산자가 아니라 일반 시민인 것이다. 현대 과학기술이 제공하는 편익에 수반되는 비용을 제대로 알고자 한다면, 우리는 그 편익으로 말미암아 발생하는 모든 숨겨진 사회적 비용을 찾아내어 평가해야만 한다.

이처럼 환경과 관련된 모든 정책 결정은 그 편익과 비용 간의 균형과 관련이 있다. 원자력 이용에 의한 인간의 방사능 노출 허용기준에 대해 미국의 공식적 정책은 다음과 같다.[9]

> 방사능 노출 허용 기준의 설정은 통제된 환경에서 방사능 에너지를 활용함에 따라 발생하는 편익과, 이로 인해 발생할 수 있는 방사능 노출이라는 위험성 간의 균형에 의해 결정된다. 이 원칙은 연방방사선심의회Federal Radiation Council의 결정에 기반한 것인데, 어떤 형태이든 방사능에 대한 노출은 일정 정도의 위험을 수반하

> 며, 그 위험도는 노출의 정도와 비례하여 나타난다는 사실에 바탕하고 있다. (……) 따라서 방사능 이용에 의한 편익은 이러한 방사선 노출에 의한 잠재적 위험보다 반드시 커야만 하며, 이는 적절한 전문가 그룹의 결정에 의해 평가되어야만 한다.

이에 기반하여 정부는 일반 시민이 받아들일 수 있는 일정 수준의 방사능 노출 허용기준—예를 들자면 갑상선에 10라드rad의 피폭 수준—을 설정하게 되는 것이다. 하지만 아무리 적은 양이라도 방사능 노출은 건강에 좋지 않은 영향을 끼치므로, 갑상선에 대한 10라드의 노출 또한 어느 정도 수준의 위험을 수반한다고 봐야 한다. 한 연구는 이 정도의 노출이 전국의 갑상선암을 열 배 증가시킬 것이라 예측한 반면, 다른 한 연구는 그 증가율이 50퍼센트에 그칠 것이라고 예상한다. 어느 경우이든 간에, 우리 사회가 원자력 발전의 비용으로써 갑상선에 대한 10라드의 방사능 노출이 발생한다는 현실을 받아들인다는 것은 그 피폭의 결과로 누군가의 건강이 피해를 입게 될 것이라는 사실을 우리 사회 전체가 감내해야 한다고 판단했음을 의미한다.[10]

다른 환경 이슈에도 비슷한 논리를 적용할 수 있다. 어떤 환경오염 문제든 이를 줄이기 위한 노력은 그 오염을 만들어내는 생산 활동이 창출하는 이익과 충돌할 것이다. 더 엄격한 방사능 허용 기준을 적용하면 원자력 발전과 피폭에 의한 건강 문제를 완화시킬 수 있겠지만 그만큼 전력 생산에 들어가는 비용이 높아질 것이고, 결국 원자력 발전 산업은 화석연료를 사용하는 발전 산업과의 경쟁에서 불리한 처지에 놓이게 될 것이다. 더 나아가 국가적으로 전폭적인 지원을 받는 원자력 과학기술 프로그램의 경쟁력을 약화시키고 심각한 정치적 갈등을 발생시킬 수도 있다. 축사로부터 발생하는 분뇨의 질산염 문제를 해결하기 위해 이를 토양으로 돌려보내는 정책도 이와 비슷한 사례일 것이다. 이는 축산업의 경제성을 떨어뜨리는 결과를 낳을 수 있다.

화학 질소비료의 과도한 사용으로 인해 지표수로 흘러들어가는 질산염이 일으키는 문제를 해결하는 방법으로 유기비료만을 사용한다면? 화학 비료의 가격이 훨씬 저렴하기 때문에, 이런 변화는 농산물의 가격을 인상시킬 것이다. 도시 환경오염 문제도 역시 다양한 편익과 비용에 대한 우리의 가치 판단을 요구한다. 스모그를 예로 들어보자. 스모그를 감소시키기 위해서는 도시 승용차 통행의 감소가 필수적이며, 따라서 전기를 활용한 대중교통 수단이나 다른 새로운 형태의 동력을 사용하는 자동차의 도입이 반드시 필요하다. 하지만 이런 정책을 수행한다면 이미 충분히 어려움에 처해 있는 시의 재정 부담을 더욱 가중시키는 문제를 발생시킬 수 있다. 그뿐만 아니라 미국 경제의 중요한 부분을 차지하는 자동차 산업의 발전을 저해하는 결과를 가져올 것이다. 이와 유사한 사례가 바로 1970년 아칸소 주의 파인블러프Pine Bluff라는 도시에서 일어났다. 그곳에 있던 생물학적 무기 저장고의 폐쇄 결정이 내려지자 지역경제연합회가 조직적으로 반대 시위를 벌인 사건이 발생했다. 그 단체는 200개의 일자리라는 대가로 생물학적 무기 저장고가 지닌 잠재적인 환경 위험을 감수할 용의가 있음을 보여주었다. 심지어 그 저장고는 존재 자체가 분명하지도 않은 적의 생물학적 침략 행위를 저지하기 위한 것이었음에도 말이다.[11]

여기서 중요한 질문을 하나 던져보자. 도대체 현대 과학기술에 관련된 모든 생태적, 사회적 비용과 편익을 균형 있게 평가해줄 지혜로운 솔로몬의 역할은 누가 수행할 수 있단 말인가? 원자력발전소로부터 발생할 경제적 이익을 바라보는 기업과 자녀의 건강을 걱정하는 어머니 사이에서 균형을 찾아줄 사람이 과연 존재할 수 있을까?

원자력, 방사능, 질산염, 스모그, 생물학적 무기와 같이 환경문제를 유발하는 과학기술의 결과에 대한 정책 결정을 내리기 위해 전문가의 도움을 받는 것이 적절해 보이기도 한다. 과학자들은 특정한 기술이 가져다 줄 편익을 평가할 능력을 가지고 있다. 예를 들자면 그들은 원자력 발전소의 전력 생산 비용이나, 질소비료 사용량과 옥수수 생산량 간의 관계를 알아낼 수 있다. 그들은 또한 특정한 기술이 가져올 수 있는 위험성에 대해서도 평가할 수 있다. 원자력 발전소 주변의 시민들이 받게 될 방사선 피폭량이나, 비료의 과도한 사용으로 인해 식수로 유입된 질산염이 유아에게 끼칠 피해 같은 것을 예측할 수 있을 것이다. 이러한 평가는 적절한 과학 이론과 데이터를 사용하여 내릴 수 있다.

그러나 원자력 전력 생산의 편익과 갑상선암 발병률이라는 위험성이나, 옥수수 수확량과 어린 아기에게 발생하는 청색증 중 어떤 것이 더 중요한 것인지를 결정해 줄 수 있는 과학 분야는 존재하지 않는다. 왜냐하면 이것은 가치 판단의 영역이기 때문이다. 이러한 판단은 과학적 원리에 의해 결정되는 것이 아니라, 경제적 이득과 인간 생명을 바라보는 우리의 가치체계에 의해 결정된다. 또한 대중교통 수단이나 생물학적 무기의 개발에 얼마나 투자할 것인지에 대한 판단도 한 사회의 가치체계에 의해 결정된다. 이것은 한 사회가 가진 윤리적, 사회적, 정치적 결정의 문제이다. 민주주의 사회에서는 이러한 결정이 '전문가'의 생각에 의해 결정되는 것이 아니라 시민들과 그들이 선출한 대표자에 의해 결정된다.

환경 위기는 우리 생존을 보장해주는 자연환경에 대해 제대로 이해하지 못한 채 자행한 무자비한 공격의 결과로 나타났다. 이 위기는 그동안 우리가 지불하지 않았던 숨겨진 비용에 의해 발생한 것으로, 우리를 재앙으로 몰아가고 있다. 이 문제를 해결하기 위해서는 공개적인 사회적 합의를 통해 숨겨진 비용을 명확하게 찾아내어 과학기술의 편익과 비교해야 한다. 물론 쉽지는 않을 것이다. 왜냐하면 시민들이 이에 필요한 과학적 데이터에 접근하기가 어렵기 때문이다. 이러한 정보는 대개 정부와 기업의 보호 아래 숨겨져 있다. 따라서 이러한 정보를 찾아내고 시민에게 널리 알리는 일이야말로 과학자들의 중요한 의무라고 생각한다. 시민들의 올바른 판단을 위해서는 관련된 과학적 사실의 이해가 필요하다. 시민들에게 환경 위기의 현실에 대해 알려주는 일이야말로 과학적 지식을 책임지고 있는 과학자들이 수행해야 할 의무이다.

시민과 과학자 사이의 이와 같은 파트너십이야말로 최근 미국에서 환경문제가 빠르게 관심을 불러일으키고 있는 이유를 설명해준다. 다음의 몇 가지 예를 살펴보자.

첫째, 1963년의 부분핵실험금지조약The Limited Nuclear Test Ban Treaty은 미국 외교정책의 중요한 전환점으로서, 아마도 미국 시민과 과학자들 간의 파트너십이 이룬 위대한 생태적 승리의 기원을 연 사건일 것이다. 히로시마 원자폭탄 투하 이후 10년 가까이 미국과 소련과 영국은 핵무기의 개발과 실험에 매진했으나, 미국 시민은 이 과정에서 발생하는 환경영향에 대한 정보로부터 철저히 배제되었다. 누구도 핵실험이 일어날 때마다 스트론튬90을 비롯한 막대한 양의 갖가지 방사능 물질이 생성된다는 사실을 알지 못했다. 그뿐만 아니라 스트론튬90이 먹이사슬을 통해 어린이들의 뼛속에 축적되며, 적은 양의 방사능 노출이라도 암을 비롯하여 다양한 피해를 유발할 수 있다는 사실 또한 숨겨져왔다. 이러한 사실은 철저한 보안 속에 시민들에게 전혀 알려지지 않았다. 미국 시민들은 핵실험에 의해 발생하는 생물학적 비용을 부담할 용의가 있는지에 대한 동의를 한 적이 없음에도 그 부담을 고스란히 떠안아왔다.

1953년부터 과학자들이 독자적으로 정부가 숨겨왔던 방사능 낙진에 대한 데이터의 공개를 요구하기 시작했다. 1956년에 이르러 원자력 무기개발과 관련하여 그때까지 어떤 일이 일어났는지에 대해 상당한 수준으로 이해할 수 있을 만한 데이터가 과학자들에 의해 확보되었다. 당시에 라이너스 폴링Linus Pauling을 중심으로 일단의 과학자들—처음에는 미국 과학자들만 참가했으나 이후 전 세계 과학자들이 참가하게 되었다—은 핵실험을 중지하고 방사능 낙진의 확산을 멈추도록 해달라는 청원을 내기 시작했다. 이들의 요구는 즉각적인 변화를 불러일으키지는 못했지만, 많은 시민들이 핵문제라는 위기상황을 이해하기 시작하게 한 계기가 되었다.

이렇게 시작된 것이 바로 미국의 과학자 정보 공유 운동이다. 3장에서 언급한 적 있는 이러한 노력은 공공정보를 위한 과학자위원회 Scientists' Institute for Public Information의 지도 아래 과학자들이 독자적으로 지역위원회를 형성하고 시민들에게 방사능 낙진에 대한 기초적인 과학적 사실을 가르쳐주면서 시작되었다. 이 캠페인은 정치권에서 간과되고 있던 아주 중요한 역할을 복구했다. 검열을 거치지 않은 기본 정보가 비로소 시민에게 공개된 것이다.[12]

이로 인해 나타난 결과는 상당히 자세하게 기록되어 있다. 예전에는 이런 문제에 관심을 두지 않던 상원의원들이 부분핵실험금지조약을 지지하는 움직임을 보이기 시작했다. 이 변화는 자녀들이 스트론튬90에 오염된 우유를 마시는 것을 알게 된 부모들이 열성적으로 보낸 편지에 힘입은 바 크다. 상원의원들은 자신의 선거구민이 분개하고 있다는 사실보다는(이런 현상에는 이미 익숙해 있는 터였다), 시민들이 스트론튬90의 철자법을 제대로 알고 있었다는 사실에 더욱 놀랐을 것이다! 아마도 한 명의 분노하는 유권자가 아니라 이제는 지식으로 무장한 의식 있는 유권자들이 행동했다는 점에서 상원의원들이 반응한 것으로 보인다. 물론 이 조약을 통과시키고자 하는 정치적인 의도가 있었다는 것도 사실이긴 하지만, 이러한 시민들의 압력이 성공할 수 있었던 이유는 사실에 기반한 주장이었기 때문이라고 나는 확신한다.

부분핵실험금지조약이 현실화되자 일부 사람들은 대부분의 과학자들이 낙진 문제에 더 이상 관심을 가지지 않을 것이라고 예상했다. 하지만 과학자들은 방사능 낙진은 현대 과학기술에 의해 광범위하게 발생하는 환경파괴의 현실이라는 거대한 문제의 일부일 뿐이며, 따라서 시민교육이 절실하다는 것을 깨달았다. 세인트루이스 원자력정보위원회가 명칭에 들어있는 '원자력'이라는 단어를 '환경'으로 대체하게 된 것도 바로 이 시점이었으며, 그들이 출간하던 정보지의 이름도 '환경Environment'[1957년 창간된 이 잡지는 현재에도 과학과 지속가능한 발전을 위한 과학과 정책과 관련된 논문을 출판하는 SCIE급 과학저널로 발간되고 있다]으로 바뀌었다.

둘째, 보다 최근에 일어난 사례로는 신경가스의 폐기를 둘러싸고 미국 국방부와의 싸움에서 시민들이 거둔 승리를 들 수 있다. 오랜 시간동안 치명적인 신경가스 저장고가 덴버공항 주변의 항공로를 따라 배치되어 있었다. 이 심각한 상황은 콜로라도 환경정보 위원회에 소속된 과학자들이 지적하기 전까지는 전혀 알려지지 않았던 사실이었는데, 과학자들은 만에 하나 비행기가 신경가스 저장고 위로 추락할 경우 덴버 시민 대부분을 죽음으로 몰아넣을 수 있는 재앙이 발생할 수 있다고 발표했다. 그 뿐 아니라 '환경'지에 발표된 논문에 따르면 이 신경가스가 유타 주에서 6,000마리의 양을 죽인 사례가 있으며(미 육군은 이 사실을 오랫동안 부인해왔다), 그 결과 시민들의 분노에 의해 신경가스 시설을 철거한 전례가 있었다는 것이다. 미 육군은 전문가들의 자문에 따라 이 가스를 대서양에 내다버리기 위해 철도로 수송하기 시작했다. 그러자 세인트루이스 환경정보위원회The St. Louis Committee for Environmental Information는 이 수송 작업이 불러올 수 있는 위험에 대해 지적하고 대신 독성물질을 현장에서 비활성화 시킬 수 있음을 알렸다. 미 육군의 방침은 또다시 변경되었다. 흥미롭게도 이 독성물질을 무력화시키는 방법을 허가한 바로 사람들이 바로 애초에 수송 방법이 문제가 없다고 했던 정부 소속의 전문가들이었다는 사실이다. 그들은 자신의 실수를 인정하고 정부의 정책을 바꾸긴 했지만, 이것이 가능했던 이유는 과학자들이 사실을 밝혀내고 시민들의 관심을 불러일으킬 수 있었기 때문이었다.

셋째, 미국 정부는 지난 수년간 수십 억 달러에 달하는 많은 돈과 귀중한 연구 인력을 사용하여 생물학적 무기를 개발하고 생산해왔다. 하지만 이 무기들이 불러올 수 있는 제어 불가능한 위험에 대한 몇 가지 중요한 사실이 과학자들의 독자적인 노력에 의해 시민들에게 알려진 다음인 얼마 전에야 이 프로그램은 폐기되었다. 그 주역은 하버드대학교의 매슈 메셀슨Matthew Meselson, 몬태나대학의 파이퍼E. G. Pfeiffer, 예일대학의 아서 갤스턴Arthur Galston그리고 아인슈타인메디컬칼리지의 빅터 사이델Victor Sidel을 비롯한 몇몇의 과학자들이었다.

넷째, 최근 DDT의 사용을 중지하기로 한 정부의 결정은 어떻게 이루어졌을까? 당연히 산업계에 소속된 전문가들의 조언에 의해 이루어진 것은 절대로 아니다. 그들은 많은 정부기관 자문가들과 더불어 그동안 살충제의 장점에 대해서만 이야기해왔을 뿐이다. DDT 사용 중단을 가능하게 한 것은 바로 레이첼 카슨Rachel Carson이었다. 그녀는 DDT가 가져올 수 있는 생태적 영향을 밝혀내고, 침착하고 용기 있게 이를 시민들에게 설명해주었다. 그녀의 뒤를 따라 다른 과학자들도 마침내 말하기 시작했다. 그리고 시민들은 사실에 근거하여 변화를 요구했다. 마침내 변화가 일어나긴 했지만, 불행히도 너무 늦은 감이 있다. 게다가 완전한 사용 금지가 이루어진 것도 아니었다. DDT의 미국 내수시장이 사라지자, 생산업체들은 이 위험한 물질을 수출하기 시작한 것이다.

다섯째, 초음속 여객기 계획이 무산된 사건 또한 미국 환경정책에 있어 중요한 전환점을 이루는데, 이는 이 계획을 성공시키려 했던 닉슨 정권과 항공 산업과 많은 노조 단체들의 광범위하고 끈질긴 노력에도 불구하고 일어났다. 1969년 위스콘신 상원의원인 게이로 닐슨Gaylord Nelson은 초음속 여객기 법안에 대한 투표에서 불과 19표의 반대표만을 끌어낼 수 있었다. 하지만 1970년에 반대표는 52표로 늘어났고, 이 법안은 끝내 상원을 통과하지 못했다. 무슨 일이 일어났던 것일까? 시민들이 초음속 여객기가 일으킬 수 있는 환경 영향, 즉 음속 폭음sonic boom[초음속을 넘는 순간 생기는 공기 압력 교란과 그로 인해 발생하는 큰소리]과 음속 폭음이 일어나는 순간 자외선을 막아 주는 오존층이 파괴될 수 있는 가능성, 초음속 여객기 사업의 경제성이 없다는 사실을 알게 된 것이다. 상원의원들은 이러한 시민의 목소리를 무시할 수 없었다. 한 상원의원은 왜 찬성 입장에서 반대 입장으로 바꾸었냐는 질문에 이렇게 대답했다. "저는 제 유권자들이 보낸 편지를 읽습니다."

여섯째, 마지막으로 우리가 찬사를 보내야 할 사람은 노발드 핌레이트Norvald Fimreite이다.[13] 그는 웨스턴온타리오대학 동물학과 대학원생인데, 내 생각엔 아마도 혼자의 힘으로, 가장 빨리, 또 가장 광범위한 규모로 환경 운동을 일으킨 세계기록 보유자일 것이다. 1970년 3월 19일 그는 캐나다 수산산림청Canadian Department of Fisheries and Foresty에 편지를 썼다. 그 내용은 이리호로 흘러가는 지천에서 잡은 강꼬치고기pickerel에서 7.09ppm(이는 허용 기준치의 서른다섯배에 해당된다)의 수은이 검출되었다는 것이었다. 캐나다 정부는 바로 조사에 착수했다. 한 달이 채 지나지 않아 수은의 오염원으로 클로르알칼리 공장이 적발되었으며 생산 공정을 바꾸어야만 했다. 한편 캐나다 정부는 해당 지역에서의 어로 행위를 금지했다. 레저 및 상업적 어업 행위가 모두 중단된 것이다. 그리고 오염을 일으킨 업체는 법정에 서게 되었다.

이 외에도 비슷한 사례는 수없이 많다. 캘리포니아 보데가만Bodega Bay의 원자력발전소 건설 계획은 세인트루이스 환경정보위원회의 도움을 받은 지역 주민 위원회의 활동으로 마침내 폐기되었다. 환경정보위원회는 원래 계획대로라면 원자력발전소가 산안드레아스 단층San Andreas fault 바로 위에 위치하게 될 것이며, 따라서 지진이 일어나면 원자로가 파괴될 위험이 있다는 보고서를 공개했다. 한편 미네소타 환경정보위원회의 연구는 미네소타가 미국 원자력위원회 기준보다 더욱 강화된 원자로 방사선 기준을 설정하도록 하는 데 기여했다. 북캘리포니아 환경정보위원회는 버클리의 가로수와 공원의 해충에 대한 자연 생물학적 방제 정책을 현실화시킨 공신이었다. 로체스터 환경정보위원회는 도시 하수의 수질 검사를 통해 하수처리 시설이 제대로 작동하지 않고 있음을 밝혀내었고, 이에 따라 로체스터 시는 채권 발행을 통해 개선사업을 벌였다. 뉴욕 환경정보위원회는 도시를 관통할 새로운 도로가 계획대로 건설될 경우 보행자들을 해로운 수준의 일산화탄소에 노출시킬 것으로 평가한 보고서가 숨겨져 왔었음을 밝혀내어 도로 건설 계획을 중지시킬 수 있었다.

이 모든 노력에 더하여, 랠프 네이더Ralph Nader[1960년대부터 미국의 소비자 운동을 주도한 정치 활동가이며 미국 대선에 다섯 차례 출마했다]를 비롯해 그와 협력한 수많은 학생들이 대기 및 수질 오염 문제의 실상과 환경문제의 심각함에 비해 현저하게 미흡한 수준의 규제를 밝혀내고 이를 공론화시킨 공로도 잊어서는 안 된다. 게다가 환경단체, 지역 단체, 때로는 개인이 앞장서서 환경문제를 중단시키기 위해 들인 노력들도 포함해야 할 것이다. 그리고 이 모든 노력은 공통적으로 공공 윤리에 바탕했으며 과학자들이 밝혀낸 사실에 근거했다는 점에서, 그리고 이런 내용이 신문, 라디오, 텔레비전과 같은 매체를 통해 공론화되었다는 점에서 주목할 만하다.

한편 이 모든 성공담의 이면에는 어두운 이유가 있다. 미국이 이토록 심각한 환경오염 문제에 시달리고 있었음에도 불구하고 대부분의 시민들은 이에 대해 몰랐다는 사실이다. 그 이유는 중요한 과학적 사실들이 접근하기 어려운 보고서 속에 묻혀 있거나, 정부기관이나 기업체의 비밀 유지에 의해 숨겨져왔기 때문이었다. 은폐되었던 사실이 밝혀지자 시민들은 비로소 그 문제가 지닌 편익과 잠재적 위험에 대해 제대로 평가하고 적절한 결정을 내릴 수 있게 되었고, 이것이야말로 정치적 행동을 가능하게 한 불씨의 역할을 한 것이다.

이 모든 일들은 많은 사람에게 놀라운 현상으로 받아들여졌다. 왜냐하면 정치권에서는 공공 정책이란 이익집단이 가진 편협한 자기이익에 대한 관심으로부터 만들어지는 것이지, 환경 보호와 같이 불분명한 가치에 기반할 수 있는 것이 아니라고 믿었기 때문이다. 그들은 어떤 문제가 지닌 편익과 위험성에 대해 시민 모두가 윤리적으로 납득할 만한 균형점을 찾는 것은 불가능하며, 따라서 이런 결정을 내릴 수 있는 존재는 오직 적절한 정부 기관일 뿐이라고 생각했다. 하지만 현실은 시민들이 특정 편익의 대가로 어느 정도의 위험을 받아들일 수 있는가에 대해 이미 잘 판단하고 있었음을 보여주었다.

비용과 편익을 둘러싼 이슈는 사실 우리 일상생활과 밀접한 관계가 있다. 자가용이나 기차나 비행기 중 어느 것을 이용할 것인가, 공장이나 직장으로부터 얼마나 가까운 곳에서 살 것인가, 건강진단을 위해 엑스레이를 찍을 것인가, 컬러텔레비전이나 전자레인지의 구입 여부, 합성 살충제 사용 여부 등이 모두 이에 해당된다. 이들은 모두 개인적이며 자발적인 행위이다. 반면 대규모 사회적 사업으로 인해 자신이 원하던 원하지 않던 간에 감수해야만 하는 비용과 편익의 문제도 존재한다. 농업분야에서 살충제나 비료의 대량 사용, 모든 형태의 전력 생산 활동, 도시 교통에 의한 대기오염 등으로 나타나는 모든 환경오염문제가 이에 해당된다.

최근 통계자료를 이용하여 위와 같은 일반 시민의 행위가 가져오는 편익과 비용을 정량적으로 평가하는 노력이 이루어졌다. 천시 스타Chauncey Starr의 연구는 개개인의 행위에 따라 발생하는 비용과 편익을 화폐 가치로 환산했다. 그는 비용과 편익이 '특정 활동에 의해 개인이 경험하게 되는 시간당 사망 확률'로 정의될 수 있다고 보았다. 이를 통해 대중이 받아들일 수 있는 편익과 비용의 비율을 그래프로

나타낼 수 있었다.[14]

이 연구는 상당히 놀라운 결과를 보여주었다. 편익이 작을 경우에는 허용 가능 비용도 작게 나타났다. 편익이 증가함에 따라 허용 가능 비용도 커졌는데, 비용의 증가폭은 편익의 증가폭의 세제곱 정도로 매우 크게 나타났다. 그뿐만 아니라 각종 활동이 나타내는 편익이 지속적으로 증가해도 허용 가능 비용은 일정 수준 이상으로 증가하지 않았다. 수많은 종류의 활동이 이런 양상을 보였으므로, 결론은 허용 가능한 비용과 그 대가로 얻어지는 편익 사이의 균형을 판단할 일반적인 기준이 사회 가치 체계에 본질적으로 존재한다는 것이었다. 더 나아가 순수하게 도덕적인 사안이라 할 수 있는 자발적 행동과 비자발적 행동의 구분도 이 평가에 고스란히 나타났다. 비자발적 활동과 자발적 활동은 비슷한 곡선 모양을 보이지만, 그 정도에 있어 매우 큰 차이를 보였다. 같은 수준의 편익을 놓고 보았을 때 이를 가능케 하기 위한 비자발적인 활동에 대한 허용 가능 비용은 자발적 활동의 만분의 일에 불과했다. 이는 시민들이 비자발적인 비용 부담을 훨씬 높게 평가하고 있음을 보여준다. 또 허용 가능 비용이 시민들 사이의 합의에 의해 결정되고 있음을 보여준다. 그래서 규제 기관의 역할은 시민들이 일반적으로 받아들일 수 있는 규제 수준을 만들어낸다기보다는 이미 존재하는 합의 수준을 반영하는 것으로 보인다. 천시 스타의 말에 의하면, '우리가 자발적으로는 아무 거리낌 없이 할 일도 남이 시키면 아주 질색을 하게 된다'는 것이다.

분명해진 것은 허용 가능한 환경 파괴의 기준에 대한 시민들의 태도가 최근 급속하게 바뀌는 중이라는 사실이다. 예전에는 별다른 불평 없이 오랫동안 용인해 오던 것들에 대해서도 그렇다. 이러한 변화에 대한 이유는 시민들이 판단하는 자발적/비자발적 활동에 의한 허용 가능한 환경 비용이 만 배의 차이를 보인다는 연구 결과가 잘 설명해준다. 사회 구성원 일부에게라도 자신의 선택과 상관없이 강요되어진 위험 부담이 생길 경우 이를 받아들이지 못하도록 사회 윤리적 기준이 매우 높아졌음을 보여주고 있다. 최근에 나타나게 된 새로운 환경 파괴의 양상은 이러한 윤리적 기준을 더욱 높여주었다. 게다가 이제 일반 시민들의 관심은 새로운 환경오염 문제의 피해를 비자발적으로 감내해야만 하는 살아 있는 피해자들(이들은 어렵더라도 어떻게든 도움을 청할 수 있다)뿐 아니라, 아직 태어나지 않아 이런 문제에 대해 속수무책일 수밖에 없는 미래 세대의 피해자들까지 고려하게 된 것으로 보인다. 따라서 이제 시민들이 당면한 과제는 새로운 허용 가능한 비용과 편익의 기준을 세우는 일이다. 새로운 기준이 허용하는 비용의 수준은 현재 살아 있는 자들에게 적용되는 비자발적 비용보다도 훨씬 낮은 수준이 될 것이다. 이런 변화는 환경 파괴가 미래 세대의 삶의 질과 생존 자체를 위협할 수 있다는 가능성에 대한 우리 사회의 윤리적 해법인 것이다.

정치의 세계에서는 환경보호의 이슈를 어느 누구도 반대하지 못하는 '모성애'의 문제로 인식하는 경우가 종종 있다. 이렇게 환경문제를 너무나 순수한 것으로 인식하는 것에는 보다 심각한 사회문제로부터 시민들의 관심을 떼어놓기 위한 의도가 있는 게 아니냐는 의심을 받기도 한다. 빈곤이나 인종 차별, 전쟁과 같은 문제가 환경 이슈에 가려져 주목받지 못하는 경우가 그렇다. 하지만 실제로는 그렇지 않다. 사실 정치적 문제로서의 환경문제는 그렇게 순진무구한 주제가 아니며, 본질적으로 사회정의라는 근본적인 문제와 깊이 맞물려 있다.

게토를 예로 들어보자. 이곳에서 흑인들이 겪는 고초를 생각한다면 환경보호는 문제의 본질을 흐리는 것으로 여겨지기도 한다. 이런 현실을 그대로 보여주는 환경 운동 집회가 있었는데, 드라마처럼 인상적인 장면이 1970년 캘리포니아 새너제이San Jose 스테이트칼리지의 지구의 날 행사에서 벌어졌다. 이 날 학생들이 개최한 환경 프로그램의 절정은 새로 뽑은 자동차를 무덤에 묻어버리는 행사로 정해졌다. 이른바 환경적 반란을 상징하는 행위였을 것이다. 그런데 이 행사는 흑인 학생들의 반대를 불러일으켰고 급기야 그들로 하여금 피켓 시위까지 하게 만들었다. 이렇게 묻어버릴 새 차를 구입하는데 필요한 2,500달러는 게토에서 훨씬 유용하게 쓰일 수 있다는 것이 그들의 반대 이유였다. 이렇게 자동차를 묻어버리는 식의 행사는 생태 운동을 십자군 원정과 같은 것으로 생각하는 사람들이 벌이는 지극히 개인적인 환경 위기 대응 방식으로 이해해야 한다. 그들이 보통 제시하는 논리는 미국인들의 과도한 소비에 의해 환경오염 문제가 발생한다는 것이다. 물론 이것이 사실이 아니라는 점은 이미 설명한 바 있다. 어쨌든 이들의 주장은 미국인의 소비 생활로 인해 발생하는 쓰레기로 환경이 오염된다는 것이기에, 생태 활동가의 목적은 '소비를 줄이는' 것이다. 하지만 미국 흑인의 1인당 소비 수준이 백인보다 훨씬 적다는 통계 수치조차 없는 한, 이런 주장이 흑인들 뿐 아니라 사회 정의에 관심을 가지는 그 누구에게도 잘 먹히지 않을 것임은 분명하다.

다른 한편 흑인들이 환경 운동으로부터 소외되는 현상은 아주 불행한 현실이다. 왜냐하면 흑인들이야말로 환경오염에 의해 더 큰 피해를 입는 경우가 많기 때문이다. 교외에서 거주하는 백인들은 일을 마치고 퇴근해 집으로 돌아가면 도시의 먼지, 스모그, 일산화탄소, 납, 소음 등으로부터 해방된다. 하지만 게토 거주자들은 일하는 환경뿐 아니라 거주지도 오염되어 있다. 그리고 게토에는 게토만의 환경문제가 더해진다. 쥐와 같은 해로운 동물도 그렇고, 납이 들어 있는 오래된 페인트칠이 떨어져 나가 아기가 주워 먹고 납중독에 걸리기도 한다. 역사를 돌이켜보면 환경 파괴를 막기 위한 싸움에서 흑인 공동체는 강력한 동맹군으로 활약할 수 있다. 환경 위기는 생존 자체의 위기이기도 한데, 미국 중산층은 이러한 위기 상황에 익숙하다고 할 수 없다. 미국 중산층 중에서 생존이 좌우되는 처절한 위기에 직면한 경험을 가진 사람이 거의 없기 때문이다. 핵무기 경쟁으로 당장 내일 세상의 종말이 올 수 있는 상황임에도 불구하고 이 문제에 대해 침묵하는 우리를 보라! 하지만 미국 흑인들에게 생존이란 수백 년에 걸쳐 끈질기게 겪어온 문제다. 생존 기술을 완전히 마스터하지는 못했다 하더라도 흑인들은 대개 어느 정도 이상의 경험을 쌓은 경우가 많으므로, 종말의 위기를 맞고 있는 우리 사회에 그들은 매우 소중한 존재다. 흑인들은 환경 운동을 필요로 하며, 마찬가지로 환경 운동 또한 흑인의 참여를 절실히 요구하는 상황이다.

환경문제와 빈곤 사이에는 밀접한 관계가 있다. 최근 사우스캐롤라이나의 힐턴헤드Hilton Head에서 발생한 사건은 대표적인 사례다.[15] 잘 보존된 이 아름다운 바닷가 바로 옆에 거대한 화학 공장 건설이 계획되었다. 그런데 전례 없는 막대한 비용이 들어가는 오염 저감 장치 없이는 이 공장이 주변의 환경을 크게 파괴하게 될 것이라는 것이 분명했다. 지역 토지 소유자, 환경 보존론자, 그리고 새우잡이 선주들은 이 공장 건설 계획에 반대했다. 그들은 공장 폐수로 인해 이곳의 경관이 망가지고 생태계가 파괴될 것을 걱정했다. 공장 건설을 추진하고자 하는 측은 공장을 건설하려는 기업과 지역의 가난한 주민들이었다. 특히 주민들은 이 공장의 건설이 고질적인 실업 문제를 해결해 줄 것이라고 기대했다. 이런 상황에서 과연 정의로운 해결책이란 어떤 것일까? 공장 건설로 인해 창출될 경제적 이익을 계산하고, 이 이익을 새우잡이 어업과 주변 자연 경관의 파괴 비용과 비교해볼 수 있다. 하지만 경제적 이익만을 고려한 비용 편익 분석만으로 충분한 것일까? 당연히 아닐 것이다. 환경문제의 특성상 이런 방식으로는 문제를 '해결'한 것처럼 보여도 결국 또 다른 해결되지 않은 근본적 문제로 이어지게 될 것이기 때문이다. 예를 들어 공장 입구를 막는 시위가 일어났다고 생각해보자(이는 실제로 일어난 일이기도 하다). 이 행위가 의미하는 것은 사실상 실업문제가 환경문제만큼 중요하지 않다고 말하는 것이다. 하지만 해안 생태계를 지킬 정도의 의식이 갖추어진 사회라면, 그 구성원인 시민들이 골고루 일자리를 가질 수 있는 방법도 함께 찾아야 마땅할 것이다.

초음속 여객기를 둘러싼 논쟁에서도 이와 비슷한 상황이 연출되었다. 많은 노동단체는 이 프로젝트를 환영했다. 왜냐하면 그 프로젝트가 폐기되는 순간 수천 명의 노동자들이 일자리를 잃게 될 것이었기 때문이다. 이렇게 실업자가 된 사람이 가지는 분노는 결국 초음속 여객기 사업을 반대하던 '생태 지상주의자'에게로 향하게 될 것이다. 물론 그도 깊이 고민한다면, 한밤중에 아기들을 깨우고, 자외선 노출을 증가시켜 피부암을 증가시킬 것이 분명한 초음속 여객기 사업에 타당성이 있다고 평가하는 경제구조에 대해 의문을 제기할 수도 있겠지만 말이다.

환경문제는 또한 전쟁이나 평화의 문제와도 밀접한 관련이 있다. 합성세제나 DDT처럼 원자력 무기 역시 실패한 거대 과학기술의 대표적인 사례이다. 1950년대에 미국 안보를 핵무기에 맡기기로 한 미국 국방부와 과학자 자문단의 결정이 간과한 것은 시민들의 요구와 함께 커져가던 과학자들의 의견이었다. 핵무기 정책은 결코 성공할 수 없으며, 그 어떤 국가도 핵전쟁 이후 생존하지 못할 것이라는 우려의 목소리를 완전히 무시했던 것이다.

미국 국방부는 미국과학진흥협회American Association for the Advancement of Science, AAAS의 문의에 대한 대답을 통해 베트남전에서 사용되는 제초제가 '장기적으로 생태계에 영향'을 미치는 것으로 판단될 경우 사용을 금지하겠다는 입장을 표명한 바 있다.[16] 이제 AAAS와 다른 독립적 연구자들에 의해 미국이 베트남에서 사실상 생태 파괴적인 전쟁 작전을 수행해오고 있었음이 밝혀졌다. 그 결과 정부는 군사적 목적으로 제초제를 사용할 수 있는 범위를 크게 제한하게 되었다. 뿐만 아니라 과학자들의 경고에도 불구하고 생물학적 무기 생산이 국가의

'안보'를 지키기 위한 효과적이고도 필수적인 방법이라는 미국 정부의 오래된 입장을 마침내 폐기하게 했다.

내가 보기에 이런 사건에서 드러나는 생태적 문제들은 미국 군부가 과연 나라를 제대로 지킬 만한 능력을 지녔는가에 대한 본질적 의심을 불러일으킨다. 현재 미군이 동남아시아에서 저지르고 있는 군사적인 실수도 이런 의심을 더욱 키울 뿐이다. 불과 몇 분이면 전 세계가 멸명해 버릴 수 있는 현실 속에서 매일을 살아가야만 하는 이 상황을 과연 어떻게 타개할 수 있을까?

환경 위기는 '모성애'의 문제가 아니며, 다른 사회적 이슈로부터 우리의 관심을 떼어놓는 것도 아니다. 환경 위기에 대처하기 시작하면서 우리는 문제 깊숙이 존재하는 사회정의의 핵심적 가치와 만나게 되고, 또 우리가 달성하고자 하는 목적이 무엇인지 다시 한번 생각하게 된다.

이러한 생각은 서로 다른 두 가지 환경 운동의 시각에서 선명하게 드러난다. 시민이 환경 운동의 대상이냐 아니면 환경 운동의 주체이냐의 차이이다. 시민이 환경 운동의 대상이라고 생각하는 사람들은 미국의 유명한 만화 『포고』에 나온 대사를 외친다. 바로 "우리는 적을 만났으며, 그 적은 바로 우리 자신이었다we have met the enemy and he is us"라는 대사가 그것이다. 이들은 환경 피해를 줄일 수 있는 여러 가지 개인적 행동의 변화를 중요하게 생각한다. 자동차를 운전하는 대신 걷거나 자전거를 타고, 재활용 가능한 병과 무인산염 세제를 사용하며, 자녀도 둘 이상 가지지 않는다. 이야말로 생태 중심적인 사고를 지닌 사람들이 지켜야 할 새로운 생활 방식의 시작이라고 생각한다. 이는 환경오염을 심화시키는 요인 중 개인의 의지로 해결 할 수 있는 두 가지, 즉 소비와 인구 억제에 초점을 맞춘 것이다.

반면에 환경오염을 일으키는 세 번째 요소, 즉 생산 기술의 반 생태성을 해결해야 한다고 여기는 환경 운동의 시각은 자연스럽게 개인보다는 사회적 측면에 주목한다. 앞서 이야기했듯이, 사회적 요인이 환경에 미치는 영향은 개인적 생활양식에 의한 것보다 훨씬 크다. 전후 미국에서 나타난 환경오염의 증가 중 12~20퍼센트 정도가 인구 증가에 의한 것이고 40~90퍼센트가 과학기술 때문이라는 자료는 이 사실을 분명히 보여준다. 만약 과학기술에 의한 효과가 인구 증가 효과의 다섯 배였다고 가정한다면, 제2차 세계대전 이후 환경오염의 증가가 나타나지 않게 하기 위해서 어떻게 해야 했을까? 아주 단순화시킨다면 다음의 두 가지를 생각해볼 수 있다. 우선 제2차 세계대전 이후 43퍼센트의 인구 증가만 허용했다면, 전체 생산 기술에 의한 환경 영향을 30퍼센트 정도 줄여야 했을 것이다. 반면 과학기술에 의한 환경 영향의 600퍼센트 증가만을 허용했다면, 인구는 무려 86퍼센트 감소해야만 했을 것이다.[17] 이 두 사례를 비교해보면 과학기술에 의한 효과가 훨씬 컸으며, 개개인의 생활 방식 변화만에 의한 효과는 그다지 크지 않았을 것이라는 추측을 해 볼 수 있다.

과연 어느 방향으로 가야 하는가? 환경오염을 줄이기 위해 출산율과 소비를 줄일 것인가, 아니면 과학기술의 생태적 혁신에 더 힘을 쏟아야 할 것인가? 아니면 둘 다인가?

과학기술의 혁신에는 많은 반발이 있을 것이고, 소비를 줄이는 것은 계속되는 빈곤 문제를 고려한다면 쉽지만은 않을 것으로 보인다는 이유로, 미국 인구의 증가 추세를 줄이는 데에 가장 큰 노력을 들여야 하는 것이 아니냐는 의견이 종종 나오곤 한다. 인구 감소만으로 환경에 대한 영향을 줄이기 위해서는 감소 수준이 엄청나야만 한다는 것이 사실이긴 하지만, 이 주장은 분명한 근거가 있다. 환경문제를 유발하는 과학기술에 의한 영향은 약간이라도 줄어든 이용자만큼 감소할 것임은 분명하기 때문이다. 따라서 환경문제 개선을 위해 생산 기술의 생태적 혁신과 인구 증가의 추세를 줄이는 것 모두가 논리적으로 타당해 보인다.

하지만 이런 논리가 생태문제에만 적용되는 것은 아니다. 이 논리는 사실 거의 모든 사회문제에 적용될 수 있고, 또 최근의 환경 우려로 인해 이미 그렇게 적용되기도 했다. 여기 두 가지 사례를 보자.

> 노동부 장관이 1년 내내 별 성과 없이 애쓰는 것 중 하나가 바로 더 많은 일자리를 만들어 실업률을 낮추려고 하는 일이다. 하지만 그가 임기를 마친 다음에야, 그래서 자신의 업무에 쏟아지는 정치적 압력으로부터 해방된 이후에야 그는 진실을 만나게 된다. 일자리가 너무 적은 이유는 그저 사람이 너무 많기 때문이라는 사실이다.[18]
>
> 대기와 수질 오염 문제, 빈곤, 막히는 고속도로, 학교의 학생 과밀 현상, 한계를 보이는 사법 제도, 그 외 헤아릴 수 없이 다양한 도시 문제 등을 생각해보면, 미국은 과도한 인구로 인한 문제에 시달리고 있음이 분명하다.[19]

이러한 문제제기는 아주 적절한 것으로 보이기도 한다. 미국 사회는 현재와 미래의 인구를 모두 뒷받침해줄 수 있는 능력을 가지고 있지 못하다는 것이다. 빈곤, 높은 실업률, 환경오염, 부족한 교육시설과 부조리한 사회, 전쟁 등의 문제에 시달리고 있는 이유는 바로 이 때문이다. 미국 사회가 최고의 효율성과 평등한 분배를 통해서도 이 문제를 해결하지 못한다면, 그 이유는 미국에 충분한 자원이 없기 때문일 것이며, 이 경우 인구를 줄이는 방법 이외의 해결책은 존재하지 않을 것이다. 하지만 미국인구증가와미래위원회United States Commission on Population Growth and the American Future에 따르면 이는 사실이 아니다.

> 미국은 현재 인구 증가 추세로 인해 증가하는 수요와 여러 가지 사회 및 경제적 불평등의 문제를 해결하는데 필요한 자원을 충분

히 보유하고 있다.[20]

만약 이 말도 사실이라면, 사회 발전을 위한 두 가지 대안이 완전히 맞서고 있는 상황으로 보인다. 우리는 일종의 정치적 '제로섬 게임'에 빠져 있는 상태인 것이다. 첫째 대안은 인구를 줄인 만큼 우리를 괴롭히는 기술적, 경제적, 사회적 오류와 부조리를 좀 더 견뎌낼 수 있을 것이라 말한다. 둘째 대안은 기술적, 경제적, 사회적 오류와 부조리를 고친다면 그만큼 더 많은 인구를 뒷받침할 수 있는 국가를 만들 수 있을 것이라 말한다.

이 두 가지 대안 사이에서 어떻게 균형을 잡을 것인지에 대한 해답은 미국 시민들이 지닌 사회 정의에 대한 합의에 의해 결정될 것이다. 만약 미국 시민들이 환경 위기, 실업률, 교육 문제, 공중 보건 문제, 도시의 쇠퇴와 같은 문제를 개인적으로 해결하고자 한다면 그들에게 남겨진 선택은 출산율을 줄이는 길밖에 없다. 하지만 이런 개인적 행동을 취하고자 하지 않는다면 국가 자원의 분배를 결정하는 경제적, 사회적, 정치적 시스템을 바꾸어야 할 것이다.

이 모두는 시민의 선택이 자유롭게 이루어질 수 있는 조건을 전제한다. 그러나 인구 문제의 해결이 핵심이라 생각하는 일부 생태학자들은 이렇게 주장하기도 한다. "인구 조절은 다양한 인센티브와 페널티에 기반한 정책을 통해 자발적으로 이루어지는 것이 바람직하지만, 자발적 방식이 실패한다면 강제되어야만 한다."[21] 이는 사회 발전을 위한 두 가지 가능한 대안 중 한 가지를 강제해야 할 수도 있음을 의미한다. 하지만 이는 간단히 말하면 정치적 억압과 다를 바가 없다.

이런 추악한 생각은 '합의에 의한 상호 강제'[22]라는 표현으로도 숨겨지지 않는다. 만약 미국 시민 대다수가 자발적으로 인구 조절에 참가하여 인구 안정화를 이루게 된다면 강제해야 할 상황이 발생하지 않을 것이다. 강제가 불가피한 경우라 하더라도 대다수의 시민이 자발적으로 인구 조절에 참가하지 않을 경우만으로 한정된다는 전제가 깔려 있다. 하지만 분명한 것은 그와 같은 상황이 발생하게 되면, 소수에 의해 다수가 강제되는 일이 불가피하다고 보는 것이다. 이는 확실히 정치적 억압에 해당된다.

다른 한편으로는 환경문제가 인구 문제에 대한 많은 논쟁의 기회를 제공해주었다는 점에서 다행스러운 측면도 있다. 미국은 오랜 세월동안 엄청난 부를 형성하긴 했지만 그에 비해 전체 사회 구성원에게 환경, 일자리, 교육시설, 공중 보건과 같은 복지 시스템 등을 제대로 제공해주지 못해왔다. 이런 척박한 현실은 회피와 변명과 이해하기 어려운 기술적 용어 뒤에 숨겨져 잘 드러나지 않은 채 지금껏 유지되어왔다. 그런데 어떻게인지는 분명하지 않지만 현재의 환경 위기는 이러한 가림막을 거둬버리고 말았다. 어쨌든 더 분명해진 것은, 이와 같은 수많은 국가적 위기 상황의 문제가, 맥리시MacLeish의 말을 빌리자면, "우리가 우리 자신에 대한 신념을 회복하고, 우리 삶에 대한 결정권과 우리가 취할 수 있는 수단에 대한 선택권을 되찾기 이전에는 해결되지 않을 것"이라는 점이다.

제11장
생존의 문제

지난 몇 년간 상당히 격렬한 진통을 겪으면서 환경문제는 정치의 장으로 들어서게 되었는데, 이 현상은 미국뿐 아니라 스웨덴, 영국, 독일, 일본, 이탈리아, 소련에서도 공통적으로 일어났다. 그리고 1972년 유엔인간환경회의United Nations Conference on the Human Environment 준비 과정을 거치면서 마침내 환경 위기는 국제적인 의제로 급부상했다.

미국에서는 환경문제가 몰고 온 정치적 영향력이 너무나 강력했던 나머지, 혹시 환경 운동이 생태학의 탈을 쓴 사실상의 정치 운동이 아닌가 하는 의혹을 받기도 했다. 그 결과 생태학은 미국 백악관 주변의 정치권처럼 '신뢰성의 문제'에 처하게 되면서 의심의 눈길을 받기도 한다. 또 최근 몇 명의 미국 대통령이 했던 것처럼 어느 정도 나쁜 상황에 있는 문제를 재앙 수준으로 부풀린 것이 아니냐는 의심을 사기도 했다—즉 환경 파괴가 단지 삶의 질에 대한 위협에 그치는 것이 아니라 인류의 생존 자체를 위협하는 문제라고 주장한다는 것이다. 심지어 몇 가지 '숫자 게임'까지 등장했다. '인류는 과연 몇 년이나 더 생존할 수 있을 것인가'라는 질문이다. 환경론자들은 100년 정도부터 불과 몇 년에 지나지 않는 시간까지 다양한 시간을 이야기한다. 어떤 환경론자는 현재 위기에 대한 해법이 1972년까지 나오지 않는다면 이미 너무 늦어버렸을 것이므로 자신은 운동을 포기해버릴 것이라고도 했다.[1]

환경 위기가 인간 생존에 미치는 위협은 얼마나 현실적인 것일까? 우리에게 남겨진 시간은 도대체 얼마나 되는가? 아니면 이는 환경문제를 생존의 문제로 확장시켜 시민들의 활동을 촉발시킴으로써 점차 나빠지는 삶의 질을 개선시키려는 의도에서 나온 전술인가?

환경문제가 생존의 문제인지 아닌지를 가릴 수 있는 엄정한 질문은 다음과 같을 것이다. 현재 환경에 미치는 악영향이 당장 완화되지 않을 경우 사람이 살 수 없을 정도로 지구 생태계가 파괴될 것인가? 만약 이에 대한 답이 "그렇다"라면 환경 위기에 의해 인류 생존이 백척간두에 있음을 말해주는 것이다. 환경문제에 관한 진지한 고찰이라면 그 어느 것도 이 질문을 피해 가지는 못할 것이다.

여기서 미리 확실히 해야 할 것은, 위의 질문이 엄정하긴 해도, 최종적인 답은 사실 관계가 아니라 가치에 바탕할 것이라는 사실이다. 물론 그렇다 해도 그 결정은 실제 데이터와 과학적 원칙에 기반해야 할 것이다.

지금껏 내가 검토한 증거를 살펴보면 현재 산업화된 국가에서 발생하는 환경 파괴의 현실은 너무나 심각해서 우리의 생존에 필수적으로 필요한 생태계에 큰 부담으로 작용하고 있으며, 이런 상황이 계속된다면 인간 문명과 사회를 유지시켜주는 자연환경은 완전히 파괴되고 말 것이다. 이런 재앙적인 결말 이후에도 소수의 사람들은 살아남을 수 있을 것이다. 문명이 파괴되고 나면 환경 파괴의 속도도 줄어들 것이기 때문이다. 그렇지만 그 이후 남을 것은 몹시 불확실한 미래를 가진 새로운 야만사회 정도가 될 것이다. 내가 이렇게 생각하게 된 이유를 아래 설명해 볼 것이다.

그 전에 우선 미래의 생태적 변화에 대한 이야기라면 모두 가지고 있는 본질적인 한계를 인식할 필요가 있다. 과거 데이터에 기반해 미래의 경향을 예측하는 외삽extrapolation의 방법론에는 많은 함정이 있다. 그 중 가장 심각한 문제는 과거와 똑같은 메커니즘에 의해 미래가 결정될 것이라는 전제에 있다. 마크 트웨인이 미시시피강을 표현하면서 사용한 비유는 이 문제점을 적절히 나타내고 있다.

> 미시시피 하류의 강줄기는 176년 동안 무려 242마일이나 짧아졌다. 1년에 평균 1.3마일 가량이 줄어든 셈이다. 그렇다면 내년 11월이면 100만 년 전이 될 실루리아기 당시 미시시피강 하류 강줄기의 길이는 100만 300마일이었을 것이고, 멕시코만 앞으로 낚싯대처럼 툭 튀어나왔을 것임을 눈이 멀거나 바보가 아닌 한 누구나 이해할 것이다. 마찬가지로 지금부터 742년 후에는 미시시피 하류강줄기의 길이가 1.8마일로 줄어들어 있을 것이다. 그렇게 되면 카이로Cairo[미시시피강 하류가 시작되는 곳에 있는 일리노이 주의 도시]와 뉴올리언즈New Orleans[미시시피강 하류에 위치한 미국 루이지애나 주의 도] 두 도시는 서로 길도 맞붙게 될 것이고 시장과 시의회 또한 하나만으로도 충분할 것이다. 과학은 정말 굉장하다. 아주 사소한 사실로부터 이렇게 굉장한 일들을 알아낼 수 있으니 말이다.[2]

사실 이 풍자가 완전히 우스개인 것만은 아니다. 생태계는 본질적으로 복잡한 성격을 지니기에 점진적이고 정량적인 변화에 대한 반응도 갑작스럽거나 질적인 변동을 일으키는 일이 종종 나타나기 때문이다. 이렇게 작은 변화에 의한 영향이 쌓여감에 따라 나타날 수 있는 급작스런 질적 변화 때문에 미래의 생태계 변화에 대한 예측은 크게 빗나갈 수 있음을 기억해야 한다.

환경에서 일어나게 될 변화를 정확하게 정량적으로 예측할 수 있는 방법은 매우 드물다. 그 중에서 미국 지표수의 용존 산소량 결핍을 예측한 것은 가장 성공적인 사례의 하나로 꼽을 수 있을 것이다. 매년 미국의 지표수로 유입될 유기물질의 증가량을 알 수 있다면, 이 유기물질을 분해하는데 사용될 산소량도 계산할 수 있다. 이렇게 요구되는 산소량을 현재 지표수에 포함된 용존산소량과 비교하면 된다. 이 두 값이 같아지는 순간을 미국 지표수 환경이 매우 심각한 상황에 도달했음을 알려 주는 통계적 신호로 사용할 수 있다. 지표수의 용존 산소가 유입되는 유기물질을 모두 분해하는데 부족한 상황이 되었음을 알리는 것이다. 1966년 미국과학원U.S. National Academy of Science은 현재 추세가 계속된다면 아마 2000년 즈음에 그 순간이 오게 될 것이라고 보고했다.[3] 이는 물론 2000년이 되는 순간 미국의 모든 강물과 호수의 용존 산소량이 0이 된다는 의미는 아니다. 현재의 추세가 계속된다면 2000년보다 더 이른 시기에 용존산소량이 0이 되는 강이나 호수도 있을 것이다. 반면 로키 산맥의 깊은 계곡에 흐르는 물의 용존 산소량은 별다른 변화를 보이지 않을지도 모른다. 이런 식의 계산이 대략적이고 순수한 통계 값을 내는데 그치기는 하지만, 이 결과가 말해주는 불행한 결말은 유용하게 사용될 수 있다. 이 결과는 30년 이내에 미국의 많은 호수와 강이 이리호의 운명을 그대로 따라가게 되어 지표수의 자기 정화 기능을 더 이상 수행하지 못하게 될 수 있음을 경고하는 것이다.

이런 예측에 대한 한 가지 대표적인 반응은 '그래서 어쩌라는 거냐?'는 것이다. 대부분의 강과 호수가 썩어가는 유기물에 의해 더럽혀진다 해도 새로운 기술을 사용하여 냄새를 제거하고 가정용 및 산업용에 적합한 수준으로 정수하면(그리고 이를 위해서는 미국 원자력 위원회가 약속하는 영원한 에너지원을 활용하면 될 것이다) 크게 문제될 것이 없지 않겠는가? 하지만 실제로는 위와 같은 정량적 변화의 결과로 인해 호수나 강물에 질적인 변화가 발생할 것이고, 이는 인간 생존을 위협하게 될 것이다.

자연 상태의 수중 생태계에는 유기물질이 매우 적게 들어 있다. 따라서 물속의 박테리아나 균류 같은 미생물의 수와 종류도 적다. 이러한 미생물이 살아가는 데 필요한 유기물질이 적기 때문이다. 반면 토양 생태계는 상황이 다르다. 토양 생태계에는 대개 유기물질이 풍부하며, 다양한 박테리아와 균류가 이에 의존해 살고 있다. 당연히 이렇게 다양한 토양 미생물 중에는 동물이나 인간에게 병을 일으키는 것들도 존재한다. 이는 간단한 실험으로도 증명해 보일 수 있다. 살균된 유기 영양 물질이 든 플라스크에 흙을 아주 약간 집어넣어 그 안에서 미생물이 얼마간 자라게 한다. 그렇게 형성된 미생물 배양액을 실험쥐에 주사하면, 그 실험쥐는 십중팔구 감염으로 죽을 것이다. 이런 식으로 토양 속 미생물 배양 실험을 하면 인간과 동물을 병에 걸리게 하거나 죽음에 이르게 할 수 있는 다양한 종류의 토양 박테리아와 토양 균류를 찾아볼 수 있다.

토양이 다양한 병원균을 포함하긴 하지만, 그들이 실제로 질병을 일으키는 일이 흔히 발생하는 것은 아니다. 일반적으로 이런 일이 발생하는 경우는 토양이 인체의 보호되지 않은 부분을 통과하는 경우에 발생한다. 먼지 많은 공기를 많이 들이마셔서 폐질환에 걸리는 경우를 들 수 있겠다. 하지만 일반적으로 토양은 식물 뿌리에 의해 고정되어 있으므로 이런 일이 일어날 가능성은 낮은 편이다. 하지만 환경 파괴의 결과로 1930년대 미국과 캐나다를 휩쓴 더스트 보울dust bowl[잘못된 농경방식의 결과로 1930년대 미국과 캐나다의 초원 지대에서 바람에 의한 대규모 토양 유실이 발생했던 사건이며, 농업, 생태계, 주민들에게 큰 피해를 입혔다]처럼 바람에 의한 대규모 토양 유실 사태가 발생한다면 위와 같은 폐질환은 더 자주 발생할 것이다. 하지만 생태계가 자연적으로 토양을 건강한 상태로 지속하는 한 사람과 짐승 모두 토양이 유발할 수 있는 질병으로부터 보호될 것이다.

지표수를 생각해 보자. 지표수는 토양과 맞닿아 있으므로 토양 속의 병원균이 물 속에 들어갈 수 있다. 사람들 역시 물을 마시거나, 물에서 헤엄치거나, 튀어 오르는 물방울과 접촉하는 등의 방식으로 지표수와 맞닿아 있다. 그러므로 토양 속의 병원균이 물을 통해 인체로 들어갈 수 있는 물리적인 통로는 이미 마련되어 있는 셈이다. 그럼에도 불구하고 토양의 병원균에 의해 사람이 감염되어 질병에 걸리는 사례는 매우 드물다. 왜냐하면 대개 지표수는 병원균의 생장을 뒷받침할 만큼 충분한 유기물질을 지니고 있지 않기에 토양의 병원균과 사람 사이에서 효과적인 생물학적 방어벽의 역할을 하기 때문이다. 병원균은 지표수처럼 영양이 부족한 곳에서 번식하지 못하며, 설사 흙으로부터 지표수로 병원균이 들어온다 하더라도 물에 섞이는 희석효과가 워낙 크기 때문에 잘 자라지 못한다. 따라서 병원균이 헤엄치는 사람의 몸속으로 들어와 문제를 일으킬 수 있는 통계적 확률은 매우 낮다.

그러나 향후 30년 동안 강과 호수가 자연 상태보다 훨씬 많은 유기물질에 의해 오염된다면, 이들이 토양과 인간 사이에서 자연 생물학적 방어벽으로 작용하던 기능은 무너져 내릴 것이다. 유기물이 풍부한 지표수에서 병원균이 활발하게 번식함에 따라 지표수를 통해 인간이 감염될 수 있는 가능성은 매우 높아질 것이다. 이렇게 해서 지표수 오염은 지독한 악취 이상의 심각한 문제를 일으키게 된다. 지표수 오염은 인간이 내성을 지니지 못하고 있는 수많은 새로운 병원균에 우리를 노출시킬 수 있다. 이야말로 유기물질에 의한 지표수 오염이 가져올 수 있는 진정한 위협이라 할 수 있다.

안타깝게도 이런 우려가 이미 현실이 되었을 수도 있음을 알려주는 사건이 발생했다. 뇌수막염과 비슷한 증상을 보이는 수막뇌염

meningioencephalitis이 1965년에 플로리다 주에서 처음 발견되었다.[4] 이 병은 대개 십대의 청소년들에게서 발견되었는데, 무더운 여름날 연못이나 호수에서 수영하고 난 며칠 후에 발병하곤 했다. 보통 심한 두통으로 시작하여 뇌사상태로 발전하게 되며 높은 치사율을 보인다. 이제서야 병의 원인이 밝혀졌는데, 그것은 토양에서 흔히 발견되는 아주 작은 원생동물인 아메바였다. 아메바가 오염된 물에 있다가 수영하는 사람의 코를 통해 인체로 들어가 뇌수막을 심각하게 손상시킨 것이다. 이 질병이 발생하게 된 생태적인 원인도 밝혀졌다. 토양 속에 흔히 존재하는 아메바는 대개 비활성화된 상태의 포낭으로 존재한다. 주변 토양에 세균이 풍부하게 번식하면 이들이 분비하는 물질에 반응하여 포낭이 활성화되어 아메바로 발달하여 주변의 세균을 잡아먹고 사는 것이다. 포낭이 다량의 유기물질에 의해 오염되어 풍부한 세균이 서식하는 하천이나 연못에 있다면 이들은 아메바로 활성화될 수 있을 것이다. 그리고 물속의 풍부한 세균을 잡아먹으며 활발하게 번식하여 수영하는 사람의 뇌에 침입할 수 있을 것이다.

토양 미생물이 오염된 물에서 활발하게 번식할 수 있음을 보여주는 사례는 뉴욕 항구에서도 찾아볼 수 있다. 뉴욕 항구로 직접 흘러드는 하수의 세균 수준은 크게 개선되었음에도 불구하고 지난 몇 년간 뉴욕 항구 앞바다의 세균 수는 수백 퍼센트나 증가했다. 뉴욕 앞바다의 오염된 물에서 토양 미생물이 급격하게 번식하면서 이런 변화가 나타났을 가능성이 있다.

이 말고도 인간과 토양 사이의 방어벽으로 작용하던 지표수의 기능이 무너짐에 따라 나타날 수 있는 심각한 결과가 있다. 토양에 흔히 존재하는 균류 중 매우 강력한 독성 발암 물질인 아플로톡신aflotoxin을 만들어내는 것이 있다. 이 균류 역시 유기물질을 먹고 산다. 워싱턴대학의 자연시스템생물학연구소의 보고에 따르면[5] 유기물로 심하게 오염된 하천수로부터 검출된 많은 균류 중 아플로톡신을 만들어내는 것들도 포함되어 있었다. 이런 생물체가 지표수에 많아질수록 더욱 심각한 보건 문제가 발생할 것이다. 그뿐만 아니라 지표수에서 새로이 발견된 토양 미생물 일부는 상처부위에 침입하여 매우 심각한 감염을 일으킬 수 있는 것들이었다. 그런데 현재 우리가 쉽게 접하는 의료 행위는 이 문제를 더욱 심화시킬 수도 있다. 예를 들어 코티존 cortisone(스테로이드계 호르몬이며 처방약의 경우 상처의 통증이나 염증을 완화하는데 사용된다)이나 피임약 복용으로 인해 체내 스테로이드 계열 호르몬의 양이 변하면 위의 원인으로 인한 감염이 더욱 쉽게 발생할 수 있다.

최근 유럽의 해안가에 대한 조사 결과도 수질 오염이 매우 빠른 속도로 확산되고 있음을 보여준다. 한 연구 결과에 따르면[6] 프랑스, 스페인, 벨기에, 이탈리아의 해변을 조사한 결과 수영한 사람이 감염성 질환에 걸릴 확률이 그렇지 않은 사람에 비해 두 배나 높았다. 이탈리아의 리비에라 해안으로부터 네덜란드의 바닷가까지 하수의 유기물 오염과 산업 폐기물에 의해 세균 오염도가 크게 증가했다. 오염도는 날로 더욱 빨라지고 있으며, 이런 추세라면 머지않아 재앙적인 수준의 건강 문제로 발전할 수도 있을 것이다.

이런 상황에 비추어보면, 지표수가 유기물질에 의해 오염되도록 내버려둔다면 우리는 새롭고도 심각한 질병의 위험에 처하게 될 것이며, 그에 따라 많은 곳이 사람이 살 수 없는 곳으로 전락하지 않을까 걱정하지 않을 수 없다. 지표수 오염의 결과로 지금까지 우리를 지켜주던 사람과 토양 미생물 사이의 방어벽이 제거된다면 질병과 독성 물질로 가득찬 판도라의 상자가 열리게 될 것이다. 당장 지표수 오염에 적극적으로 대처하지 않는다면 머지않은 미래에 이로 인한 보건 문제가 매우 심각해질 것이다. 그리고 이 경우 '머지않은 미래'란 불과 30여 년 정도에 지나지 않을 것으로 판단된다.

점진적인 변화에 대한 반응으로 새로운 생태적 위기가 급격하게 일어나는 현상을 설명할 수 있는 중요한 개념은 시너지 효과synergism이다. 시너지 효과의 일반적인 사례는 이미 언급한 적이 있다. 대기 중의 황산화물과 발암물질의 농도가 각각 두 배로 증가했을 때 나타나는 최종적인 피해는 두 배를 훨씬 넘어선다. 그 이유는 황산화물이 폐를 보호해 주는 점막을 손상시키면서 우리 몸이 발암물질의 나쁜 영향에 더 쉽게 노출되게 하기 때문이다. 시너지 효과의 관점에서 보면 복잡한 생물학적 반응의 결과로 나타나는 최종 결과는 개별적인 영향을 모두 합친 것보다 항상 더 크게 나타남을 알 수 있다.

이 같은 시너지 효과는 우리 몸에서도 일어나며, 그 결과 환경오염에 의한 영향을 더욱 심각하게 만들기도 한다. 니트릴로트리아세트산NTA과 수은이나 카드뮴 같은 중금속 사이에서 나타나는 상호작용이 한 예이다.[7] 실험동물이 NTA에 더하여 수은 또는 카드뮴에도 동시에 노출될 경우 기형율이 무려 열 배나 증가하는 것으로 나타났다. 바로 이 연구 결과 덕분에 합성세제에 NTA를 첨가하는 것이 금지되었다. NTA, 수은, 카드뮴의 시너지 효과는 특정 유기 화합물이 금속과 결합하여 생성되는 새로운 물질의 화학적 특성과 생물학적 영향력이 기존 물질에 비해 크게 변화하는 대표적 사례이다.

시너지 효과는 생태계에서도 나타난다. 수은 오염의 위험성이 수중 유기 오염 물질에 의해 달라지는 것이 한 예이다. 미국과 캐나다 각지의 클로르알칼리 공장으로부터 많은 양의 무기수은이 지표수로 유입되었다. 이 무기수은이 강이나 호수 바닥에 가만히 있을 경우 나타나는 영향은 그다지 크지 않다. 그런데 강이나 호수 바닥에 미생물이 많이 존재하면서 동시에 낮은 산소 조건이 갖추어질 경우 미생물은 무기수은을 유기 형태인 메틸수은으로 전환시킨다. 메틸수은은 물에 잘 녹기 때문에 수은이 물고기 체내로 쉽게 들어가 축적되면서 많은 문제가 발생한다. 지표수가 유기 노폐물로 오염되면서 수은 오염의 해로움도 크게 증가하는 것이다. 최근 연구에 따르면 비소 역시 비슷한 문제를 일으킬 수 있는 것으로 밝혀졌다.[8] 비소가 합성세제에 들어 있는 오염 물질인 인산염과 함께 지표수로 흘러들어 가면, 미생물의 활동에 의해 무기비소가 독성이 매우 높은 유기 형태로 전환된다. 이러한 상호작용을 고려한다면, 유기노폐물에 의한 지표수의 오염 수준이 높아짐에 따라 갑자기 출현할 수 있는 새로운 형태의 환경문제가 나타날 수 있을 것이라 짐작할 수 있다. 수은이 아주 오랜 기간 동안 별 문제 없이 호수나 강바닥에 쌓여가다가, 유기물질오염이 증가하면서 갑작스럽게 생태계에 변화가 생기고 수은이 심각한 환경문제로 나타나게 된 것처럼 말이다.

산업화가 진행되면서 대기 중으로 배출되는 오염 물질의 양도 급격히 증가했다. 수은, 납, 니켈, 카드뮴이 대표적이다. 이 물질은 대기 중에 떠다니다가 대개 눈이나 비에 의해 씻겨 내려와 토양으로 들어가 쌓여 간다. 토양 생태계는 이런 중금속이 유발하는 독성에 매우 취약하며, 토양 미생물과 식물의 성장은 중금속에 의해 심각하게 저해될 수 있다. 뿐만 아니라 금속과 결합한 새로운 유기화합물이 토양 속에서 만들어지면서 새로운 환경문제가 발생할 수도 있다. NTA의 사례가 대표적이다. 지금과 같은 추세로 토양 중금속 수준이 계속 높아진다면 결국에는 식량과 목재 생산도 재앙적인 수준으로 감소할 수 있을 것이다. 또한 새로운 금속-유기화합물이 식물에게는 무해하지만 그 식물을 섭취한 인간의 몸 속에 쌓이면서 문제를 일으킬 수도 있는 일이다.

황산화물에 의한 대기 오염도 비슷한 위험 요소이다. 스웨덴의 연구에 따르면 최근 비와 눈의 산성도가 점점 증가하고 있으며, 북부 유럽에서 가장 심한 피해가 나타났다.[9] 이렇게 비정상적인 수준의 산성물질이 토양에 들어가면 식물 생장과 목재 생산에 큰 저해 요인이 된다. 토양이 비정상적으로 산성화되면 그 안의 토양 미생물의 성장이나 토양 내 화학반응의 특성이 질적인 변화를 일으키며 발생하는 위험도 있을 것이다. 축적되는 토양 오염 물질이 토양 생태계의 주요한 생태적 균형을 순식간에 무너뜨릴 수도 있을 것이다.

토양에 머무르지 않는 오염 물질이 최종적으로 도착하는 곳은 바다이다. 최근 보고에 따르면 지금까지 생산된 DDT 총량의 25퍼센트가 바다로 흘러들어갔으며, 그 밖에 여러 가지 살충제와 합성 유기 오염 물질도 축적되고 있다.[10] 이러한 물질이 해양 생태계에 어떤 영향을 미칠 것인지에 대한 연구는 아직 충분하지 않다. 대부분의 대기 중 산소는 해양 생태계의 광합성을 통해 생산된다. 아직 해양 생태계 변화로 인해 대기 중 산소량이 줄어들었다는 증거는 나타나지 않았으나, DDT와 같은 오염 물질로 인해 해양 광합성 생물의 활동이 저해될 수 있다는 징후는 나타나고 있다.

우리가 미처 예상하지 못했던 환경오염 문제에 대해 더 관심을 기울여야 하는 또 하나의 이유는, 오래전에 이미 시작되었던 환경문제의 징후를 너무 늦게야 깨달았다는 사실에서 찾을 수 있다. 다음의 사례를 살펴보자.

1950년대 플라스틱 제조업체들이 탄성과 내구성이 모두 뛰어난 새로운 합성수지(폴리비닐, 또는 PVC라 불리는 플라스틱 종류)를 만들었다. 자동차 내장재는 이 새로운 플라스틱이 사용될 수 있는 좋은 시장이었다. 10년이 지나지 않아 미국에서 생산되는 모든 자동차는 많은 양의 폴리비닐 내장재를 사용하게 되었다. 결국 미국인이라면 누구나 이 새로운 플라스틱과 매우 가깝게 지내게 된 것이다. 그런데 사람들이 이 새로운 자동차에 대해 알게 된 사실이 있었다. 아주 더운 여름에 하루나 이틀 주차한 다음에는 자동차의 운전대가 미끄럽다든지 유리 내부가 미끌미끌하고 얇은 투명막으로 덮여있는 것을 발견하게 된 것이다. 지금에야 후회하는 일이지만, 나를 포함한 대부분의 자동차 운전자들은 이러한 현상에 대해 큰 불평 없이 몇 년 동안 견디며 지내왔다. 하지만 이는 우주선 내부에서는 그렇게 쉽게 넘어갈 수 있는 문제가 아니었다. 미항공우주국NASA의 기술자들도 이와 비슷한 현상을 인지했는데, 이들은 이 문제를 훨씬 심각하게 받아들였다. 왜냐하면 이렇게 형성된 막은 우주선 광학 기기의 성능을 크게 저하시켰기 때문이었다. 이 때문에 NASA는 약 5년 전부터 폴리비닐 플라스틱을 우주 관련 기기에 사용하는 것을 금지시켰다.

혈액은행에서도 비슷한 일이 생겨났다. 예전에는 유리 기구를 사용해 혈액을 저장하고 수혈했는데, 약 십 년 전에 이 유리 기구가 모두 폴리비닐로 대체되었다. 이는 기구가 깨지는 문제를 해결했다는 점에서 분명히 진일보한 측면이 있었다.

이제 폴리비닐 플라스틱 기구를 이용한 수혈이 광범위하게 이루어지던 베트남전의 야전병원으로 자리를 옮겨보자. 이곳에서는 몇 년 전부터 죽음까지도 일으키는 '폐쇼크'라 불리는 증상이 발생하기 시작했다. 이 증상은 대부분 오래 저장되었던 혈액을 수혈하고 나면 나타났다. 이 증상이 의학 논문집에 처음 실린 것은 1959년이었는데, 수혈 과정과는 상관없는 연구에서 나온 결과였다.

1970년, 볼티모어의 카네기연구소 발생학 실험실의 로버트 드 한Robert De Haan박사는 실험 과정에서 어려움을 겪고 있었다. 그가 오랜 기간 동안 연구해 왔던 닭 심장 배아세포 배양조직이 알 수 없는 이유로 자꾸 죽어가는 것이었다. 그가 밝혀낸 이유는 폴리비닐 용기로부터 독성 물질이 배어나와 배양 조직을 죽이기 때문이라는 것이었다. 그는 이 사실을 존스홉킨스 병원의 로버트 루빈Robert J. Rubin 박사에게 알려주었다. 루빈 박사는 이 사실에 대해 매우 우려했는데, 왜냐하면 문제를 일으킨 독성 물질이 병원에서 사용되는 폴리비닐 수혈 기구로부터도 나올 수 있을 것이라 생각했기 때문이다. 그의 연구의 결과, 이런 염려는 사실이었음이 밝혀졌다. 폴리비닐 플라스틱 제조에 사용된 원료 중 가소성을 높이기 위해 첨가된 물질이 혈액 속으로 쉽게 녹아들어간다는 것을 밝혀낸 것이다. 그는 수혈 받은 환자들의 혈액, 소변, 생체 조직 모두에서 이 가소성 증진 성분과 그것이 분해되면서 만들어지는 대사 물질을 발견했다. 그뿐만 아니라 그는 이 가소성 증진제가 혈소판의 점도를 높여 뭉치게 한다는 사실도 밝혀내었고, 그 결과로 '폐쇼크'라 불리는 증상이 발생할 수 있을 것이라고 주장했다.

이 모든 사실이 발표된 것은 1970년 10월의 일이었다. 저자들은 이 사실에 기반해 예전에 폴리비닐로 코팅된 용기에 포장되었던 음식물에서 가소성 증진제가 발견되었던 사례도 설명할 수 있다고 했다. 이 보고서는 당시 미국 식약청FDA의 화학 연구원이었으나 지금은 미항공우주국으로 자리를 옮긴 그로스F.C. Gross 연구원의 주목을 끌었다. 그는 우주선의 가소성 증진제 문제에 대해 연구하는 중이었다. 그는 루빈 박사와의 통화에서 인간이 이 물질에 노출되는 경로는 수혈이나 플라스틱 용기 속의 음식만으로 제한되는 것이 아니며, 자동차 승객이 들이마시는 공기를 통해서도 가능할 것이라고 지적했다.

한편 이 연구의 발표에 따라 과학계에서는 플라스틱에 대한 더욱 다양한 문제 제기가 이루어지고 있었다. 이전 연구를 다시 살펴봄으로써 플라스틱에 들어가는 가소성 증진제 이외에도 '안정제'stabilizers라 불리는 물질이 더욱 심각한 문제를 일으킬 수 있다는 사실이 드러났다. 1968년 한 보고서에서 다음과 같은 내용을 찾아볼 수 있다.

> PVC 성형에 가장 성공적으로 사용된 안정제는 바로 유기주석 화합물organotin compounds이다. 하지만 불행히도 이는 가장 독성이 강한 물질이기도 하다. 그런데 이 물질의 독성이 널리 알려져 있음에도 불구하고 여전히 의료용 플라스틱의 제조에 쓰이고 있다.[11]

이런 문제가 한 번 제기되고 나자 과학자들은 플라스틱 제조에 사용되는 다양한 종류의 안정제와 가소성 증진제의 독성에 대한 연구를 활발히 진행하기 시작했다.[12] 그들의 연구 결과가 지난 십여 년간 자동차 내부시트, 음식 용기, 의료 및 치과용 기구, 장난감과 호스, 반짝거리는 새로운 플라스틱 의복 재료 등으로부터 우리가 얼마만큼의 위험에 노출되어 왔는지를 분명히 밝혀내길 바라는 마음이다. 현재 나온 결과를 살펴보면 이런 위험에 의한 영향은 감지하기 어려울 수 있으며, 증상이 나타난다 해도 매우 느린 속도로 진행될 것이라고 한다. 예를 들어 어떤 물질은 세포 생장에 큰 영향을 미치는 것으로 나타났다. 무엇보다 우려스러운 부분은 최근 해로운 물질로 악명이 드높은 탈리도마이드thalidomide 분자 구조의 일부를 형성하는 무수프탈산phthalic anhydride이 플라스틱 첨가제의 기본 물질로 널리 사용되어왔다는 점이다.

심각한 태아 기형을 유발하는 물질과 플라스틱 가소제로 널리 쓰였다는 프탈산 파생물질 간의 화학적 유사성에 대한 우려가 높아지면서 텍사스의 베일러 대학의 연구자들은 프탈산 물질이 닭 태아의 발달에 미치는 영향에 대해 연구했다.[13]

> 우리 연구의 목적은 PVC 플라스틱 성형에 사용된 프탈산 파생물질이 닭 태아 발달에 악영향을 미칠 수 있는가를 판단하기 위한 것이다.

그들은 연구 결과를 다음과 같이 요약했다.

> 디부톡시에틸프탈산염dibutoxyethyl phthalate은 배아의 기형을 유발했다. 배아 형성 후 3일째에 난황에 이 물질을 투여하자 병아리의 두개골과 안구에 선천적 기형이 발생했다. 또한 안구 주변의 뼈 조직이 형성되지 않아 심한 안구돌출증이 생기거나, 각막이 형성되지 않아 시력이 없는 경우도 발생했다. 우리 연구 결과는

디부톡시에틸프탈산염, 디2메톡시에틸프탈산염di-2-methoxyethyl phthalate, 그리고 옥틸이소데실프탈산염octylisodecylphthate이 발달 중인 닭 배아의 중추신경계를 손상시킨다는 사실을 보여준다. 이러한 영향은 부화한 병아리가 심하게 몸을 떤다든지 움직임을 제대로 제어하지 못하여 정상적으로 서 있거나 걷지 못하는 결과로 나타났다.

이 결과가 의미하는 것이 무엇인가? 이 결과는 플라스틱 자동차 내장재 때문에 우리 모두가 머지않아 모두 죽어버릴 것이라고 이야기하는 것이 아니다. 다만 이 물질에 의한 피해의 가능성이 있으며, 그 피해는 충분한 시간이 지나고 나면 지금 당장 보이는 것보다 더 커질 가능성이 있다는 것이다. 이 결과는 또한 우리의 무지함을 다시 한번 상기시켜 준다. 갑자기 출현하여 우리 주변에서 쉽게 접촉하게 된 수백 가지의 유사한 물질들이 과연 우리에게 어떤 영향을 미칠 수 있을 것인가에 대해 우리는 그다지 잘 알고 있지 못하다. 이 상황은 생태적인 관점 없이 급속도로 발전한 과학기술이 우리 주변의 환경을 크게 변화시켰으며, 또 이런 변화가 장기적으로는 우리에게 훨씬 큰 위협으로 돌아올 수 있다는 경고인 것이다. 아무도 모르는 사이에 우리는 스스로에게 매우 위험한 환경을 만들어버린 셈이다. 이런 상황에서는 우리의 안전이 위태로운 상황에 있을 수 있다고 인식하는 것이 적절할 것이다.

현재 우리가 처한 가장 강력한 생태적 위협은 물어볼 것도 없이 핵전쟁의 가능성이다. 10년 전만 하더라도 군부와 그 지지자들은 핵전쟁 이후에도 승리자가 존재할 수 있다고 주장할 수 있었다. 이런 거짓 주장은 라이너스 폴링Linus Pauling을 비롯하여 여러 독립적 과학 위원회가 제시한 반대 증거에도 불구하고 계속되었다. 이제 와서야 핵전쟁이 일어나면 인류의 생존이 위협받을 수 있다는 사실을 미국과 다른 핵무기 소유 국가들이 인정하긴 했지만, 여전히 그들은 자살 전쟁을 언제든 일으킬 준비가 되어 있음을 보여주고 있다. 그래도 이제는 어떤 정치적 지도자도 핵전쟁 이후에도 문명이 살아남을 수 있을 것이라고 공공연하게 장담하는 일은 없어진 것으로 보인다.

바로 이와 같은 이유를 근거로 나는 현재와 같은 환경 파괴의 추세가 계속된다면 결국 문명이 위협받게 될 것이라고 결론 내렸다. 누군가가 점쟁이처럼 이러한 재앙이 발생할 날짜를 콕 집어준다면 좋겠지만, 그런 시도는 가능하지도 않고, 또 의미도 없다. 미래에 대한 불확실성이 워낙 크기 때문에 그런 예측은 아무 생각 없는 추측과 별반 다르지 않을 것이다. 누군가는 생태적 파괴가 너무 심해진 나머지 더 이상 회복 불가능한 상황에 이르게 되는 시점을 예측하려 할 수도 있을 것이다. 내 생각으로는, 산업화가 이루어진 국가에서는 20년에서 50년 정도의 시간이 남아 있지 않을까 생각이 들기는 하지만, 말 그대로 지금 상태에서는 추측일 뿐이다.

어찌되었든 이런 추측은 그다지 쓸모 있는 일이 되지 못한다. 미래의 더 암울한 상황은 고사하고, 세계는 현재 일어나는 환경 파괴를 견뎌낼 한계를 넘었음이 분명히 나타나고 있기 때문이다. 환경 위기로 말미암아 인간이 받는 고통은 이미 너무 큰 상태이며, 시간이 지날수록 이런 상황을 되돌리는 것은 더욱 힘들어질 것이다. 따라서 정말 중요한 문제는 재앙까지 얼마나 시간이 남았는가가 아니라, 지금 당장 어떤 행동을 취해야만 하는가이다.

인류 생존의 문제를 이야기할 때면 몇몇 생태학자들이 꼭 하는 이야기가 있는데, 현재의 인구 증가율을 보았을 때 인류의 파멸은 피하지 못할 것이라는 예측이 그것이다. 급속한 인구 증가에 의한 극심한 기아가 이르면 1975년부터 개발도상국을 덮칠 것이라고 한다. 나아가 이런 예측까지 나오는 상황이다. "인류를 먹이기 위한 싸움은 이미 끝이 나고 말았다. (……) 1971년 현재, 앞으로 전 세계에서 크게 늘

어날 인간 사망률을 막을 방법은 더 이상 남아 있지 않다".[14]

이렇게 강한 의견이 공공연하게 나오면서 인류의 생존이 오직 인구의 증가에 의해 위협받고 있다는 주장은 상당히 널리 퍼지게 되었다.

이런 주장에 어떤 근거가 있는 것일까? 인구 증가는 매우 복잡하고 광범한 현상이어서 이 책에서는 아주 간단히 다룰 수밖에 없다. 또 미국과 같은 산업화된 국가에서의 인구 증가가 환경 위기에 어떤 영향을 끼쳤는가에 대해서는 9장에서 이미 설명했다. 미국의 인구 증가가 미국 전체의 환경오염 문제에 미친 영향은 아주 제한적이었으며, 만약 미국의 농업과 산업계의 생산 방식이 생태적으로 건전하게 이루어졌다면 환경문제를 훨씬 적게 일으키고도 더 많은 인구를 충분히 먹여 살릴 수 있었을 것이다.

나는 미국이 '인구 과잉'의 문제에 시달린다는 주장을 뒷받침할 만한 생태적 근거가 빈약하다고 반박하지만, 사람들은 인구가 원인이라는 주장을 고수할 만한 다른 근거를 어떻게든 찾아내 들이밀곤 한다. 심지어 내가 아는 한 생태학자는 그가 즐겨 찾는 한적한 등산로에서 항상 누군가를 만나기 때문에 미국은 인구 과잉에 처한 것이 틀림없다고 말할 정도이다. 어쨌든 미국의 인구과잉 문제가 사실임을 나타내는 증거로 여러 가지 이유가 제시되곤 했다. '인구 폭발 방지 운동'Campaign to Check the Population Explosion이라는 모임이 낸 신문 광고의 내용을 보자.[15]

> 너무 많은 사람들이 굶주림에 시달리게 됨에 따라 세계는 공포, 혼돈, 빈곤, 폭동, 범죄, 전쟁으로 뒤덮일 것이다. 그런 상황이 오면 그 어떤 나라도 안전할 수 없을 것이다. 미국도 예외일 수는 없다. 이에 어떻게 대처할 것인가? 인구를 조절하기 위한 특단의 조치가 당장 미국뿐 아니라 전 세계에서 이루어져야 할 것이다.

> 미국 도시의 슬럼가는 일자리 없는 수많은 젊은이들로 넘쳐난다. 그들은 대개 사회에 큰 불만을 가지고 있을 뿐 아니라 마약 중독에 빠진 경우도 많다. 현재의 인구 증가율을 보면 앞으로 이와 같은 처지에 빠진 사람들이 수백만 명이나 늘어날 것이고, 그들은 모두 거리로 쏟아져 나오게 될 것이다. 밤에 길거리에 산책이라도 나가고 싶다면 그 위험은 스스로 감수해야 할 것이다. 작년에 살인, 강간, 강도를 당한 미국인의 비율이 400명당 한 명이었다. 이에 대한 대답은 하나뿐이다. 인구 조절이다.

이 광고는 강도, 강간, 살인, 젊은이들에게 팽배한 사회 불안과 마약 중독, 빈곤, 폭동, 전쟁에 대한 강한 반감을 드러낸다. 그런데 이런 문제에 대해 그들이 내세우는 대안이란 바로 인구를 줄이는 것이다. 그들에 의하면 인구가 줄어드는 것만으로도 반사회적인 행동을 하는 사람들이 줄어들어 그런 문제를 해결한다는 것이다. 하지만 인구 감소 말고도 이런 문제를 줄일 수 있는 다양한 방법—사회과학이나 간단한 경험을 통해 알 수 있는—이 있다. 경제적 안정, 적절한 의식주 제공과 사회 보장 제도의 마련, 군비 축소와 효과적인 교육 정책 등이 그것이다. 범죄, 사회 불안 세력, 마약은 미국에서 심각한 사회문제로 자리 잡았다. 이 같은 사회문제에 대해 인구 증가 대책이 해결책이라고 이야기하는 것은 과학적인 대처라기보다는 정치적인 대처라고 이해하는 것이 더 적절해 보인다.

그럼에도 불구하고 효과적인 피임 정책은 적극적으로 홍보해야 할 중요한 이유가 있다고 강조하고 싶다. 이는 누구든지 자신의 자유의지에 따라 원하는 수의 자녀를 가질 권리와 수단이 있어야 한다는 내 신념을 반영한다. 내가 주장하는 것은 피임 방법의 유용성 자체에 대한 것이 아니라, 피임이 지나치게 강력하게 권장되는 것이 비도덕적일 뿐 아니라 문제의 본질을 왜곡하는 것이며, 나아가 정치적인 퇴

보일 수도 있음을 지적하려는 것이다.

환경 위기의 해결책으로서 인구 조절 정책이 가진 적절한 기능은 이야기할 만한 여지가 있다고 본다. 그러나 이미 언급했듯이, 과학기술의 혁신과 인구 조절 중 어느 것이 더 중요한가를 결정하는 것은 개인의 행동과 사회 현상을 통제하려는 의도를 둘러싼 정치적인 결정이라고 생각한다.

인구 문제에 집중하는 생태학자들은 전 세계적인 인구 증가에 주목하며, 특히 개발도상국에서의 인구 증가는 현실적인 문제이고 미국이 앞장서서 인구 조절을 하여 '모범을 보여야 한다'는 의견을 내세우고 있다. 이 주장을 제대로 평가하기 위해서는 개발도상국에서 지속적인 인구 증가가 일어남에 따라 발생할 수 있는 잠재적 생태 재앙에 대해 먼저 자세히 살펴보아야만 한다.

개발도상국은 가난하다. 급격히 증가하는 인구는 얼마 있지도 않은 국가 자원에 큰 부담을 준다. 기아가 만연하고 경제성장은 더디다. 미국 같은 선진국과 비교했을 때 가난한 국가에서는 분명히 인구 증가와 그 나라 국민의 삶의 질 사이에 직접적인 관계가 있는 것으로 보인다.

지금껏 세계 인구 문제에 관련된 방대하고 복잡한 연구가 축적되어왔다. 이 문제는 다양한 학문 분야를 망라한다. 번식과 관련된 생리학, 성과 인종에 관련된 생물학, 가족과 사회를 다루는 사회학, 농업과 산업 생산을 담당하는 경제학, 그리고 국제 무역과 국제 정치 등 다양한 전공 분야에서 이 문제를 다루어왔다.

인구학자들은 이 다양한 인자들이 서로 어떤 관계를 맺고 있는지에 대해 자세히 연구해왔다.[16] 그 중에는 복잡한 순환적인 관계도 존재하는데, 이는 마치 생태학적인 순환 고리와도 같아서 각 단계가 다른 모든 단계와 연결되어 있는 그런 모습을 보인다. 인구 증가가 직접적으로는 출생률과 사망률간의 차이에서 발생하는 것이 사실이어서 출생률이 증가하면 인구 증가율도 증가하며 사망률이 증가하면 인구 증가율은 감소하지만, 사회적 요인, 즉 가족의 크기에 대한 선호도에 따라서도 이와 반대되는 현상이 나타나기도 한다. 예를 들어 사망률, 특히 영유아의 사망률이 높다면, 그 가족은 대체로 선호되는 가족 구성원 수를 채우기 위해보다 많은 아이들을 낳을 것이다. 그렇다면 오히려 영유아의 사망률을 줄임으로써 출생률을 낮추어서 결과적으로 전체 인구 증가율을 감소시킬 수 있을 것이다. 반면에 출산율이 높을 경우 대개 한 여성이 출산하는 아이의 수가 그만큼 많으므로 오히려 영유아의 사망률을 증가시키는 경향이 있다.

경제적 요인도 역시 관련이 있다. 한정된 경제 자원의 조건에서 인구가 증가하면 1인당 사용할 수 있는 자원량이 줄어들어서 삶의 질이 악화되고 사망률이 증가한다. 동시에 높은 삶의 질은 초혼 연령을 낮추어서 오히려 출산율을 높이는 결과를 낳을 수 있다. 충분한 자원이 있는 조건에서 인구가 증가하게 되면 그만큼 노동력이 증가하게 되므로 결과적으로 경제 활동이 활성화되어 삶의 질이 향상되고 이에 따라 출산율과 사망률 모두에 영향을 미칠 수 있다. 또 경제 활동과 생활수준이 높아지면 대개 교육 수준도 함께 높아지는데, 이는 초혼 연령을 높이고 여성의 취업 기회를 증진시키며 현대적인 피임법의 사용을 증가시켜 더 낮은 출산율의 결과를 가져올 수 있다. 이 모든 것에 더하여 정부의 시책도 영향을 미칠 수 있다. 국가적 홍보나 경제적 인센티브의 제공으로 출산율을 높이거나 줄일 수도 있을 것이다.

이렇게 복잡한 변수들이 인구 증가율에 연관되어 있는 사정을 감안한다면, 미래 인구 증가의 향방이나 인구 증가를 효과적으로 통제하는 방법에 대해 인구학자마다 다르게 생각한다는 것은 당연해 보인다. 물론 어떤 방법을 채택하든지간에 그 정책이 적용되는 국가의 문화적 경제적 특성에 따라 정책 효과는 차이를 보일 것이다. 그럼에도 대부분의 인구학자들이 동의하는 인구 변동의 일반적 특성 중 하나는 바로 인간 인구 시스템의 자기 조절 특성이다.

세계 인구가 한없이 증가할 수 없다는 것은 일반적으로 받아들여지는 사실이다. 그 이유는 식량과 같이 생존에 절대적으로 필요한 자원의 생산에는 한계가 있기 때문이다. 하지만 세계가 생산할 수 있는 식량의 최대 한계는 여전히 논란의 대상이며, 아직까지는 정확히 예측할 수 없다. 그러므로 현 시점에서 내릴 수 있는 결론은, 지구 인구의 최대 한계는 존재하기는 하지만 그 한계가 얼마나 되는지는 여전히 경험에 바탕한 추측 수준에 머물고 있다는 것이다.

인구학자들은 산업화된 국가에서의 인구 성장, 경제, 사회적 요인 간의 관계에 대해 많은 연구를 해왔다. 이는 7장의 '인구학적 천이' 부분에서 이미 상당히 자세히 다룬 바 있다. 산업화된 나라에서는 보통 인구 증가가 안정화되는데, 이런 변화가 풍요로운 사회로 발전함에 따라 자연적으로 나타나는 현상이라는 점은 분명하다. 아마도 사회 구성원들이 부의 축적에 대해 반응하는 방식일 것이다. 생활이 풍요로워짐에 따라 개인이 보다 높은 삶의 질을 추구하고 미래에 대한 자신감이 증진되면서 나타나는 현상일 것이다.

특히 산업화된 나라에서 역사적으로 나타난 인구 증가 패턴의 변화는 많은 것을 알려준다. 삶의 조건이 향상됨에 따라 전체 사망률, 특히 영유아 사망률이 꾸준하게 감소했다. 이 같은 변화가 일어나기 시작하는 단계에서는 높은 출산율이 유지되기 때문에 빠른 속도로 인구가 증가한다. 하지만 시간이 지남에 따라 출산율과 사망률이 모두 감소하면서 인구 증가 속도가 많이 줄어든다. 인구 변화의 마지막 단계인 최근에는 출산율이 빠른 속도로 떨어져 사망률에 비해 아주 약간 높은 수준을 보이면서 인구 증가 속도가 매우 느려지게 된다. 거의 모든 선진국에서 이런 급속한 출산율의 감소가 비슷한 시기에 나타났는데, 그 때는 바로 전체 사망률이 1,000명당 10~12명의 수준인 동시에 영유아 사망률이 1,000명당 20명 정도에 이르렀을 때이다. 산업화된 나라에서 출생률과 사망률이 비슷해진 것은 고작 50~100년에 걸쳐 나타난 현상이며, 사망률의 감소는 대개 생활 조건 향상의 결과로 나타나게 되었다. 달리 말하자면, 인구 균형은 사회의 물질적 기반이 발전하면서 나타난 것이다.

이런 변화를 개발도상국의 인구 추세에 대입해 생각해 보면 몇 가지 중요한 유사점과 차이점이 드러난다. 전반적인 경향을 요약하면 다음과 같다. 전체 사망률이나 영유아 사망률이 선진국 수준에 미치지 못하는 국가에서는 전체 사망률이 점차 낮아지는 추세를 보인다. 또한 산업화된 국가에서와 마찬가지로 출생률이 크게 감소하는 시기는 사망률이 1,000명당 10~12명 수준에 이르렀을 때 나타나는 것으로 보인다. 이런 변화는 대만, 태평양의 여러 군도, 일본, 키프로스, 이스라엘, 싱가포르 등에서 발견되었다. 베네수엘라나 코스타리카와 같은 몇몇 중남미 국가에서는 비슷한 사망률이 나타나기는 했으나 출생률의 감소가 함께 나타나지는 않았다. 하지만 영유아 사망률(선호되는 가족 크기와 밀접한 관계가 있는)이 산업화된 국가의 수준(1천 명당 20명 정도)으로 떨어지고 나면 대부분 출산율도 선진국 수준인 1천 명당 14~18명 정도로 감소하는 것을 볼 수 있었다. 영유아 사망률이 높은 경우에는 출생률이 감소하는 추세를 보인다 해도 여전히 항상 높은 수준을 보였다. 인도의 경우 1951년부터 1961년까지 영유아 사망률이 1,000명당 139명이었고 출산율은 1,000명당 42명이었다. 중남미 국가도 꾸준하게 높은 출산율(1,000명당 45~50명)을 보여주었는데, 이들 국가의 영유아 사망률은 대개 1,000명당 50~90명 수준을 보이고 있다.[17] 대부분의 개발도상국에서는 출생률이 사망률보다 높으며, 따라서 인구 증가의 속도도 그만큼 빠르다.

세계 인구 증가의 미래에 대한 과학적 소견은 아직 명확하지 않다. 미래에 대한 예측은 모두 옛 추세에 기반하고 있기 때문이다. 예측의 근거로 사용할 과거 자료를 어떻게 선택했느냐에 따라 미래 예측이 크게 달라질 수 있다.

그럼에도 현재 나타나는 출생률과 사망률의 추세에 비추어보았을 때 세계의 많은 개발도상국에서 나타나는 인구 증가율의 추세가 어떻게 변할지 어느 정도는 추정할 수 있으며, 개발도상국의 높은 인구 증가세가 계속되다가 마침내 그 많은 사람을 뒷받침할 자원이 없어지면서 재앙이 발생하게 될 때까지 이런 패턴은 바뀌지 않을 것이라고 보는 시각이 있다. 이런 시각에서는 전체 사망률과 영유아 사망률이 여전히 높은 상황임에도 불구하고 출생률을 낮추는 것만이 비극을 피할 수 있는 유일한 방법이라고 본다.

반면에 출생률을 결정하는 보다 미묘한 사회경제적 요인이 있다는 사실을 인정하고, 전체 사망률, 특히 영유아 사망률이 크게 낮아진 다음에야 비로소 출생률과 사망률의 균형이 나타난다는 주장을 믿는다면, 위보다는 다소 희망적인 전망이 가능하다. 이런 희망적인 관점에서 보았을 때 개발도상국의 인구 증가를 해결하기 위한 가장 효과적인 방법은, 볼리비아의 저명한 영양학자인 호세 데 카스트로Josué de Castro가 말한대로, 바로 기아를 해소하는 것이다.[18] 현재 높은 출생률을 보이는 국가에서 사망률과 영유아 사망률을 크게 줄여준다면 출생률 감소가 획기적으로 빨리 달성될 수 있다는 근거는 충분히 많다. 따라서 인구학적 균형은 생활수준의 향상과 영유아의 사망률 감소를 위한 노력으로 접근하는 것이 타당하다고 볼 수 있다.

하지만 인구학적 데이터를 좀 더 보수적으로 해석하는 시각에서는 위에서 제시한 두 가지 전망 중 어느 것도 확실하게 받아들이기가 어렵다. 이 관점에 의하면 위의 두 가지 시각이 상호 배타적인 것이 아니며, 인구 증가를 늦추기 위해서는 출생률을 줄이려는 노력 뿐 아니라 생활수준을 향상시키고 영유아 사망률을 감소시키는 노력이 모두 다 중요하다고 강조하고 있다. 최근에 전 세계적으로 임신, 육아, 피임에 대한 도움을 제공하는 클리닉을 확보해야 한다는 제안이 바로 이런 복합적인 시각을 그대로 보여주고 있다.

모든 개발도상국은 생활수준을 향상시키고 건강을 증진시키려고 적극적으로 노력하고 있다. 피임의 확대를 환영하는 국가도 많다. 최근 가나 정부가 발표한 입장을 살펴보자.

> 우리의 현재 인구 규모가 당장 문제가 될 정도인 것은 아니다. 하지만 지금 추세로 인구 증가가 계속된다면 심각한 사회, 경제, 정치적 문제가 금세기 이내에 발생할 것임은 의심할 여지가 없다. (……) 정부는 적절한 프로그램을 도입하여 실행할 것이다. (……) 물론 이런 정책에 강제성은 없을 것이다. 이는 자발적으로 이루어질 것이며 (……) 누구든 가족계획을 원한다면 정부는 그에 필요한 지원과 서비스를 기꺼이 제공할 것이다.[19]

하지만 인구 증가가 인류 생존에 가장 큰 위협이라 생각하는 일부 미국인들은 각국이 자율적으로 보건과 생활수준을 높여서 출생률을 조절하는 방법에 만족하지 못한다. 그들은 미국의 국력을 이용해서라도 다음과 같은 결정을 강제해야 한다고 주장한다.

> 미국은 다음과 같은 정책을 실시해야만 한다. 인구가 증가하는 국가에 대한 원조를 전면 중단한다. 예외를 허용하되, 이는 해당 국가가 인구를 감소시키기 위한 모든 노력을 기울이고 있다는 사실을 신빙성 있게 증명할 수 있는 경우로만 제한한다. (……) 세계를 위협하는 문제의 해결을 방해하는 국가나 단체에 대해서는 극단적인 정치적, 경제적 압력을 행사해야만 한다. 만약 그런 조치가 억압적이라고 판단되는 경우에는 대안을 고려해볼 수도 있다.[20]

출생률을 직접 통제하는 프로그램을 개발도상국에 강제해야 한다는 생각은, 한 사회가 다른 사회에게 그런 프로그램을 받아들이도록 강제할 수 있으며, 또 그렇게 하는 것이 도덕적으로 문제가 없다는 신념이 있어야만 가능하다. 그러나 이는 개발도상국으로부터 유사한 정치적 반응을 유발시킬 것이다. 그들은 전체 사망률과 영유아 사망률을 낮추지 않고, 높은 생활수준도 성취하지 못한 상태에서 직접적으로 출생률을 낮추는 노력은 인류 역사상 한 번도 일어난 적이 없다고 지적할 것이다. 그리고 왜 하필이면 그렇게 결과도 분명하지 않을 거대 실험의 대상으로 자국이 지목되었는지에 대한 도덕적 정당성을 물을 것이다.

만약 이런 방식이 독재적이고 인간 가치를 침해하는 것이라고 판단된다면, 그 방식 대신 이미 성공적으로 인구 증가를 해결한 전력이 있는 방법을 사용해야 할 것이다. 그 방법은 바로 생활수준의 향상, 영유아 사망률을 줄이기 위한 과감한 노력, 사회복지 보장, 원하는 가족 규모를 위한 자발적인 피임 방법 제공이다. 개인적으로 나는 이런 방식이 유효하다고 생각한다.

정치적 관점에 따라 개발도상국의 인구문제에 대한 해석이 달라진다는 사실은 다음의 두 보고서에서 명확히 드러난다. 두 보고서 모두 1966년 9월 경제개발위원회Committee for Economic Development, CED에 의해 발표되었다. 편의상 리포트A라 불리는 보고서는 다음과 같이 말했다.

> 지난 10년간의 경험이 우리에게 말해주는 것은, 저소득 국가에서 빠른 성장을 이루기 위해서는 '인구의 함정'을 피하게 하거나 그로부터 반드시 빠져나오도록 해줘야 한다는 것이다. 인구 함정이란 인구가 너무 빨리 증가하여 경제 발전 속도를 능가함에 따라 경제성장이 저해되는 현상을 말한다. (……) 인구문제에 효

> 과적으로 대처하기 위해서는 가족계획 같은 프로그램이 반드시 실행되어야 한다.

반면 중남미 문제를 주로 다룬 리포트B는 다음과 같이 말했다.

> 중남미 인구 증가 속도는 세계 어디와 비교해도 빠른 것이 사실이다. 이는 당연히 국가 생산력을 저하시키는 결과를 낳을 수 있다. 하지만 반드시 이러한 효과가 나타난다고 단언할 수도 없다. 따라서 이런 상황을 이용해 산아제한, 완곡하게 표현하자면 가족계획을 해결책이라고 제안하기도 어려운 것이 사실이다. (……) 또한 중남미의 경험은 이것이 주된 요인이 아니었음을 말해준다. (……) 산아제한은 해결책이 아니다. 그보다는 식량 생산의 증가와 경제 개발이 더 중요하며, 이를 통해 경제력을 향상시켜 보다 높은 생활수준을 이루는 것이 효과적인 해결책이라 할 것이다.

이 두 보고서[21]는 같은 기관에 의해, 심지어 동시기에 출간되었음에도 불구하고 인구 조절 문제에 대해 매우 상반된 입장을 보이고 있다. 이 차이가 보여주는 중요성은 상반된 견해 자체뿐 아니라 각각의 저자가 다르다는 점에서도 드러난다. 가족계획을 강조하는 리포트A는 CED의 자원정책위원회Resource and Policy Committee에 의해 작성되었다. 이 위원회는 대부분 유명한 기업인으로 구성된 44명의 미국인들로 이루어져 있다. 한편 산아 제한보다는 영양 상태의 개선과 영유아 사망률 감소를 강조하는 리포트B는 CED 미국간상업생산위원회Inter-American Council for Commerce and Production가 작성 했는데, 이 위원회의 위원들은 페루, 칠레, 브라질, 아르헨티나, 우루과이, 멕시코, 콜롬비아, 에콰도르, 베네수엘라, 미국인들로 구성되어 있다. 그뿐만 아니라 이 둘 간의 차이점을 극명하게 드러나게 한 일이 있었다. 리포트B 위원회의 유일한 미국인 출신 위원이 "이 보고서는 산아제한이나 가족계획의 문제점을 과장하고 있다"고 강력한 반대 의견을 보고서에 첨가한 것이었다.

중남미 국가들은 앞서 언급된 선진국의 경험을 따라 인구 균형을 이루고 싶어 한다. 즉 생활 조건의 향상과 사망률의 감소 이후에 자연스럽게 나타난 출생률의 감소에 주목한 것이다. 한편 미국인들은 가난한 나라들에게 역사상 한 번도 일어난 적이 없었던 인구 균형의 길을 강요하고 있다. 그 방식은 '가용한' 자원 수준에 맞는 인구 수준을 달성하기 위해 인위적으로 인구 규모를 제한하는 것이며, 특히 높은 사망률과 영유아 사망률로 대표되는 열악한 생활수준을 해결하지 않은 채 이를 강제하려는 것이다. 이를 살펴보면 점차 분명해지는 것이 있다. 세계 인구 증가와 인구 조절의 문제는 사실 이보다 더 큰 정치적 문제의 부수적 의제라는 것이다. 그 큰 문제의 핵심은 바로 부유하며 크게 발전한 과학기술을 지닌 선진 국가와, 힘든 여건에서 생활수준을 높이기 위해 애쓰고 있는 가난한 국가 사이의 관계에 있다. 이 문제를 이해하기 위해서는 우리는 이 두 가지 부류의 국가가 형성되면서 나타난 역사적 관계의 특성을 살펴보아야만 한다.

그 중 가장 중요한 것은 이미 이야기한 두 가지 이슈를 중심에 두고 있다. 선진국의 현대 과학기술이 환경에 미치는 영향과, 개발도상국에서 빈곤과 빠른 인구 증가가 환경에 미치는 영향이다. 선진국의 부는 다분히 현대 과학과 기술을 이용한 자연 자원의 이용에 의해 이루어졌다고 할 수 있다. 제2차 세계대전 이전에는 이런 활동이 주로 자연자원의 활용에 의지하는 양상을 보였다. 세계 곳곳의 개발되지 않은 국가들이 단지 고무, 유지油脂, 목화와 같은 자연자원이 풍부하다는 이유로 선진국의 식민지로 전락해 착취당했다. 식민주의가 현재 세계에서 나타나는 급격한 인구 증가를 가능하게 한 일등 공신이었음을 보여주는 증거는 많다.

이야말로 캘리포니아 주립대학의 네이튼 키피츠Nathan Keyfitz가 내린 결론이었다.[22] 그는 현재 개발도상국에서 나타나는 인구 폭발과 식민지 체제의 영향에 대해 연구했다. 그의 주장에 의하면 서구 산업 자본주의가 1800년대부터 1950년대까지 성장하면서 세계 인구가 10억 명 이상 증가 했는데, 그 인구 증가의 대부분은 식민주의 시대에 원자재 수탈 대상이었던 개발도상국에서 필요한 노동력을 충당하기 위해 발생했다는 것이다. 그리고 제2차 세계대전 이후 현대 과학 기술에 의해 열대지방 식민지의 원자재로 쓰이던 재료 대부분이 합성 물질로 대체되자 선진국들은 결과적으로 "의도하지는 않았지만, 사실상 열대 지역에 사는 거의 대부분의 사람들을 쓸모없는 존재로 만들어버린 것이다."

네덜란드는 인도네시아 식민지로 현대 기술을 가져가 생활수준을 높여주고 토착민의 사망률을 감소시켰다. 식민시대 인도네시아의 인구학 대가이자 인류학자인 클리포드 기어츠Clifford Geertz도 네덜란드인들이 인도네시아 원주민의 인구 증가에 힘쓴 중요한 이유는 바로 그 식민지의 자연 자원을 뽑아내는 데 필요한 노동력 확보를 위한 것이었다고 말했다.[23] 하지만 이렇게 증가한 생산성의 결과물은 인도네시아에 남지 않았고, 대신 네덜란드로 옮겨져 네덜란드의 인구 안정화에 기여했다. 사실상 인도네시아에서 나타난 인구 변화의 첫 단계인 인구 증가는 네덜란드에서의 인구 변화의 두 번째 단계인 인구 안정화를 이루기 위한 것이었던 셈이다. 이는 인구학적 기생주의demographic parasitism라고 볼 수 있는 현상이었다. 그 후 나타난 마지막 아이러니는 전후의 합성 화학 물질의 개발로 인한 것이었다. 합성 화학물질의 개발로 인해 인도네시아의 자연고무 무역산업은 붕괴 했고, 그 결과 인도네시아는 인구 안정화를 이룰 수 있는 기반이 될 경제적 성장의 토대를 잃고 만 것이다.

이런 식으로 현대 과학 기술은 선진국의 환경 위기와 개발도상국의 인구 문제를 이어주는 주요한 연결고리가 되었다. 제2차 세계대전 이후 자연적인 원재료를 합성 재료로 대체하는 추세는 선진국의 생태계 오염을 증가시켰을 뿐 아니라 개발도상국에서는 증가하는 인구를 지원하기 위한 경제 수단을 무력화시키는 결과를 가져왔다. 선진국은 보통 자신들이 후하게 나눠주는 새로운 과학기술에 세계 모든 국가들이 의존한다고 생각하는 경향이 있다. 하지만 머지않아 도움은 선진국이 생각하는 정반대 방향으로부터 오는 상황이 발생할 수도 있다. 지구가 환경 균형을 되찾으려면 선진국은 생태적 비용이 높은 합성물질에 대한 의존도를 줄이고 대신 자연으로부터 나오는 재료를 더 많이 사용해야만 한다. 그리고 이것이 생태적으로나 경제적으로 가능하기 위해서는 대부분의 생산 활동이 개발도상국가에서 이루어져야 할 것이기 때문이다.

한편 첨단 과학기술에 의해 나타나게 된 여러 가지 환경 재앙은 개발도상국으로 수출되는 양상이 나타나고 있다. 워싱턴 대학의 자연시스템생물학연구센터와 자연보존재단이 주최한 학술대회에서는 새로운 과학 기술이 개발도상국에 도입되면서 전혀 예상치 못한 환경문제를 유발한 수많은 사례가 소개되었다.[24] 그 중 가장 잘 알려진 사례는 앞서 이야기한 바 있는 아스완댐에 관한 이야기다. 아스완댐으로부터의 전력과 관개灌漑가 제공하는 편익을 제대로 평가하기 위해서는 관개 수로에 사는 달팽이류에 의해 퍼지는 주혈흡충병schistosomiasis이라는 심각한 병을 고려해야만 한다. 아프리카에 있는 카리바댐도 건설 이후 파리에 의한 질병을 퍼뜨림으로써 하천을 따라 살고 있던 농민들의 삶을 파괴했다. 남미와 아시아에서는 DDT를 비롯한 여러 가지 합성 살충제의 도입으로 인해 자연 상태의 천적이 제거되면서 새로운 해충 피해를 일으켰을 뿐 아니라, 해충의 내성마저 높아지는 결과가 발생했다. 과테말라에서는 광범위한 살충제 사용을 통한 말라리아 박멸 프로그램이 시행된 지 12년이 지났지만, 말라리아를 유발하는 모기에게는 살충제에 내성이 생겼고 말라리아 발병률은 프로그램 이전보다도 오히려 더 높아지고 말았다. 게다가 과테말라 여인들의 모유 속에 들어있는 DDT 농도는 전 세계 어느 곳보다도 높게 나타나고 있다. 그리고 절대로 잊지 말아야 할 것은, 미국이 베트남전에서 수행한 고엽제 작전이다. 이 작전은 이 세상 어디에도 전례 없는 거대한 규모로 다양한 제초제를 살포했으며, 그 결과 인간에게 미칠 독성 영향에 대해서는 아무것도 밝혀지지 않은 채 남아 있는 상태이다. 결국 과학기술의 혜택을 누구보다도 바라는 개발도상국들은, 과학기술로 인한 혜택보다는 피해를 훨씬 더 많이 받고 있는 상황이다.

환경과 인구 위기는 둘 다 기술적, 경제적, 정치적 힘의 작용으로 인해 나타난 예기치 못한 결과이다. 따라서 이에 대한 해결책도 그 문제를 만들어낸 다양한 영역에서 많은 노력을 들이면서 찾아야 할 것이다. 이런 시도는 문제의 원인과 결과가 보여주는 거대한 규모와 복잡한 특성 뿐 아니라 사안의 긴급함을 고려했을 때 인류 역사상 전례 없는 일이다.

따라서 보다 쉬운 해결책이 없을까 고민하는 것은 자연스런 일이라 하겠다. 이 문제의 본질은 인구 증가의 한계와 생태적 균형의 유지라는 생물학적 성격을 지니고 있다. 따라서 경제적, 사회적, 정치적 문제의 복잡한 그물을 가로질러 지나가 문제를 해결하고자 하는 의도는 당연히 나타날 수 있다. 그리고 그러한 시도가 인구 위기에 대한 생물학적인 해결책, 즉 산아제한이라는 방식으로 나타나고 있는 것이다. 하지만 이와 같은 환원론적 시도는 실패할 수밖에 없다고 나는 확신한다.

세계 인구문제의 해결을 위해 농학자인 윌리엄 패독William Paddock과 폴 패독Paul Paddock이 주장한 해결책을 수용한다고 생각해보자. 그들은 기근에 의해 극심한 어려움에 처한 나라에 대해 '부상자 분류법'triage의 방식을 적용해야 한다고 주장한다.[25] 부상자 분류법은 전시 의료 체계에서 부상자를 세 가지로 분류하는 방식이다. 목숨을 구하기 어려운 정도의 심각한 부상자, 즉각적인 치료로 목숨을 건질 수 있는 부상자, 그리고 고통과는 상관없이 별다른 의료 행위 없이도 살아남을 수 있는 부상자로 나누는 것이다. 예를 들자면, 어떤 국가가 너무나 심한 기근에 처한 나머지 살릴 수 없는 상황에 빠져버렸는지, 아니면 원조에 힘입어 살아날 수 있을 것인지를 미국이 결정할 수 있다는 것이다. 이 방식이 지닌 윤리적이고도 정치적인 참혹함에 대해서는 눈감을 수 있다고 치자. 그렇다 해도 이 방식을 사용한다고 한들 생물학적 재앙을 피할 수 없다는 것은 분명하다. 그 이유는 다음과 같다. 기근은 대개 전염병을 유발하는데, 현대사회에서 전염병이 국경 안에만 머무르는 경우는 없다. 패독의 방식은 세계를 일종의 생물학적 전쟁의 소용돌이로 몰아넣을 것이다. 뿐만 아니라 이 방식이 지닌 잠재적인 정치적인 파장 또한 무시할 수 없다. 과연 그 어떤 국가가, 현재의 처참한 상황에 자신을 빠뜨린 바로 그 장본인인 국가로부터 죽음을 선고받았는데 아무런 보복 없이 그 운명을 순순히 받아들이겠는가? 따라서 패독의 방식은 '가망 없는' 나라 하나만을 죽음에 빠뜨리는 것에 그치지 않고 전 세계를 정치적 혼돈과 전쟁으로 몰아넣을 가능성이 있다. 그리고 이런 정치적 퇴보의 첫 희생자는 바로 미국이 될 가능성이 높다. 왜냐하면 부상자 분류법을 주장한 사람들에 의하면 이 방법은 다음과 같은 특성을 지니기 때문이다. "부상자 분류법의 약점은 바로 미국과 같은 민주적 정부에 의해 이행되기가 어렵다는 점에 있다." 이런 정책이 정말 받아들여진다면, 그들이 미국의 '약점'이라고 본 민주주의에 기반한 정부가 과연 지속될 수 있겠는가?

위기 상황의 원인이 과학기술의 힘에 있다고 보는 입장이나 인구 증가 때문이라고 보는 입장이나 둘은 묘한 평행선을 달리고 있는 것으로 보인다. 이 두 가지 시각 모두 과학기술이나 인구 증가라는 문제가 우리가 도저히 통제할 수 없는 대상이며, 이 문제들은 자신의 의지대로 돌진하여 결국에는 인류를 파멸에 몰아넣을 것이라고 생각한다. 이런 생각의 말로는 당연히 공포와 혼란일 뿐이다. 생존 유지만이 가장 중요한 지상 과제가 되고, 인간성은 가치 없는 것으로 치부될 것이다. 이렇게 해서는 '범죄 퇴치'나 '빈곤 퇴치'가 아니라, 인간 자체를 퇴치하는 결과로 끝나고 말 것이다.

역사적으로 인류는 인류 내부에서 발생하는 분쟁을 해결하기 위해 끊임없이 애써왔다. 그 과정에서 우리가 배우게 된 인간 문명의 미덕은 바로 갈등 해소 방식을 발전시켰다는 것이다. 강자가 약자를 누르던 방식으로부터 벗어나 새로운 사회적 관계를 형성하도록 발전해왔다. 이런 관점에서 보면 전쟁 역시 사회문제를 해결하는 방식이긴 하지만, 전쟁은 사회적인 해결 방식 대신 죽음이라는 생물학적 결과로 문제를 해결하려는 것이다. 나는 강제된 인구 조절이라는 방식은 전쟁과 크게 다를 것이 없다고 생각한다.

바로 이것이 환경 위기와 인구 문제 두 가지를 동시에 바라봄으로써 배울 수 있는 교훈이다. 우리가 자연 환경과 인간성을 모두 지키면서 살아남고자 한다면, 이 둘을 위협하는 사회적 문제를 사회적으로 풀어나갈 수 있는 방법을 강구해야만 한다.

제12장
생태학의 경제적 의미

지금까지의 논의를 보면 환경 위기에 대한 대응은 순수한 "모성애"의 발로도, 잠깐 유행하는 라이프스타일의 결과로 나타난 것도 아니며, 경제적, 사회적, 정치적 갈등을 회피하기 위한 수단도 아니라는 점은 분명하다. 오히려 그와는 정반대로 환경문제는 현대사회를 지배하는 중대한 문제의 근원을 그대로 보여주는 것 같다. 환경 위기는 지구의 자원과 그를 통해 창출된 부에 대한 사회적 수요가 빚어낸 갈등과 긴밀하게 연결되어 있다.

생물학과 같은 자연과학 분야로 제한되었던 환경과학자들의 관심은 이제 공학 기술과 인구학으로 확장되었고, 더 나아가 경제학과 정치경제학과 같은 학문 분야까지 이르게 되면서 논쟁을 불러일으키고 있다. 환경과학자들이 경제학이나 정치학과 같은 복잡한 사회과학의 영역으로 들어가지 않는다면, 사회과학자들 또한 그들에게는 매우 생소한 분야인 환경과학의 영역으로 들어가기가 매우 힘들 것이다. 한편 환경과학자가 경제학적 영역에 직접 뛰어든다면 그는 생소한 이론과 경제학에 대한 이해 부족으로 큰 혼란을 겪으면서 결국에는 그 분야의 전문가들로부터 무시당할 수도 있을 것이다. 그럼에도 불구하고 현재의 위급한 상황을 고려한다면 경제학자와 환경과학자들은 각자의 전문 분야로부터 벗어나려는 노력을 해야만 한다. 그리고 그에 따라 나타날 수 있는 비판을 기꺼이 (가능하다면 즐겁게) 수용하고, 이를 사회적 의무로 받아들여야만 한다. 물론 환경과학자들이 경제학을 새로이 쓴다든지, 경제학자들이 환경과학이라는 분야를 재발견해야 한다는 것은 아니다. 그보다는 각 분야가 서로의 전문성에 의존하며 환경 위기와 사회적 현상 사이의 연결 고리를 밝히는데 애써야 할 것이다. 이 장의 내용은 이에 대한 내 나름대로의 노력을 반영한 것이다.[1]

지난 몇 년간 환경 위기에 대한 시민들의 관심이 높아지면서 예전에는 냉담한 자세를 보였던 경제학이나 정치과학 분야도 환경문제에 관심을 가지기 시작했다. 그래서 지금은 환경 위기의 경제적, 정치적 측면에 대한 중요한 연구가 어느 정도 이루어졌으며, 환경과학자들도 그 연구 결과를 참고할 수 있게 되었다. 하지만 외부에서 보기에는 최근까지도 환경문제는 고전경제학의 주요 의제로부터 거의 완전히 배제되어 왔음은 분명해 보인다.

고전경제학은 시장이라는 거대하고도 정밀한 시스템에 의해 부의 생산과 분배가 이루어지는 현상을 중심에 두고 있다. 로버트 하일브로너Robert L. Heilbroner의 말을 빌리자면, "시장은 언제 어디에나 존재하는 네트워크로서, 생산과 재화와 서비스가 구입되고 판매되는 곳이다."[2] 생산된 재화와 제공되는 서비스는 다른 종류의 재화나 서비스와 교환되며, 교환 가치는 일차적으로는 공급과 수요의 상호작용에 의해 결정된다. 이것이 경제의 '사적인' 영역을 이룬다. 이러한 기본 구조 위에 있는 것이 '공적인' 영역이다. 이는 다양한 사회적 기능을 수행하기 위한 정부 기관의 지출로 이루어져 있는데, 병원 건립으로부터 베트남전에서 '적군 마을'을 폭격하는 작전까지 다양한 일들이 이에 포함된다. 마지막으로 정부의 경제 활동과 사적인 경제 영역 간의 복잡한 상호작용이 있다. 예를 들자면 정부가 기업의 대규모 생산 활동을 규제하는 것이나(공중 보건과 환경의 안전 보장을 위해), 국가 재정 정책 등이 그것이다. 이 영역은 매우 복잡한 분야일 뿐 아니라 주장의 근거에 논쟁의 여지가 많고 그만큼 이론적으로 뒷받침하기가 어려운 것이 현실이며, 이는 미국의 집권정당의 일관성 없는 정책이라는 사례로 잘 나타나고 있다.

최근까지도 고전경제학 이론에서 환경이 차지하는 부분은 매우 작았다. 미국의 경제학 교과서를 살펴보면 환경문제는 '외부 경제와 외부 불경제external economics and diseconomics'라는 용어로 불리며 고작 몇 쪽에 걸쳐서만 언급될 뿐이다. 그러다가 교환이라는 기본 경제활동에 포함되지 않는 것들을 설명하기 위해 '외부효과'라는 용어가 경제 이론에서 사용되기 시작했다. 기본적으로 교환은 반드시 상호 호혜적이며 자발적이어야 한다. 교환은 거래 당사자 모두가 교환으로부터 무엇인가를 얻을 것이라는 기대를 전제로 하여 자발적으로 참여하며 성립되기 때문이다. 이와는 반대로, 외부효과의 특성은 상호 호혜적이지도 않으며 자발적이지도 않다. 수은의 사용은 클로르알칼리 생산자에게는 이익을 안겨주지만 어민들에게는 손해를 끼친다. 수은을 사용하는 쪽은 자발적으로 이를 이용하지만 수은에 의해 피해를 입는 쪽은 비자발적으로 손해를 감수해야 한다. 이것이 바로 부정적 외부효과의 사례이다. 현실적으로는 드물지만, 이론적으로는 외부효과가 긍정적인 경제효과를 가져올 수도 있다. 깔끔하게 관리된 골프장이나 농장 옆에 사는 집 주인이 누리는 쾌적한 환경에 의한 혜택이 바로 그런 사례라고 하겠다. 하지만 고전 경제학은 시장에서 발생하는 상호 호혜적이고 자발적인 교환에 기반하고 있었으므로, 그 안에 외부효과가 차지할 만한 자리는 지금껏 거의 없었다. 경제 이론이 사적인 교환에 훨씬 더 큰 비중을 두고 있음을 고려한다면, 본질적으로 사회적 의미를 지닌 외부효과 같은 경제적 교환이 경제 이론에 개입할 여지가 없었다는 것은 당연해 보인다. 그러나 최근 환경문제가 매우 큰 부정적 외부효과를 만들어내기 시작하면서, 이전에는 이를 사소한 문제로 치부했던 경제학자들의 관심을 끌게 되었다.

이에 따라 그들에게 지워진 임무는 앞서 설명한 바 있다. 환경 파괴가 일으키는 사회적 비용을 어떻게 평가할 것이며, 어떤 방법으로 이 비용을 현재 경제 체제 속으로 편입시킬 것인가? 영국 경제학자인 피구A. G. Pigou는 부정적 외부효과를 발생시키는 경제활동에는 세금을 물리고 긍정적 외부효과를 발생시키는 경우에는 보조금을 지급하는 방법으로 외부효과를 '내부화'시키자고 주장했다.[3] 부정적 외부효과에 물리는 세금은 결과적으로 상품 가격을 인상시킬 것이다—환경에 악영향을 미치는 생산 과정 자체에서 발생하는 비용이나 그런 생산 활동을 규제하기 위한 비용이 가격에 포함됨으로써 '진정한' 비용이 반영될 것이기 때문이다. 어떤 경제학자들은 이런 방법으로 현존하는 시장체제가 환경보호의 비용을 적절히 반영하도록 바뀔 수 있다고 믿는다. 이 경우 더 포괄적인 상호 호혜적이며 자발적인 교환 시스템이 만들어지는 것이므로, 경제 구조의 근본적인 변화는 필요하지 않을 것이다. 생산자는 환경오염 방지에 들어가는 비용이나 폐기물을 버리는 편익에 대한 비용을 제대로 지불하게 될 것이다. 예전에는 외부효과였던 것들이 내부화되면서 시장의 영향력 아래 놓이게 될 것이다. 생산자는 오염 방지 비용이나 세금으로 인한 생산 비용의 증가를 반영하여 상품 가격을 인상시킬 것이고, 소비자는 이에 기반하여 선택을 할 수 있게 된다. 한편 이렇게 거둬진 세금은 환경을 보호하거나 복원하는 사업에 사용될 수 있을 것이다.

이러한 접근 방식에 대해 상대적으로 사소한 비판 의견이 있기는 하다. 이 정책을 시행하기 위해서는 복잡한 규제, 허가, 과세, 감시체계가 필요할 텐데, 이는 모두 '자유기업경제'의 정신을 훼손할 뿐 아니라 시장을 작동시키는 원리인 자율적인 교환체제를 방해할 것이라고 보는 의견이다. 또 생산자들이 사실상 세금으로 환경오염을 정당화할 수 있는 권리를 살 수 있게 하므로, 세금으로는 결코 복구할 수 없는 환경 파괴 행위에 면죄부를 주게 될 수도 있다는 것이다.

하지만 더 본질적으로는 과연 고전적인 '시장' 경제가 환경보존과 공존할 수 있는가에 대한 의문이 존재한다. 뉴욕타임스의 경제칼럼니스트인 데일E.L. Dale의 글은 이 문제제기에 근거가 있음을 보여준다. 그는 사기업이 주도하는 경제체제가 무한성장이라는 '철칙'에 기반하고 있다고 지적하고, '생산성의 증가로 창출되는 이윤추구에 대한 욕망은 언제나 개개인의 결정을 압도할 것'이라는 전제 때문에 이를 멈출 수 없을 것이라고 보았다. 데일은 이러한 원칙이 환경보존에 적용될 경우 나타나게 될 결과에 대해 다음과 같이 이야기했다. "우리가 지닌 과학기술은 지속적인 GNP의 성장을 가져다주었지만, 환경오염에 관한 한 하나의 문제를 해결하고 나면 또다시 새로운 문제를 만들어내는 결과를 가져왔을 뿐이다. (……) 따라서 과연 환경보존이 가능할 것인가에 대해서는 의문을 제기할 수밖에 없다. 총생산과 인구당 생산량은 계속 증가할 것이며 (……) 따라서 장기적인 관점에서 이 문제를 해결할 수 있는 방법은 한 가지 뿐이다. 바로 인구를 줄이는 것이다."[4]

이러한 생각은 산업경제주의자들의 환경문제 인식에 잘 드러난다(1장의 몇 가지 예문을 상기해 보자). 그들에 따르면 경제체제는 생산성과 생산물의 증가를 추구한다는 원칙에 의해 움직인다. 물론 자원의 한계로 인해 끝없이 생산성을 늘리는 것은 불가능하지만, 어쨌든 생산량의 증가는 환경오염을 유발하기 때문에 인구를 감소시켜 생산량의 증가를 막는 것만이 유일한 대안이라고 주장한다. 하지만 앞에서 이미 말했듯이 현재 인구를 유지하기 위한 총 자원량은 부족하지 않다. 따라서 그들의 주장은 침몰하는 배를 구하기 위해 승객을 바다에 빠뜨려 하중을 줄이자는 말과 다를 것이 없다. 배 자체에 근본적인 문제가 있을 수도 있다는 의문을 제기하려는 의지는 전혀 없는 것이다.

이는 환경 위기가 근본적인 사회문제와 충돌할 수밖에 없음을 보여주는 사례라고 할 수 있다. 사기업의 이윤추구를 위한 경제체제가 과연 생태적 원리와 공존할 수 있는가라는 근본적인 질문이 나올 수밖에 없는 것이다. 물론 이 의문은 현재 세계를 지배하고 있는 또 하나의 주류 경제체제인 사회주의 체제에도 똑같이 적용된다.

환경문제에 의한 외부 효과와 자본주의 경제체제의 관계에 대해 포괄적으로 연구한 카프K.W. Kapp의 주장을 살펴보자. 웨슬리안 대학의 경제학자였던 카프는 불행히 주목받지 못했지만 매우 중요한 저서인 『사기업의 사회적 비용The Social Costs of Private Enterprise』을 1950년에 출간했다. 이 책에서 주목할 만한 내용 중 하나는 당시대가 환경오염 문제가 악화되기 이전이었음에도 환경오염 문제의 심각성을 매우 자세히 묘사하고 있다는 점이다. 또 한 가지 주목할 만한 점은 환경문제의 외부 효과를 고려했을 때 '경제적 성장으로 많은 것들이 쓸모없어지는 결과가 나타나는데, 그 중 하나가 바로 경제이론'[5]이라는 지금까지도 매우 독특한 시각을 제시하고 있었다는 것이다.

그는 이 책과 1963년 개정판에서 환경문제의 외부효과에 대해 다음과 같은 핵심적인 사항을 주장했다. 외부효과는 전통적인 사기업 통상경비의 매우 큰 부분을 차지하고 있으며, 산업계에 따라 그 비중은 15퍼센트에 이를 수도 있다고 한 것이다. 더 나아가 그는 전체 비용에 환경 외부효과를 포함시킨다면 '총 비용이 생산에 의한 편익을 초과하는' 경우도 생길 수 있다고까지 했다. 마지막으로 이 같은 외부효과를 경제학적 분석에 포함시킨다면 '부와 생산에 관한 고전주의 경제학과 신고전주의 경제학 이론의 재편성'까지 불러올 것이라 주장했다.

카프는 자본주의 경제체제가 가진 근본적인 문제에 다음과 같이 비판했다.

> 전통적인 신고전주의 이론이 제시하는 가격 결정 방식은 추상적인 개념에 기반하고 있다. 이를 넘어서서 이전에는 제대로 지불되지 않았던 사회적 비용이 가격에 반영된다면, 효율성에 기반하여 사적 투자가 결정되고 투자를 기반으로 경제적 이익을 창출한다는 사적 기업 활동에 대한 생각이 환상에 불과하다는 것을 깨닫게 될 것이다. 기업은 제3자에게 전가된 환경 외부 비용을 포함하지 않음으로써 실질적인 비용을 제대로 계산하지 않는다. 이는 전통적인 비용편익의 계산방식이 진정한 비용을 왜곡시키며 대규모의 사회적 폐해를 은폐하는 제도적 도구로 사용되고 있다는 것이다. 이러한 폐해는 일찍이 이상주의적 사회주의자들과 그들의 뒤를 이은 마르크스주의자들이 주장한 자본주의 체제의 근본적인 모순, 즉 인간에 대한 인간의 착취보다도 더 심각한 문제인 것이다.[6]

요약하자면 고전적인 자본주의 경제이론으로는 경제성장의 기반인 현대 과학기술이 만들어내는 강력한 외부효과를 설명할 수 없다고 카프는 주장하고 있다.

이는 다음의 두 가지 근본적인 문제제기로 이어진다.

1. 모든 생산시스템의 기반이 되는 생태적 안정성과 자본주의 경제체제가 지닌 본질적인 특성 사이에서 나타나는 괴리는 과연 얼마나 큰 것인가?

2. 환경 위기와 생태계 붕괴를 막기 위해서 당장이라도 '자연에 대한 빚을 갚기 위해' 중대한 조치를 취해야만 하는 현 상황에서 과연 자

본주의 경제체제가 할 수 있는 일은 얼마나 되는가?

이제부터 이 문제의 해결을 위한 단서를 찾아보도록 하자.

일단 고전경제학의 관점에서 자본주의 경제체제의 근간을 이룬다고 보는 사적이윤의 추구로부터 시작하자. 미국과 같이 자본주의 경제체제를 가진 국가에서 이윤추구와 환경오염 사이에는 어떤 관계가 있는가? 미국의 환경오염은 제2차 세계대전 이후 산업 생산 기술의 전환과 깊은 관련이 있다. 우리가 현재 겪는 환경오염 문제의 대부분은 1946년 이후 산업과 농업 분야에서 신기술이 대거 출현함에 따라 발생한 것이다. 이때에 등장한 새로운 기술의 대부분은 그것이 대체한 옛 기술에 비해 훨씬 많은 환경오염을 일으켰다.

그러므로 제2차 세계대전 이후 미국의 사기업들은 환경오염을 심화시킨 새로운 생산기술에 우선적으로 투자하는 선택을 한 것이다. 이런 형태의 투자를 이끌어낸 동기는 무엇이었을까? 하일브로너는 이렇게 말했다.

> 새로운 투자는 낡은 자본을 대체하기 위한 것이거나 새로운 자본을 추가하기 위한 것이지, 기업 소유주의 개인적인 만족을 위한 경우는 없다. 투자 결정의 중심에는 오직 이윤 추구라는 목적이 있을 뿐이다.[7]

새로운 기술의 도입은 전쟁 이후 기업의 이윤을 높이는데 매우 중요한 역할을 수행했다. 이윤과 기술을 연결시켜주는 경제적 인자는 생산성, 즉 투입된 노동력 당 생산되는 재화의 양이다. 생산성은 제2차 세계대전 이후 급격하게 증가 했는데, 하일브로너에 의하면 이것이 가능했던 것은 신기술 덕분이었다. 그에 따라 나타난 일들은 다음과 같았다. 전후 새로운 투자는 이윤의 증가를 위해 이루어졌으며, 이윤의 증가를 가장 확실하게 보장해주는 새로운 생산 기술 도입이 그 중심에 있었다.

만약 이런 변화가 미국의 환경 위기 상황을 만들어내는데 그토록 중요한 역할을 했다면, 새로운 기술을 통한 생산방식이 옛 기술에 비해 월등히 높은 이윤을 창출했다고 분명히 밝힐 수 있어야 한다. 오염을 더 많이 일으키는 새로운 기술이 오염을 덜 일으키는 옛 기술에 비해 더 많은 이윤을 창출했음을 보여야만 하는 것이다.

자료에 따르면 이런 설명은 잘 들어맞는다. 합성세제가 비누를 대체한 사건은 좋은 사례이다. 마침 비누와 합성세제 산업에 관련된 경제 현황은 미국 정부의 통계청 보고에 잘 나와 있다.[8] 합성세제가 거의 생산되지 않던 시기인 1947년에 비누 산업의 이윤율은 매출액의 31퍼센트 정도였다. 비누와 합성세제의 생산 비율이 각각 30퍼센트와 70퍼센트였던 1967년에는 매출액 대비 이윤율이 47퍼센트로 늘어났다. 뿐만 아니라 같은 기간의 합성세제산업 이윤율만을 따져보면 무려 54퍼센트에 달했다. 이는 비누 이윤율의 두 배에 이르는 수준이었다. 한편 세제 산업은 같은 양의 세제 생산을 위해 투입해야 하는 노동력을 25퍼센트나 절감하는 생산성 향상도 이룩했다. 따라서 비누를 합성세제로 대체하면 더 많은 환경오염이 발생하지만, 이윤 추구의 측면에서 보면 논리적으로 타당한 변화였다고 할 수 있다. 비누가 세척 기능을 전혀 잃지 않았음에도 불구하고 대부분의 시장 점유율을 합성세제에게 빼긴 원인이 바로 여기에 있다. 변화 자체가 이윤을 창출한 것이다. 다만 그 이윤의 수혜자는 사회가 아니라 투자자였을 뿐이다.

화학 산업도 기술 혁신이 가져온 이윤 창출의 증가를 설명할 수 있는 또 다른 사례이다. 이 사실은 화학제조업협회가 발행하는 화학 산업 경제 분야에 대한 보고서에 고스란히 나와 있다. 1946년부터 1966년까지 합성 유기화학물질을 생산하는 화학기업들은 매우 높은 이윤율을 달성했다.[9] 이 기간 동안 모든 산업 분야의 평균 총자본 수익률은 13.1퍼센트였고, 화학 산업의 평균 총자본 수익률은 14.7퍼센트를 기록했다. 화학제조업협회의 자료는 이렇게 높은 수익률이 가능했던 원인이 대부분 새로이 개발된 소재, 특히 합성 소재의 개발에 있었다고 말한다. 새롭고 혁신적인 합성 소재가 시장에 등장하고 나면 4~5년간은 그 제품이 가져다주는 평균 이상의 수익률의 혜택을 본다. 새로운 제품을 만들어낸 혁신적인 기업은 그렇지 못한 기업에 비해 약 2배의 수익률을 거두게 된다. 새로운 물질을 개발한 혁신 기업이 효과적으로 독점적 위치를 지키며 높은 판매가를 책정할 수 있기 때문이다. 하지만 4~5년이 지나고 나면 다른 경쟁자들이 비슷한 제품을 생산하기 시작한다. 공급이 증가하고 경쟁이 유발되어 가격이 떨어지고 수익률도 함께 감소한다. 이쯤 되면 거대한 혁신 기업은 이미 많은 연구와 개발을 통해 새로운 합성 물질을 만들어 시장에 발표하여 다시금 높은 수익률을 달성한다. 이 과정은 계속 되풀이된다. 화학제조업협회의 자료가 말해주듯이, "평균 이상의 수익률을 유지하기 위해서는 끊임없이 특수한 기능을 가진 새로운 상품을 개발하여 높은 마진을 유지해야만 한다. 예전에 이미 나온 상품은 점차 이윤율이 떨어지는 일반 상품으로 변해가기 때문이다." 그러므로 전체 제조업 중 합성 유기화학산업이 연구 개발에 들이는 비용이 가장 높은 비율을 차지한다는 사실(전체 제조업의 매출 대비 연구개발 비용이 2.1%인데 반해 합성 유기화학산업은 3.7퍼센트에 이른다)은 사실 놀랄 일이 아니다.

화학 산업의 특출하게 높은 수익률은 빠른 속도로 새로운 합성 물질이 개발되기에 가능하다. 그런데 이 물질은 최종적으로 환경에 유입되면서 오염 문제를 일으킨다. 생태학자에게 있어서는 악몽과도 같은 상황이다. 왜냐하면 합성세제나 살충제와 같은 새로운 합성 물질이 개발되어 시장에 나와 사용되는 4~5년이라는 기간은 새로운 물질이 일으키는 생태적 효과를 파악하는데 너무나도 부족한 시간이기 때문이다. 새로운 물질의 특성이 알려질 때 즈음이면 이미 피해는 발생하기 시작한 상황이다. 게다가 새로운 생산 기술을 개발하는 데 투입된 대규모의 투자액의 부담으로 인해, 문제를 일으킨다고 해서 특정 제품을 바로 금지시키는 것은 매우 어렵다. 결국 화학 산업 분야에서 이윤율을 높이기 위한 시스템 자체가 환경에 해로운 영향을 끼치는 구조를 이루고 있다고 할 수 있다.

그런 점에서 1966년 이후 화학 산업의 수익률이 급격하게 떨어진 현상은 주목할 만한 일이다. 산업계조차 그 원인이 환경오염에 대한 우려 때문이라고 시인하는 상황이다. 최근 미국 의회의 청문회에서 화학 산업계 인사가 화학 살충제 제조업의 수익률의 감소 원인으로 새로운 환경적 규제의 도입을 꼽은 사건은 지금 상황을 잘 나타내고 있다. 환경 규정을 만족시키기 위해 새로운 살충제를 개발하고 그 환경 영향을 검토하는데 들어가는 비용이 크게 늘어난 것이다. 그 뿐 아니라 공식적으로 등록되었던 살충제 중에서 등록이 취소되거나 유보된 사례도 1967년 25건에서 1970년에는 123건으로 크게 증가했다. 많은 회사가 살충제 생산을 중단하기도 했다. 한 회사는 살충제 생산을 중단한 이유로 '다른 분야의 투자 잠재성이 더 높아졌기 때문'이라고 했다. 하지만 전체 살충제 생산량은 여전히 증가 추세를 보이고 있다.[10]

수익률을 높이기 위해 개발된 새로운 화학물질이 환경오염을 크게 일으킬 수 있는 또 하나의 극적인 사례는 바로 NTA이다. 수질 환경오염을 일으키는 대표적인 합성세제 포함물질은 인산염인데, 문제의 인산염을 대체할 수 있으리라 기대했던 물질이 바로 NTA였다. 두 대형 기업이 NTA를 생산하기로 결정했고, 1억 달러에 달하는 건설비를 들여서 공장을 건설하는 중이었다. 그런데 미국 공중보건국은 NTA가 실험동물에게 태아 기형을 유발했다며 사용을 금지시켰다. 따라서 새로운 공장의 건설은 중단되었고, 해당 기업은 큰 피해를 입게 되었다.[11] 이런 피해 위험으로 인해 최근 화학 산업의 연구 개발 비용은 오히려 줄어드는 경향을 보이는데, 이는 결과적으로 그들의 수익률을 더욱 감소시키는 결과를 가져올 것이다.

질소 비료에 의한 환경오염도 수익률과 환경오염의 관계를 잘 보여주는 사례이다. 미국 콘벨트의 일반적인 농장에서 옥수수 수확량이 에이커당(1에이커는 약 0.4ha) 80부셸(1부셸은 약 35리터) 이하로 떨어지면 농부에게는 아무런 이윤이 남지 않는다. 5장에서 언급했듯이 현재의 높은 옥수수 생산량은 많은 양의 질소 비료를 주기 때문에 가능하다. 너무 많은 비료를 주어서 작물이 질소를 흡수할 수 있는 한계를 넘었기 때문에, 많은 질소 비료 성분은 작물에 흡수되지 않고 땅으로부터 씻겨 나가 지표수를 오염시킨다. 하지만 현재 상황에서 농부가 이윤을 남기기 위해 할 수 있는 유일한 일은 수질 오염을 유발할 정도로 많은 양의 비료를 사용하는 것뿐이다. 경제적 생존과 환경오염 사이에서 발생하는 이런 비극적 관계를 단순명쾌하게 표현한 것은 일리노이 환경오염 규제 위원회에서 증인으로 나섰던 한 농부의 증언이다.

> 매년 비료에 사용하는 돈이야말로 농부가 할 수 있는 최선의 투자입니다. 농기계나 다른 종류의 농사비용은 이미 감당할 수 없을 정도로 너무 높아져버렸습니다. 그에 비하면 비료는 수확을 늘리기 위해 우리가 구입하여 사용할 수 있는 얼마 남지 않은 도구라 하겠습니다. 제 경우 비료에 들이는 비용이 에이커당 20달러를 웃돕니다. 하지만 비료 구입에 사용한 1달러는 제게 1~3달러의 수익으로 돌아옵니다. (……) 만약 지금처럼 비료나 다른 화학 물질을 사용하지 못하게 한다면 저는 아마 농업이라는 직업을 포기해야 할 것입니다. 따라서 만약 정부에서 우리가 사용하는 비료가 사회에 해로운 것이라고 판단하게 된다면, 비료 대신 우리가 사용할 수 있는 대체재를 개발해주었으면 합니다.[12]

국가 통계청 자료를 살펴보면 이 농부가 이야기하는 합성 비료와 합성 살충제의 경제적 중요성이 분명하게 나타난다.[13] 자료에 의하면 화학비료와 살충제를 사용하면 1달러의 비용 당 3~4달러의 수익이 창출되지만, 노동력이나 농기계의 경우 들인 비용에 대해 돌아오는 수익이 이보다 훨씬 적었다.

이야말로 높은 수익률이라는 목표가 환경오염을 많이 일으키는 인간 행동을 유발하고 있으며, 환경오염을 일으키는 행동을 제한하면 수익률이 떨어질 수밖에 없음을 보여주는 사례인 것이다.

승용차 엔진 출력의 향상도 심각한 환경오염을 유발하게 되었다. 비록 아직까지는 수익률과 고마력 엔진 간의 관계를 나타내는 데이터가 완전하게 확보되지 않은 상태이긴 하지만, 그 관계를 어느 정도 엿볼 수 있는 정황적 증거는 존재한다. 최근에 포춘지에 나온 기사는 다음과 같이 이야기하고 있다.

> 자동차의 크기가 작아지거나 판매 가격이 낮아지면 이익 마진율은 그보다 더 빠른 속도로 감소하는 것으로 알려져 있다. 미국에서 판매되는 세단형 자동차의 기준 가격이 3,000달러일 때 제조업체에게 돌아가는 이익은 250 내지 300달러 정도이다. 하지만 자동차 가격이 2,000달러로 떨어지면 제조업체의 수익률은 반 정도로 줄어든다. 자동차 가격이 2,000달러 이하로 떨어지면 수익의 감소율은 그보다도 훨씬 더 커질 것이다.[14]

환경오염을 덜 일으키는 자동차는 출력과 압축률이 낮은 엔진을 장착하고 차체 중량도 적게 나갈 뿐 아니라, 가격도 저렴할 것이다. 하지만 이러한 자동차를 생산하여 얻는 수익은 무겁고 출력이 높으며 환경오염을 많이 일으키는 자동차에 비해 더 적을 것이다. 이러한 현실을 헨리 포드 2세는 "미니 자동차는 미니 수익을 올릴 뿐"[15]이라고 적절히 표현했다.

환경 영향을 극적으로 증가시킨 대규모 기술 대체의 분야로 9장에서 언급한 건설 자재 산업도 들 수 있다. 철강, 알루미늄, 목재, 시멘트, 플라스틱 등이 해당된다. 건축 이외에도 여러 가지 용도로도 쓰였던 철강과 목재는 점차 알루미늄과 시멘트(콘크리트의 형태로) 그리고 플라스틱으로 대체되고 있다. 1969년에 철강과 목재 생산 분야의 수익률은 각각 12.5퍼센트와 15.4퍼센트 정도였다. 반면 철강과 목재를 대체한 자재 산업이 보인 수익률은 이보다 훨씬 높았다. 알루미늄은 25.7퍼센트, 시멘트는 37.4퍼센트, 플라스틱 등은 21.4퍼센트의 수익률을 보였다. 역시 환경영향을 크게 일으키는 과학기술이 수익률을 크게 증가시켜 준 사례라고 할 수 있다.[16]

이와 비슷한 상황은 환경 영향이 상대적으로 작았던 철도 수송이 환경 영향이 큰 트럭 수송으로 대체되는 현실에서도 고스란히 나타났다. 경제적 데이터는 다소 애매한 양상을 보이기도 한다. 트럭 수송비용에는 정부 지원으로 건설된 도로에 들어간 비용이 제외되지만 철도 수송비용에는 철로 건설에 대규모로 투자된 자본이 포함되기 때문이다. 그럼에도 트럭 수송은 철도 수송에 비해 큰 수익률을 나타냈다. 1969년 철도 수송의 자산 비율 수익률이 2.61퍼센트였는데 반해 트럭 수송은 8.84퍼센트였다.

지금까지의 사례를 보면 더 큰 환경오염을 일으키는 새로운 기술이 수익률을 반드시 증가시킨다고 생각할 수 있겠지만, 모든 새로운 기술이 반드시 이러한 특성을 보여주는 것은 아니다. 1946년으로부터 1950년 사이에 석탄 기관차가 디젤 기관차로 대체되면서 철도가 유발하는 환경 영향은 오히려 감소했다. 디젤 기관차를 사용하여 화물을 수송하는데 들어가는 단위무게-거리 당 연료 소비량이 석탄기관차에 비해 훨씬 적기 때문이다. 하지만 안타깝게도 이러한 개선 효과는 이후 철도 수송이 트럭 수송으로 점차 바뀌면서 미미해졌으며,

따라서 철도 수송의 경제성 향상에 별다른 영향을 미치지 못하고 말았다. 오래된 기술을 대체하는 것이 아니라 이전에 존재하지 않았던 완전히 새로운 기술이 등장하는 경우에는(텔레비전과 같은 가전제품이 해당된다) 심각한 환경오염을 일으키지 않으면서도 매우 큰 수익률을 나타낼 수도 있다. 그렇다면 앞서 이야기된 사례들이 말해주는 것은 무엇인가? 수익률의 증가가 반드시 환경오염의 증가를 수반하는 것은 아니다. 다만 환경오염을 심각하게 일으키는 새로운 과학 기술은 그렇지 않은 기술에 비해 대개 높은 수익률을 보여주었다는 것이다.

그렇다고 해서 이런 문제가 기업에 의해 의도적으로 만들어진 것도 아니다. 대부분의 경우 기업들은 자신이 만들어내는 상품이 가져올 환경오염을 예상하지 못했거나, 환경오염이 일어나더라도 인식하지 못했다고 하는 것이 정확할 것이다. 그들은 대개 자신의 생산 활동이 주변 생태계의 생물학적 한계를 넘어서면서 생태계의 붕괴를 일으키거나 인간의 건강에 해로운 영향을 끼치기 전까지는 문제를 알아채지 못했을 뿐이다. 그럼에도 불구하고 나는 사적 기업이 주도하는 경제 체제에서 나타나는 환경오염과 수익률 사이의 관계를 매우 심각하게 받아들여야 한다고 본다. 왜냐하면 이는 세계에서 가장 강력한 자본주의 국가의 경제 체제가 지닌 중요한 특성들과 연결되기 때문이다.

어떤 이들은 환경오염과 수익률 사이에 관계가 있다는 주장에는 논리적인 오류가 있다고 반박한다. 아무리 탐욕스러운 기업이라 해도 자신의 미래를 위협하는 심각한 환경오염을 보고도 가만히 있지는 않을 것이라고 보는 입장이다. 이러한 주장은 모든 생산 활동이 생태계의 '생물학적 자산'에 전적으로 의지하고 있다는 점에서 근거를 가진다. 클로르알칼리 공장의 가동에 의해 발생할 수 있는 수은 중독을 생각해보자. 1톤의 염소를 생산하기 위해서는 매우 높은 수질 기준을 만족시키는 물을 약 6만 리터나 사용해야 한다. 이 물은 주변의 강이나 호수로부터 얻어지는데, 높은 수질 기준이 필요하다는 사실을 감안한다면 그 강이나 호수에서는 다양한 미생물의 대사 활동으로 이루어지는 생태적 순환 작용이 제대로 작동하고 있어야만 할 것이다. 그런데 수은 화합물은 거의 모든 생명체에게 큰 독성을 나타낸다. 클로르알칼리 공장에서 흘러나오는 수은은 공장이 필요로 하는 깨끗한 물의 공급에 심각한 위협이 되는 셈이다. 그럼에도 불구하고 기업 활동은 외부적 힘에 의해 제한되지 않는 한, 자신의 존재 기반인 주변 환경을 오염시키는 비이성적이고도 자기 파괴적인 길을 고집하는 모습을 보여왔다.

통계학자 다니엘 파이프Daniel Fife는 기업의 수익률이 그 존재 기반인 환경을 파괴해 버리는 모순적인 관계에 대해 재미있는 설명을 제시한 바 있다. 그가 사례로 든 것은 포경업이다. 포경업은 고래를 너무나 빠른 속도로 죽인 나머지 많은 고래를 멸종에 이르게 했으며, 이는 결과적으로 포경업의 몰락이라는 결과를 가져왔다. 파이프는 이런 식의 기업 운영을 '무책임'하다고 보았으며, 이에 반해 고래의 번식 속도에 맞추어 고래를 잡는 것은 '책임 있는' 자세라 했다. 그렇지만 그의 지적에 따르면 무책임한 기업 경영이 궁극적으로는 자기의 존재 기반을 허물지언정 그 과정을 통해서도 이익을 창출해낸다. 물론 이익은 사회가 아니라 기업에게만 돌아간다. 이것이 가능한 이유는 무책임한 기업 운영에 의해 얻어지는 추가적인 이익이 충분히 높기 때문에, 포경업이 몰락한다 해도 다른 곳에 투자하는 것보다는 더 높은 수익을 올릴 수 있기 때문이다. 파이프의 말을 빌리자면 '무책임한' 기업가는 황금알을 낳는 거위를 기꺼이 죽일 준비가 되어 있으며, 다만 새로운 황금알 거위를 사기 위한 돈을 모을 때까지만 살려 놓을 뿐이다.[clxiii] 이렇듯 생태적인 무책임은 전체 사회에는 피해가 될지언정, 기업가에게는 이익을 돌려줄 수 있는 것이다.

환경오염과 수익률 사이를 비로소 연결해 준 것은 바로 현대 과학 기술이었다. 과학 기술은 생산성과 수익률뿐 아니라 환경오염을 비약적으로 증가시켜준 일등 공신이다. 사기업은 엄청난 속도로 발전한 기술적 혁신을 이용하여 생산성과 이윤의 극대화라는 본래의 목적을 만족시키려 했다. 불행히도 이를 가능하게 한 기술적 혁신이 환경을 파괴하는 도구로도 사용될 수 있다는 것은 알아채지 못 했을 뿐이다. 그렇다고 이것이 놀라운 일은 아닌 것이, 10장에서도 보았듯이 대부분의 기술이 단 하나의 목적만을 위해 개발되었기 때문이며, 이 또한 불행히도 이윤 극대화를 위한 욕망으로부터 비롯된 일이었던 것이다.

사기업 주도의 경제체제에서 환경오염과 수익률이 지닌 상호 관계에 대해 우리가 이해하지 못하는 것들은 여전히 많이 남아 있다. 그럼에도 이 시점에서 그 둘이 어떻게 기능적으로 연결되어 있는지에 대해 지금까지 알려진 바에 기초하여 좀 더 생각해 볼 필요가 있다.

이런 문제의식은 일반적으로 환경오염과 자본주의 경제체제가 두 가지 방식으로 연결되어 있다고 주장한다. 첫째, 환경오염은 더 많은 이윤을 창출하지만 생태적 오류를 지닌 새로운 생산 방식이 오래된 생산 방식으로 대체되면서 더욱 심각해졌다. 그렇다면 환경오염은 생산성의 증가를 위해 신기술을 도입하는 과정에서 의도하지 않게 발생하게 되었다고 봐야 한다. 둘째, 환경오염에 의해 발생하는 비용은 생산자가 아니라 전체 사회가 '외부 효과'라는 형태로 부담하게 된다는 것이다. 따라서 환경을 오염시키는 기업은 사실상 사회로부터 보조를 받는 셈이다 이런 점에서 본다면 기업은 자유로운 활동을 하지만, 전적으로 사적인 존재라고 할 수는 없는 것이다.

환경 파괴의 추세를 되돌리려면 이런 관계를 반드시 변화시켜야만 한다. 먼저 환경 비용을 반영하기 위해 생산 과정을 적절하게 변화시켜야 한다. 자본주의 경제체제에서 이를 이루기 위해서는 어떤 지불 형태로든 모든 종류의 환경 비용을 시스템 안에 끌어들이는 방식을 생산자가 받아들여야만 한다. 그 결과 오염을 많이 일으키는 새로운 기술은 그렇지 않은 전통적 기술보다 더 큰 영향을 받게 될 것이다. 다시 말해 비누 생산자보다는 합성세제 생산자에게, 철도 수송업자보다는 트럭 수송 업자에게 더 큰 영향을 미칠 것이다.

환경오염을 크게 유발하는 새로운 과학 기술은 더 높은 수익률과 성장률을 이루고 있으므로 그들이 대체한 기술에 비해 전체 경제성장에 더 큰 기여를 한다고 볼 수 있다. 하지만 환경에 대한 영향을 반영한다면 새로운 기술은 생산성 향상을 달성할 수 없을 수도 있다. 이런 상황은 새로운 생산 기술의 도입이 반드시 생산성의 향상을 위해 이루어지며, 또 그러한 목적을 거의 대부분 달성한다는 고전적인 시각에 반대되는 것이다. 따라서 어떤 형태로든 오염 비용을 생산 비용에 부과시킨다면 전체 생산성의 증가는 나타나지 않을 것이다. 이러한 특성은 블룸G.F. Bloom이라는 경제학자에 의해 다음과 같이 표현되었다.

> 환경오염의 관리는 (……) 전통적인 관점에서 보자면 생산성의 증가 없이 수백만 달러의 생산비용을 추가하는 결과로 보일 것이다. 공기를 더럽히지 않거나 물을 오염시키지 않는 조건으로 생산 활동을 한다면 당연히 노동시간 당 생산성은 감소할 것이다.[17]

이것이 나타내는 경제학적 의미는 분명하다. 환경오염을 저감시키는데 필요한 과학기술은 일반적인 생산기술과는 달리 판매되는 재화의 가치를 높여주지 않는다. 그러므로 환경 위기를 해결하기 위해 필요한 농업과 산업 생산기술의 전면적인 혁신은 전체 생산성이나 GNP의 증가에 기여하지 못할 것이다. 블룸의 결론에 의하면, 환경문제에 대한 걱정이 높아질수록 "생산성 증가에 대한 전망은 더욱 부정적일 수밖에 없다." 하지만 생산성의 증가는 수익률과 밀접한 관계를 갖고 있기에 이는 사기업의 존재를 결정하는 핵심적인 문제이다. 따라서 사기업의 근본적인 존재 이유인 이윤의 극대화는 환경오염 관리와 갈등을 일으킬 수밖에 없다. 블룸은 이 문제가 경제체제에게 매우 큰 위험 요소임에도 불구하고 지금껏 과소평가되어왔다고 보았으며, 다음과 같이 비관적인 결론을 내리고 있다. "현재 생산성의 추이만을 보면 이 문제의 심각성이 제대로 인식되고 있지 않다는 것이 분명하다. (……) 기업은 소비주의의 힘을 과소평가한 전력이 있다. 그와 마찬가지로 지금은 환경오염을 줄이라는 요구의 중요성을 제대로 파악하지 못하고 있다."

또 다른 문제는 생태적 결함이 있어 환경오염을 발생시키는 생산기술이라 해도 사람들이 묵인하는 한 계속 사용되는데, 그 결과로 발생한 이익은 생산자가 독식하지만 환경 피해는 전체 사회가 고스란히 떠안게 된다는 점이다. 이러한 상황은 두 가지 원인으로부터 발생한다. 첫째는 생태계 파괴가 일어나기까지는 어느 정도의 시간이 걸린다는 점이다. 둘째는 자본주의 경제체제의 본질과 관련된 것으로, 기업의 이윤 극대화 의지와 노동자들의 임금인상에 대한 요구 사이의 충돌로 인한 것이다.

생산자가 정부 규제로 인해 환경오염 방지에 드는 부가적인 비용을 소비자에게 전가시키지 못한다면 수익률 유지를 위해 생산비용을 줄일 수 있는 다른 방법을 찾아야만 한다. 당연히 임금감축을 통한 해결이 가장 먼저 떠오를 것이다. 그리고 이는 기업과 노동자 사이의 갈등을 고조시킬 것이다. 반면 환경 관련 추가 비용이 제품 가격의 인상으로 이어진다면 노동자들의 생활비 부담이 높아질 것이고 이는 당연히 임금인상 요구로 이어질 것이며, 이 경우에도 갈등은 심해질 것이다. 게다가 물가 인상은 빈곤층에게 가장 큰 부담으로 작용할 것이다. 예를 들어 농업 생산방식을 생태적으로 혁신하여 토양과 수중 생태계의 파괴를 일으키지 않도록 한다면 그 결과로 식량 가격이 갑자기 인상될 수도 있을 것이다. 이 경우 당연히 빈곤층이 가장 큰 피해를 입게 될 것이다. 결론적으로 환경오염이 유발하는 사회적 비용을 인정하게 되면 제품 가격의 인상이나 임금 삭감이 일어날 수 있을 것이고, 그 결과 부의 분배를 둘러싼 자본과 노동 사이의 오래된 갈등이 심화되고 이미 극에 달한 빈곤 문제도 더욱 심각해질 수 있을 것이다.

생산자는 생태계에 대해 '채무자'의 위치에 있다고 볼 수 있다. 생산자는 환경오염을 일으키는 형태로 "자연에게 빚을 지는 것"이다. 이러한 관계는 생산자에게는 즉각적인 비용 절감이라는 혜택을 제공한다. 하지만 환경오염은 전체 사회가 부담하는 비용을 증가시키며, 이런 비용은 당연히 기업보다는 노동자들이 더 많이 부담한다. 화력발전소의 연소 과정에서 배출된 검댕 때문에 발전소 근처에 사는 노동자들의 세탁비가 늘어났다면 그만큼 그들의 실질임금이 줄어든 것이라고 볼 수 있다. 증가한 노동자들의 세탁비는 사실상 화력발전소 가동을 위한 보조금으로 사용되는 것이다. 이런 식으로 환경오염은 알게 모르게 노동자들의 실질임금을 갉아먹을 수 있다.

하지만 이러한 효과가 즉각적으로 나타나는 것은 아니다. 이리호의 예를 들어보자. 이리호 연안의 산업단지에서 배출된 폐수가 호수의 용존산소를 완전히 제거하여 자체 정화기능을 마비시키기까지는 15~20년 정도가 걸릴 것이다. 호수가 오염되어 여름철 휴가지로 사용되지 못하게 되면 다른 수영장을 찾아 입장료를 내는 등의 비용으로 인해 노동자들의 생활비 부담이 증가할 것이다. 이와 비슷하게 노동자들이 낮은 수준의 방사능, 수은, DDT 오염에 만성적으로 노출되어 수명이 단축되거나 병에 걸리게 되면 수입 감소나 의료비 부담으로 피해를 입게 될 것이다. 이 경우 환경오염의 비용을 아무도 부담하지 않는 상태가 오랜 시간 동안 지속될 수 있지만, 궁극적으로는 노동자의 수명 단축 등으로 못 받게 될 임금의 형태(그 과정에서 겪게 될 계산되지 못하는 고통은 차치하고)로 청구될 것이다. 이 '무료제공'

기간 동안 오염 물질은 생태계나 피해자의 몸에 꾸준히 축적되어 가지만 그로 인한 환경오염 비용이 당장 드러나지는 않는다. 이렇게 환경오염이 공짜인 것처럼 보이게 함으로써 생겨난 가치는 자본과 노동 사이의 경제적 갈등을 완화시키는데 사용될 수 있다. 당장에는 이로 인한 혜택이 자본과 노동 모두에게 돌아가는 듯 보이므로 둘 간의 갈등이 완화될 것이다. 그러나 이렇게 쌓인 환경비용을 마침내 지불해야하는 때가 오면 그 부담은 노동자들이 더 많이 지게 된다. 환경이 제공해주던 완충작용이 순식간에 사라지면서 둘 간의 갈등도 전면적으로 확대되어 나타나게 될 것이다.

이 문제에 대한 또 하나의 시각은 사기업이 생산하는 재화의 가치와 관련이 있다. 재화를 생산하는데 사용되는 자원 중에서 자연이 공짜로 끝없이 제공해 줄 것이라 여겨지는 것들이 많다. 토양의 생산력, 산소, 그리고 물처럼 생태계가 제공해주는 생태적 자산(우리가 흔히 자연이라고 부르는)이 바로 그것이다. 환경 위기는 생태적 자산이 더 이상 공짜가 아니라고 말해주는 동시에 환경오염 문제가 발생하게 된 이유가 바로 생태적 자산을 공짜로 여겼기 때문이라고 이야기한다.

이는 경제 활동에서 생산된 고전적인 자본의 진정한 가치를 다시 따져 보아야 한다고 말해주는 것이다. 어떤 경제체제가 얼마나 많은 재화를 생산할 수 있는지를 제대로 파악하기 위해서는 생태적 자산의 가치도 반드시 고려해야만 한다. 환경 파괴가 말해주는 것은, 1946년 이후 미국의 고전적인 의미에서의 총자본은 증가했지만 생태적 자산은 오히려 감소했다는 것이다. 이 같은 추세가 계속된다면 생태적 자산은 완전히 파괴되어 없어질 것이다. 그리고 자본의 유용성은 결국 생태적 자산에 의존하기 때문에, 생태계가 파괴된다면 당연히 자본도 파괴될 것이다. 지금 경제가 호황을 누리고 있는 것처럼 보여도, 실상은 파산으로 치닫고 있는 상태인 것이다. 환경파괴는 지금껏 우리 경제지표에서 숨겨져왔지만, 앞으로 아주 치명적인 영향을 미칠 수 있는 인자임을 말해주고 있다.

지금껏 이 책에서 소개한 내용들 대부분이 분명히 말해주는 것은, 생태학의 원칙을 지키지 않는 경제체제는 결코 안정적이라고 볼 수 없다는 것이다. 과연 이는 현재 우리의 경제체제에 얼마나 적용될 수 있는 것일까?

사기업에 의해 주도되는 경제체제의 경우 이 문제에 대한 대답은 이미 어느 정도 나와 있다. 이 경제체제에서는 생산성과 수익률을 높이기 위해 사용하는 새로운 기술이 환경 파괴를 더욱 심화시키는 경향을 보여 왔기 때문이다. 자본주의 경제체제와 생태계가 양립할 수 없음을 보여주는 이론적 근거는 바로 성장의 문제에 있다.

지구 생태계의 자원을 사용할 수 있는 속도에는 한계가 있으며, 그 한계는 생태계 내부의 순환과정의 속도로 정해진다. 생태계의 순환 속도보다 빠르게 자원을 뽑아 쓴다면 생태계는 붕괴하게 되어 있다. 이는 생태계에 대한 우리의 지식에 기반하고 있는 사실이다. 따라서 그 어떤 생산 체제라 하더라도 생태적 자산을 이용하는 속도에는 한계가 있다고 봐야 한다. 생태적 자산을 파괴하지 않는 선에서 이를 사용할 수 있는 속도는 한정되어 있으므로, 총자본(생물학적 자산과 고전적 자본을 합친 것)을 소비할 수 있는 속도도 마찬가지로 제한될 수밖에 없다. 따라서 총자본의 성장은 언젠가 한계에 닿을 것이고, 그 결과 '무성장'의 상태에 이를 수밖에 없다. 생태계의 자원을 이용하여 재화를 생산하는 모든 경제체제는 이런 한계로부터 자유로울 수 없다.

자본주의 경제체제에서 무성장이란 곧 자본 축적이 멈추었다는 것을 의미한다. 이윤 창출을 통한 자본의 축적이 자본주의 경제체제의 기본적인 추동력인데, 무성장이라는 상황에서 이런 경제체제가 지속될 수 있을 것이라고 보기는 힘들다. 물론 서비스의 증가와 같은 새로운 형태의 경제활동을 통한 성장이 도입되면 가능할 수도 있을 것이다. 하지만 서비스도 마찬가지로 어떤 형태의 재화를 통해 수행되는 인간 노동력의 결과로 나타나므로, 생태학 원칙이 적용되는 한 재화 소비의 증가 없이 서비스 산업이 무한정 성장하기는 불가능하다.

생태계는 여기서 그치지 않고 자본주의 경체체제에 또 다른 문제를 던져준다. 다양한 생태적 순환 과정의 속도는 각각의 특성에 따라 각기 다르게 나타나는데, 우리의 이용 속도가 이를 넘어서면 생태계는 파괴된다. 토양 생태계의 순환과정은 수중 생태계(양식장을 예로 들자면)보다 훨씬 느리게 진행된다. 만약 기업이 이 두 가지 다른 생태계를 지속적으로 사용하고자 한다면 이용하는 속도를 두 생태계의 서로 다른 순환 속도에 맞추어줘야만 한다. 하지만 기업은 본질적으로 경제적 이윤을 극대화하려 한다. 따라서 투자 자본은 수익률이 낮은 사업으로부터 높은 사업으로 몰리게 된다. 수익률이 낮은 기업, 즉 평균 이하의 수익을 올리는 기업들은 도태된다. 하지만 생태적인 관점에서 보면, 순환 속도가 느린 생태계로부터 제공되는 자원을 사용하는 기업이 만약 그 생태계를 파괴시키지 않고 지속적으로 운영하고자 한다면 위와 같은 낮은 수익성은 불가피한 것으로 받아들여야 한다. 이런 기업은 분명한 사회적 가치를 가지고 있기는 하지만, 이윤 극대화를 표방하는 경제체제에서는 오래 살아남지 못 할 것이다. 이를 돕기 위해 보조금 지급을 할 수도 있겠지만, 어떤 경우 국유화에 준하는 규모의 지원이 필요한 경우도 있으며, 무엇보다 이런 방법은 자본주의 경제체제의 특성과 맞지 않는 것이다.

이 모든 사실은 사기업이 생태적으로 건전한 기업 활동을 할 수 없을 것이라고 비관한 카프의 결론을 뒷받침하는 것으로 보인다. 최근 하일브로너도 비슷한 의견을 내놓았다. 그는 환경 보존에 대한 요구가 자본주의 체제에 미칠 수 있는 영향에 대해 다음과 같이 말했다.

자본 축적의 주요 통로가 제한될 수밖에 없다는 점에는 의심할

> 여지가 없다. 광산업이나 제조업 분야로의 순투자액은 줄어들 것이다. 그리고 과학기술의 종류와 발전의 속도도 관리의 대상이 되므로 크게 줄어들게 될 것이다. 당연히 이 모든 결과로 이윤 또한 줄어들 것이다.

하일브로너의 결론은 아주 간단하고도 일반적인 생태적 원리(생태계는 본질적으로 무성장 경제체제를 이루고 있다)에 기반하고 있거니와, 다른 한편으로는 자본주의의 본성에 대한 두 가지 상반된 관점이 적절한 것인지 묻고 있다. 하나는 존 스튜어트 밀John Stuart Mill의 관점으로, 자본주의 체제가 반드시 한없는 성장을 해야 하는 것은 아니며, 균형 잡힌 안정적인 상태로 진화해 나갈 수 있을 것이라고 보는 견해이다. 한편 또 하나의 관점은 칼 마르크스Karl Marx의 것으로, 밀의 관점과는 매우 다르다. 하일브로너의 말을 빌려보자.[19]

> 마르크스에 의하면, 자본주의의 본질은 확장에 있으며, 역사적 존재로서 자본가는 끊임없이 성장하는 경제를 통해 자본을 축적하려는 끝없는 탐색으로부터 자신의 존재 이유를 찾는다. 마르크스에게는 '정적인' 자본주의라는 용어 자체가 모순 덩어리에 불과할 뿐이다.

이런 근거에 기반하여 사기업은 반드시 성장을 계속해야만 하며, 그 성장을 뒷받침해주는 생태적 자원은 그로 인한 무한 이용을 견뎌내지 못할 것이라고 결론짓는다면, 이는 자본주의 경제체제와 생태계 사이에 심각한 괴리가 존재함을 의미한다. 뿐만 아니라, 성장의 문제를 제외하더라도 앞선 증거들은 사기업 주도의 경제 체제에게 생태계가 던져주는 새로운 장애물을 보여주고 있다. 다양한 생태계 순환의 속도에 걸맞는 여러 가지 생산 방식의 필요성, 환경오염 관리 노력이 생산성 향상을 위한 새로운 기술과 빚는 갈등, 환경 파괴의 사회적 비용이 마침내 치러지는 순간 극렬하게 나타날 기업과 노동자 사이의 갈등 문제 등이 그것이다. 당장 문제가 되지 않는다는 이유로 기업과 노동자 사이에서 갈등의 쿠션 역할을 했던 '자연에 대한 부채'도 결국은 한계에 이를 것이며, 그 순간 감추어져왔던 긴장은 전면적으로 폭발하게 될 것이다. 환경 위기의 문제는 사기업과 생태계 사이에 심각한 모순이 존재한다는 사실을 보여줄 뿐 아니라, 어떻게 위기가 생태계의 그물 같은 네트워크를 타고 조용히 퍼져나가는 동안 계속 용인될 수 있었는지 알려준다. 현재 생태계에서 나타나는 전면적인 위기 상황은 우리 경제체제의 위기를 알리는 신호이기도 한 것이다.

한편 생태계와 사회주의 경제체제 간의 상호 관계에 대한 나의 이해는 정보의 부재로 인해 매우 제한되어 있다. 일단 지금까지 알려진 보고를 살펴보면 산업화된 사회주의 국가에서 나타나는 실질적인 환경문제는 본질적으로 미국과 같은 자본주의 경제체제에서 나타나는 문제와 크게 다르지 않은 것으로 보인다.

미국의 지리학자인 프라이드P.R. Pryde가 소련의 보고서에 기반해 조사한 바에 의하면, 소련에서 지표수로 유입된 폐수의 양은 1920년대부터 1962년까지 무려 27배나 증가했다. 그는 수질 오염 문제가 특히 심해진 것은 제2차 세계대전 이후의 일이며, 그 이유는 "전쟁으로 파괴된 국가의 산업 시설을 급하게 재건하는 과정에서 새로운 공장에 값비싼 정화 시설을 설치하지 못했기 때문"이라고 했다. 소련에서의 수질 오염 문제는 미국과 거의 유사한 유형과 원인으로 나타났다. 도시와 식료품 공장으로부터 나온 유기물이 잔뜩 들어있는 하수, 펄프와 종이 공장으로부터의 폐수, 산업 화학 폐기물과 중금속, 유출된 기름, 비료 등이 수질 오염 원인 물질이었다. 프라우다지가 소련 몰다비아 키시니에프 근처의 니스터Dniester강의 상태에 대해 취재한 기사는 온통 이리호를 연상시키는 이야기 투성이다.

강가를 따라 도처에 있던 아름다운 곳들은 모두 망가져 버렸다. 이제 그곳은 쉴 만한 곳이 아니라 도리어 건강에 해로운 곳이 되어 버렸다. 물고기들은 사라지고 있다. 제렉zherekh과 민물농어pike perch의 개체군은 빠른 속도로 사라졌다. 이 강의 명물이었던 스털렛sterlet이라는 작은 철갑상어는 희귀해져 찾아볼 길이 없다. 캐비아를 공급하던 유럽 철갑상어beluga, European sturgeon도 사실상 사라졌다. 하지만 물고기만 걱정할 일은 아니다. 이 강의 물을 깨끗하게 유지하는 것은 주변에 사는 사람들뿐 아니라 지역 경제의 핵심인 식료품 산업을 위해서도 반드시 필요하기 때문이다.

소련의 환경오염은 다른 자본주의 국가에서 발생한 환경오염의 진행 경로와 거의 비슷하게 나타난 것으로 보인다. 특히 제2차 세계대전 이후에 소련에서 사용되기 시작한 새로운 생산기술은 기본적으로 미국에서 사용된 기술과 매우 유사했다. 비록 미국에 비해 출력과 압축 비율이 떨어지기는 하지만 가솔린을 이용하는 차량 수도 증가했다. 합성 유기 화학물질의 생산량도 증가하고 있고, 비료 생산도 크게 늘어났다. 소련에서 나타난 새로운 현대적 산업 기술은 대체로 미국과 아주 비슷한 것들이었다. 따라서 생태적 영향도 아마 비슷하게 나타났을 것이라고 예상할 수 있다.

소련에서도 미국과 마찬가지로 생산성에 대한 과도한 집착으로 인해 환경오염을 외면하는 상황이 벌어지고 있다.

> 문제는 공장 관리자들이 이를 충분히 심각한 문제라고 인식하지 못할 뿐 아니라, 이를 제대로 규제할 수 있는 효과적인 시스템도 존재하지 않는다는 것이다. 게다가 경제적 이익만을 우선시하는 경향이 촉매 역할을 하면서 문제는 더욱 심각해졌다. 계획된 생산량을 채우는 것만이 지상 과제로 인식되고 있다. 이 목적만 달

성된다면 다른 모든 문제는 무시되어도 상관이 없다. 이즈베스티아Izvestia라는 정부 기관지가 소련에서의 환경오염 문제를 아주 명료하게 요약했는데, 그것은 바로 "승리자는 비판받지 않는다"라는 말이었다.[20]

이러한 태도는 키시니에프의 프라우다지 기자가 쓴 기사에서도 확인된다. 이 기사는 소련에 환경오염에 대한 규제가 존재하기는 하지만, 생산 비용 일부를 생태계 오염으로 전가시키는 현상은 미국과 똑같다고 밝혔다. 소련의 사회주의 체제에서의 '계획 경제 생산량 달성'을 향한 질주는 미국 사기업이 이윤 창출을 위해 지상과제로 삼은 성장 지상주의와 마찬가지로 생태계 파괴를 가져왔다. 소련의 환경문제에 대한 특별 보고서를 작성한 바 있는 미국의 경제학자인 마셜 골드만Marshall Goldman의 입장도 방금 이야기한 것과 비슷한 맥락을 나타내고 있다.[21]

이러한 문제에 대한 반응으로 소련에서도 강력한 생태 운동이 진행되고 있다.[22] 많은 과학자들이 환경영향을 무시한 산업 개발을 비판하고 나섰고, 시민들도 환경오염으로 인한 불쾌함에 대해 이야기하기 시작했다. 최근 소련 정부의 행동은 산업 경제 계획보다 생태적인 규제를 우선 도입하려는 의지를 내비치는 것으로도 보인다. 규제에 관한 한 소련의 사회주의 체제가 자본주의 체제에 비해 더 용이할 가능성이 있다. 소련 체제는 산업과 농업 개발 전반에 걸쳐 계획을 세운다. 환경오염 완화를 위한 노력의 효과만을 따진다면 이런 일괄적인 계획 통제가 미국의 혼돈스러운 상황보다 나아보일 수도 있을 것이다. 미국에서는 원자력위원회가 결정한 안전 규정을 인정하지 않는 주가 존재할 뿐 아니라, 정부 관리들은 자동차가 일으키는 대기오염에 대한 규제를 둘러싸고 자동차 산업계와 길고도 힘든 싸움을 계속하고 있다. 생태적으로 건전한 농업 방식은 비료와 합성 살충제 제조기업의 경제적 이익과 충돌을 일으키고 있다.

마지막으로, 사회주의 체제는 자본주의 체제에 비해 경제 활동과 생태적 원칙 사이의 기본적인 관계에서의 합의점을 더 쉽게 찾을 수도 있다. 지금껏 소련이 자본주의 국가와 마찬가지로 끊임없는 생산력 증가를 강조해 온 것은 사실이지만, 사회주의 경제이론 자체는 한없는 성장을 전제로 하지는 않기 때문이다. 또한 사회주의 경제이론은 생태계의 다양한 순환 속도에 맞춰 자연 자원을 이용하도록 강제하는 것이 절대로 불가능하다고 보는 것 같지는 않다. 그렇다고 생태적 한계가 경제 활동을 제약할 것이라는 생각이 사회주의 경제이론에 명시되어 있는 것도 아닌 것 같다. 다만 마르크스는 자본론에서 자본주의 체제에서의 농업 착취가 부분적으로는 사람과 흙을 연결하는 순환적인 생태적 고리를 파괴하는 것에 기반하고 있다고 했을 뿐이다.[23]

하지만 사회주의나 자본주의 경제체제 모두가 생태계의 생물학적 자본이 지닌 한계를 고려하지 않은 채 발전해왔다는 것은 사실이다. 두 체제 모두 환경의 한계를 고려한 경제 활동을 수행하는데 성공하지 못했다. 두 체제는 모두 환경 위기에 대처할 수 있는 준비가 되어 있지 않으며, 따라서 앞으로 그 문제의 해결을 둘러싸고 혹독한 시험을 치르게 될 것이다.

현존하는 그 어떤 경제체제도 환경 위기가 가져올 급격한 변화에 제대로 대응할 수 있는 능력을 가진 것으로 보이지는 않는다. 사적 이윤에 기반한 경제체제이든 계획 경제체제이든 결국은 변화해야만 살아남을 수 있다는 것은 분명한 사실이다.

자본주의나 사회주의 체제가 이런 생태적 한계에 어떻게 적응해 나갈 것인지는 알 수 없다. 자본주의 체제가 근본적인 변화 없이 환경 위기 속에서 살아남을 수 있을 것이지 걱정스러운 현 상황에서 하일브로너는 다음과 같이 이야기한다.

어떻게 그 문제에 대해 긍정적인 답을 할 수 있겠는가? 이는 마치 지배 계급에게 자신의 지위를 유지하는 기반 자체를 제거해 달라고 부탁하는 것과 마찬가지이다. 하지만 이것이 아주 특별한 반응을 이끌어낼 수 있는 비상한 도전이라는 점은 사실이다. 전쟁과 마찬가지로 생태적 문제는 계급이나 계층을 가리지 않고 영향을 미치며, 따라서 일반적인 상황에서는 상상할 수 없는 사회적 변화를 이끌어낼 수도 있을 것이다. 자본가 혹은 지배 계급이 일반인보다 더 분명하게 생태적 위기의 본질과 위급함을 알아챌 수도 있을 것이다. 그리고 그들은 특권층뿐 아니라 인간이라면 누구나 영향을 받게 될 이런 위기로부터 헤어 나올 수 있는 유일한 방법은 정부나 권력자의 자리를 차지하거나, 아니면 단순히 예전보다 적은 양의 잉여 생산물을 차지하는 것뿐임을 잘 알고 있을 것이다. 따라서 통상적으로는 다른 계급과의 갈등이 문제가 되겠지만, 자연과의 갈등이 문제가 될 경우 예전에는 불가능할 것이라고 생각했던 방식이 갑자기 가능하게 될 수도 있을 것이라고 본다.[24]

그러나 자연은 우리와 갈등을 일으키는 '적'이 아니라 우리 존재의 근본적인 기반이다. 그렇다면 더 적절한 질문을 던질 수 있을 것이다. 과연 어떤 경제적, 사회적 질서가 자연과의 조화로운 파트너십을 이룰 수 있게 해 줄 것인가?

지금껏 말한 내용이 대부분 이론으로만 점철되어 있고, 또 경제체제와 환경 위기가 지닌 일반적인 특성에 기반한다는 한계를 지녔음은 분명하다. 그러나 환경 위기는 이론적인 위기가 아니다. 환경 위기는 현실이다. 이 문제에 제대로 대처하기 위해서는 지금 당장 행동해야만 한다. 이런 위급한 상황을 생각한다면, 이 책에서 내가 펼친 이론적 논의들은 사실 쓸모가 없을 뿐 아니라, 심지어 문제를 해결하기 위한 실천으로부터 관심을 돌리는 위험한 행위라고까지 생각할 수도 있을 것이다.

하지만 환경오염 개선이라는 현실적 문제와, 경제체제의 구조에 대한 이론적인 질문 사이에는 사실 매우 밀접한 관계가 있다. 이런 주장은 문제의 근본적인 원인에 대한 깊은 이해가 있어야만 장기적으로 효과적인 사회적 행동이 가능하다는 내 생각을 나타내는 것이다. 나는 이론적인 이해와 효과적인 실천은 긴밀히 연관되어 있다고 확신한다.

그렇다면 환경 위기에 처한 미국에서 가능한 실천에는 어떤 것이 있을까? 특정한 환경 기준이나 규제를 위한 입법보다는, 그와 같은 입법이 이끌어올 수 있는 변화, 구체적으로는 미국의 생산 시스템이 생태계와 조화를 이룰 수 있게 하는 변화에 나는 관심을 두고 있다. 만일 우리가 경제적으로뿐만 아니라 생물학적으로도 살아남기를 원한다면, 현재의 산업, 농업, 운송 시스템 모두에서 생태계가 지닌 한계를 받아들여야만 할 것이다. 이것이 가능하려면 새롭고 중요한 몇 가지 기술이 개발되어야 할 것이다. 하수와 쓰레기를 토양으로 직접 돌려보낼 수 있는 기술, 여러 가지 합성 재료를 자연적인 재료로 대체하는 기술, 작은 경작지에서 비료를 많이 사용하여 농업생산성을 높이는 현재의 농경 방식을 되돌릴 수 있는 기술, 화학 살충제를 생물학적 방제로 대체할 수 있는 기술, 에너지 집약적인 산업 집중도를 완화시키는 기술, 지상 운송 시스템의 연료 효율성 극대화와 저온 연소 기술, 사회적 인프라 건설에 필요한 토지 전환을 최소화시키는 기술, 그리고 산업 생산에서의 연소과정이나 용광로와 화학 공장으로부터의 폐기물을 완전히 재처리할 수 있는 기술, 모든 금속, 유리, 종이의 완전한 재활용 기술, 그리고 도시 지역을 포함한 생태적 토지 이용 기술 등이 그 예라고 하겠다.

이미 언급했듯이, 이런 변화가 시작되면 전후에 개발되어 생태적 문제를 유발한 기술을 사용하는 기업들이 가장 큰 경제적 부담을 겪게 될 것이다. 하지만 이 상황 자체도 공평하다고 할 수 있다. 그 기업들이야말로 생태계를 파괴하는 기술을 사용한 대가로 지금껏 아주 높은 수익을 내왔기 때문이다. 이 기업들이 지게 될 새로운 부담으로 발생한 수익금은 파괴된 환경을 복원하는 사업에 사용해야 할 것이다.

현재의 생산 기술은 생태적 요구에 따라 새로이 디자인되어야 하며, 현재의 산업, 농업, 수송 산업은 새로운 요구에 맞게 재구성되어야 할 것이다. 제2차 세계대전 이후에 등장하여 생태적으로 문제가 있다고 밝혀진 기술에 의존하는 기업들은 이제 생태적인 원칙에 부합하도록 변화해야 한다.

과연 이런 변화에 드는 비용은 얼마일까? 좀 허술하긴 하지만 추측을 한 번 해 보자. 미국의 모든 설비 자본을 모두 합친다면 현재 연 GNP의 세 배 정도이며, 이를 1958년의 화폐가치로 환산하면 약 2조 4,000억 달러 정도가 된다. 이 중 중요한 생태 문제를 일으키는 설비가 전체의 약 사분의 일 정도라고 한다면, 이는 6,000억 달러 정도가 된다. 현재 생태적으로 문제 있다고 판단되는 설비가 1946년부터 1968년까지 설치되면서 들어간 비용은 약 1조 달러에 이른다.[25] 따라서 전후에 새로 설치된 설비의 약 절반 정도가 생태적인 설비로 교체되어야 함을 의미한다.

이 수치가 완전히 정확한 것은 아니지만, 어쨌든 한 국가의 생산 시스템을 생태적으로 재구성하는 작업이 만만치 않은 일이라는 점은 잘 보여준다. 게다가 여기에 추가해야 할 것이 있는데, 그것은 바로 이미 손상된 생태계를 복원하는 데 드는 수천억 달러라는 어마어마한 비용이다. 물론 이런 막대한 비용을 한순간에 모두 치루는 것은 불가능할 것이다. 치명적인 생태적 재앙이 닥치기까지의 유예기간을 25년 정도로 설정한다면, 그 기간 동안 1958년 화폐가치로 매년 400억 달러 정도의 비용을 들이면 될 것이다. 간단히 얘기하자면, 생태적 시설

투자를 위해 한 세대 정도는 고생을 해야 할 것으로 보인다. 그리고 모든 분야에서의 새로운 설비 투자는 고전적 경제관이 아니라 생태적인 관점에서 이루어져야 할 것이다.

과연 이런 거대한 작업을 수행하면서 나타나게 될 현실적인 문제는 무엇이며, 또 이 변화가 사기업 주도의 경제체제에 미치는 영향에는 어떤 것이 있을까? 무엇보다 현재 경제 체제 전반에 걸쳐 복잡한 변화가 일어나야 할 것이다. 작은 예를 하나 들어보자. 만약 황산화물 대기 오염의 문제를 해결하고자 한다면, 연료에 들어있는 황물질을 연소 전후 단계에서 모두 회수해야 한다. 이렇게 회수된 황을 활용할 수 있다면, 현재 존재하는 황 관련 산업에 큰 변화가 일어나게 될 수 있는데, 자칫하면 기존의 황 관련 회사와 일자리가 없어질 수도 있는 노릇이다. 황 하나만 생각해 보아도 이렇게 큰 변화가 예상될 수 있는데, 만약 이 변화가 농업 기술 전반이나 자동차 산업, 수송 산업, 에너지, 화학 산업 등에서 일어나게 된다면 과연 어떤 일이 벌어질까? 이런 방식으로 환경을 복원하는 일은 현 경제 체제가 이제껏 경험한 적 없는 큰 도전이 될 것이다.

하지만 무엇보다도 환경 복원 프로그램이 경제에 미치는 가장 큰 도전은 생산 능력의 이용에 대한 사회적 합의를 이끌어내야 한다는 점에 있을 것이다. 이를 잘 설명해줄 수 있는 사례로 모든 경제활동에 필수적인 전력 생산을 들어보자. 생태적인 관점에서 보면 무한정 전력생산을 증가시키는 것은 불가능하다. 한정된 자원인 전력의 사용과 분배에 있어서 기업이나 소비자의 사적 편익 뿐 아니라 사회적 필요도 고려해야 한다. 전력을 어떤 생산 활동에 분배할 것인가는 그 생산물이 지닌 사회적 가치에 따라 결정될 수 있다. 이 원칙을 자동차 생산 공장에 적용한다면, 보다 내구성이 높은 자동차를 생산하여 자동차의 사회적 가치를 높이는 공장에게는 더 나은 조건으로 전기를 공급할 수 있음을 의미한다. 마찬가지로 이러한 원칙을 재활용 가능한 병의 생산이나, 플라스틱 포장재를 덜 사용하여 상품을 생산하는 생산자에게 적용하여 더 유리한 전력 공급 조건을 제공할 수 있을 것이다. 생산 과정에서 더해지는 가치보다는 최종 생산물이 지닌 실질적인 가치에 의해 특정 제품의 생산 여부가 결정될 것이다. 다시 말해 생태적 원칙에 기반한다면 사적 이윤의 창출보다는 사회적 효용에 의해 제품의 생산이 결정될 것이라 본다. 따라서 현재의 환경 위기라는 상황에서, 모든 생산 방식이 생태계를 고려하고 파괴시키지 말아야 하며, 생태계는 사적인 재화가 아니라 사회적 재화라는 사실을 인정한다면, 생산 시스템이 사적 가치의 기준이 아니라 사회적 가치에 기반하여 조절될 수 있다는 주장도 설 자리를 찾게 된다.[26]

이쯤에서 다시 한번 생각해 보아야 할 부분이 있다. 사적인 경제 교환 행위의 결과는 교환 당사자에게만 영향을 미치지만, 환경에 의한 '외부효과'는 사회 전체에게 부담으로 작용할 수 있다. 어떤 현대 과학 기술이든 만약 생태계라는 사회적 자산을 파괴한다면 그 기술은 오래 살아남지 못할 것이다. 근본적으로 사적 이윤에만 기반하는 경제 체제는 생태계라는 사회적 자산을 보호하는데 효과적인 장치로 작동할 수 없을 것임은 뻔한 일이다. 이런 체제에는 반드시 변화가 필요하다.

만약 그런 변화가 정말로 일어난다면 사회 전반에 걸쳐 영향을 미치게 될 것이다. 생산 기술이 사회적 가치와 생태적 안정의 원칙을 지키게 된다면 과학 기술자들은 지금처럼 오직 하나의 목표만을 위한 편협한 기술에 만족하지 않을 것이다. 그들은 새로운 사회적 목표에 부합하는 기술을 개발하게 될 것이고, 그런 새로운 기술은 현재 과학 분야가 가진 좁은 시각을 확장시켜 줄 것이다. 과학자들은 환원론적이고도 편향된 시각으로부터 벗어나 현실 세계를 더 잘 반영하고 인간이 당면한 실질적인 문제를 해결할 수 있는 새로운 지식 체계를 만들어낼 수 있을 것이다. 과학과 기술 분야에서 이런 변화가 일어나기 시작하면 생산 시스템에도 변화가 빠르게 나타날 것이다. 생태적 복원도 일단 시작되고 나면 더욱 확장되고 속도도 더욱 빨라질 것이다. 그뿐만 아니라 이러한 생태 경제 체제에서는 일자리의 문제도 크게 해소될 수 있으리라 생각한다. 생태 경제 체제가 기반하는 생태적 원칙의 목적 자체가 사적 이익이나 '계획경제 목표 달성'이 아니라 사회적 효용이기 때문이다. 새로운 경제 활동은 최우선적으로 사회 구성원들의 복지를 해결하는 문제를 목표로 삼게 될 것이다.

산업화된 국가라면 모두 생태적 원칙에 근거하여 경제 구조를 조정해야 할 필요가 있다. 물론 이 거대한 변화는 세계 경제와 인류에게 전례 없는 부담을 지울 것이며, 따라서 생태적 우선순위에 따라 조심스럽게 진행되지 않을 경우 큰 문제를 일으킬 수도 있을 것이다.

그리고 이런 변화를 생태적으로 지혜롭게 진행하기 위해서는 산업 국가 이외의 개발도상국가에게도 이런 산업 구조 변화의 원칙을 빠른 속도로 전수해야만 할 것이다. 현대 산업 시스템을 생태적으로 개선하기 위해 가장 시급하게 요구되는 변화는 합성물질과 막대한 에너지 소비에 대한 의존도를 낮추는 것이다. 보다 많은 자연 재료를 활용하고, 전력 에너지보다는 노동에 더 크게 의존하는 방식으로 바뀌어야 한다. 현재 합성 물질로 대부분 대체된 천연 고무와 같은 자연 재료는 예전에는 대부분 개발도상국에서 생산되었다. 생태적인 변화는 산업 국가가 합성 물질에 대한 의존도를 줄이고 보다 많은 자연 재료를 사용하도록 요구할 수 있을 것인데, 이것이 가능하기 위해서는 개발도상국과 선진국 간의 우호 관계와 협력이 필요할 것이다. 자연 섬유, 고무, 비누와 같은 자연 재료의 수요를 만족시키기 위해서는 개발도상국에서의 생산이 촉진되어야만 가능한데, 이런 변화는 양국 간의 적절한 상호 호혜 관계가 형성되지 않고서는 불가능할 것이기 때문이다.

이런 상호 호혜 관계는 자연재료를 생산하는 개발도상국이 이를 가공하여 완성된 제품을 생산하는 산업을 발전시키는 데 선진국이 도움을 주는 방식으로도 나타날 수 있다.[27] 다시 말해 말레이시아가 천연 고무 대신 타이어를, 인도는 목화 대신 직물이나 의류와 같은 완제품을, 서아프리카는 팜유 대신 비누를 수출함을 의미한다. 당연히 이런 산업이 생태적으로 문제를 일으키는 생산 기술을 사용해서는 안 될 것이다. 무기 질소 비료, 합성 살충제, 제초제를 이용한 단일작물 재배 농업방식이나, 납이 함유된 휘발유를 사용하는 고출력 엔진의 사용, 질소 산화물을 내뿜어 대기오염을 일으키는 발전소 건설은 곤란하다. 대신 앞으로 개발될 새로운 생태 기술을 공유해야 할 것이다.

생태계와 조화를 이루는 일은 현존하는 최고의 과학 지식과 기술이 만들어내는 새로운 생산 방식에 기반해야 할 것이다. 새로운 기술은 자본과 에너지의 집약적인 이용이 아니라 노동 집약적인 것이어야 한다. 그래야만 개발도상국이 지닌 거대한 노동력이 제 가치를 발휘할 수 있을 것이고, 효율적인 경제 체제와 사회 구조가 확보된 상황에서 당장 시급한 과제인 생산적 노동 고용을 이룰 수 있을 것이다.

전 지구적 경제 구조의 변화가 개발도상국과 선진산업국가 모두에서 일어난다면, 이에 상응하는 정치적 변화도 반드시 함께 일어날 것이다. 미국은 제2차 세계대전 이후 국민 총생산의 큰 부분을 차지해 왔던 대규모 군사 정책을 포기하지 않고서는 산업 전반에 걸친 생태적 변화에 필요한 자원을 확보하는 것이 불가능할 것이다. 일본이나 서독의 전후 경험은 군사 분야에 대한 투자 제한을 통해 현대적 산업 경제체제에서 생태적 변화를 이루기 위한 자원을 확보할 수 있음을 보여준다. 미국과 같은 선진국이 외국에서 생산된 자연 생산품에 의존해야만 한다면 이는 다른 국가와 평화적으로 공존하지 않고서는 불가능한 일이 될 것이다.

환경 위기에 대한 대책이 전 지구적인 규모에서 고민되어야 한다는 것은 사실이지만, 나는 미국의 역할이 이 변화의 성공을 좌우할 만큼 중요하다고 생각한다. 그 이유를 하나 꼽으라면 바로 미국이 세계 자원 소비와 낭비에서 차지하는 엄청난 비중 때문이라 하겠다. 만약 미국에서 생태적 변화가 시작된다면 현재 수준의 재생 불가능한 자원과 에너지의 소비 수준을 획기적으로 줄이고도 필수적인 의식주를 얼마든지 해결할 수 있을 것이다. 미국이 차지하고 있는 비중을 고려한다면, 미국이 생태적, 사회적 생산 경제를 구축할 경우 세계의 가용한 자원의 현황에 미치게 될 영향은 매우 클 것이다. 반면에 미국에서의 변화가 실패한다면 다른 개발도상국이 선진국의 삶의 질에 이르기 위해 필요로 하는 세계 자원이 전혀 남아 있지 않게 될 것이라고 봐야 할 것이다. 마지막으로 한 가지 더 지적하자면, 미국이 세계의 다른 국가와 평화적인 우애관계를 형성하려 하지 않는 한 미국이 스스로의 생태적 복원을 이루기 위해 필요로 하는 자원이나 세계의 협조는 확보되지 않을 것이다.

환경 위기가 우리에게 주는 교훈은 분명하다. 생태적 사고가 경제적, 정치적 사고를 이끌고 갈 때 비로소 우리 생존은 가능해질 것이다. 생태적 사고는 우리에게 전 세계적 환경 재앙을 부를 수 있는 군사적 무력에 의지하지 말고 자연과 인간 사이의 조화로움을 이루라고 요구한다. 생태계와 마찬가지로 인류도 서로 연결되어 있으며 공동의 운명을 가진다. 세계가 환경 위기로부터 살아남는 것은 인류 전체의 문제이다.

제13장
원은 닫혀야 한다

이 책을 통해 나는 환경 위기 자체뿐만 아니라 그러한 환경 위기를 구성하는 중요한 요소인 사회 구조와의 관계를 중심으로 이야기를 끌어왔다. 나는 이 책을 통해 생태학의 원리가 현재 지구와 그 구성원들이 겪고 있는 많은 문제의 원인을 밝혀주는 데 도움이 될 수 있기를 바라고 있다. 환경 위기를 제대로 이해한 사람이라면 그 해결을 위해서 사회적 변화가 반드시 필요하다는 사실을 잘 알 것이다. 또 그런 변화로부터 환경 위기를 해결할 수 있는 실마리가 풀리기 시작할 것이라고 나는 생각한다.

하지만 생태학의 원리와 환경문제에 직면하고 있는 현실 세계를 지배하는 원리 사이에는 매우 큰 간극이 있다. 심각한 환경 위기의 현실은 더러운 공기, 오염된 물, 그리고 쓰레기 더미 등의 문제로 이미 일상생활을 통해 우리 피부로 직접 느낄 수 있게 되었지만, 그럼에도 사람들은 여전히 이 문제를 비현실적인 것으로 치부하며 애써 외면하는 것으로 보인다. 스모그와 화학비료의 문제는 복잡한 화학반응으로

만 존재하는 것이 아니다. 이로부터 생겨나는 경제적, 사회적, 정치적 문제들이야말로 바로 현대사회 속에서 살아가는 우리 삶을 특징짓는 것들이다. 하지만 우리는 여전히 이 많은 문제들을 관념의 틀에 묶어 두고 바라보기만 할 뿐이다. 우리 삶은 대개 생태학적 원리와는 전혀 들어맞지 않는 혼란스럽고 이해하기 어려운 현실로 나타난다. 그 와중에도 우리의 경제 및 정치 현실은 미래에 대한 희망이라고는 찾아보기 힘든 관성적 모습을 보여줄 뿐이다. 논리적으로 당연히 받아들여야 할 해법들은 전혀 받아들여지지 않는다. 권력자들은 때로는 우둔함으로, 때로는 냉소로 위장할 뿐이고, 그러다가도 권력을 잡기 위해서는 환경을 파괴하는 데에 앞장서는 모습을 보여준다. 이런 권력의 횡포와 무책임함 앞에서 느낄 수밖에 없는 시민들의 무기력감은 사실 현재의 환경 위기가 빠져나오기 어려운 늪과도 같은 상황을 그대로 보여주고 있다. 생태적 원리를 다시 현실 세계로 불러오기 위해서는, 생태적 원리를 우리 일상생활뿐 아니라 인간의 역사를 지배해온 사회적, 정치적, 경제적 힘과 연결시켜야만 한다. 현대는 과학 기술의 엄청난 힘과 한없이 피폐해진 현실이 지배하는 시대이다. 과학의 위력은 발전소에서 생산되는 거대한 전력량에서, 그리고 시간이 지날수록 강력해지는 핵폭탄에서도 드러난다. 현재와 미래의 세대가 처해 있는 어려운 현실은 황폐화되는 지구와 세계에 만연한 기아가 잘 보여주고 있다. 그런데 과학의 위력과 현실의 피폐함 사이의 간극은 더욱 커져만 가고 있다. 왜냐하면 과학의 힘은 인간의 피폐함이 극심해질수록 오히려 더욱 강력해지는 특성을 가지게 되었기 때문이다.

전 세계 어디를 가든 인간 자신을 위해 인간의 능력이나 다양한 자원, 혹은 정치권력을 활용하려는 노력이 계속 실패하는 모습이 보인다. 환경 위기는 사실 이러한 실패 사례의 하나이다. 환경 위기는 부를 창출하기 위해 생태계를 이용하는 방식이 생태계를 파괴함에 따라 발생했다. 현재 우리가 사용하는 생산 시스템은 자기 파괴적인 본질을 지니고 있으며, 인류 문명은 자멸을 향해 걸어가고 있다.

과학기술에 기반한 현대사회의 생산성과 부가 사실은 크게 부풀려진 거짓말에 불과하다고 현대 환경 위기는 이야기하고 있다. 우리가 축적한 부는 짧은 시간 동안 환경을 무자비하게 착취하여 얻은 것이다. 이를 위한 비용은 자연 생태계에 대한 빚으로 쌓여갔고, 산업국가에서는 환경 파괴의 모습으로, 개발도상국에서는 인구 압력으로 나타나게 되었다. 우리가 생태계에 지고 있는 빚은 그 규모도 엄청날 뿐 아니라 지리적으로도 지구 곳곳에 만연해 있다. 따라서 이 빚을 빨리 갚지 않는다면 다음 세대에 이르러서는 우리가 축적한 부를 일시에 날려버릴 일이 생길 수도 있다. 생태계에 지고 있는 빚은 현대사회를 유지하는 비용과 편익의 회계 장부가 제대로 관리되지 않고 있으며, 의도되지는 않았지만 어쨌든 인류에게 엄청난 사기를 치고 있는 상황이 되었음을 알려준다. 빠른 속도로 악화되는 환경오염은 재앙의 거품이 터지기 직전임을 알려주는 경고이며, 이제는 세계의 환경 파산을 막기 위해 자연에 진 빚을 갚아야 할 시기가 왔음을 알려주는 신호이다.

그렇다고 해서 환경 위기를 극복하기 위해서 산업 국가의 시민들이 '풍족한 삶'을 완전히 포기해야 하는 것은 아니다. 지금까지는 '삶의 풍족함'을 GNP, 전력 소비량, 금속 생산량 등에 기반한 고전적인 방식으로 평가했는데, 이는 사실 환상에 불과했다. 이 평가 방식은 반생태적이며, 사회적 낭비의 수준을 반영할 뿐이다. 실제 인간이 누리는 복지의 수준은 전혀 나타내지 못한다. 따라서 생산 방식의 개혁이 제대로 이루어진다면 현재 개개인이 누리는 유용한 재화의 수준을 크게 감소시키지 않고도 환경오염을 줄이는 방식으로 삶의 질을 크게 향상시킬 수 있을 것이다.

하지만 환경 위기를 극복하고 코앞에 닥친 생태계 파산을 피하기 위해서 분명히 포기해야만 하는 것이 있기는 하다. 바로 정치권력의 남용으로서, 이를 이용해 이익을 얻을 수 있는 자들에게만 오랫동안 주어진 것들이었다. 국가의 부가 소수의 시민들에 의해 점유되는 것을 허용하는 도구로 이용된 것이나, 시민들의 정치적 자치권 행사에 반드시 필요한 알 권리를 차단하는데 사용되기도 했고, 경제적 가치의 정당성에 대해 의문을 제기하면 이를 배척하거나 이기적인 선동으로 치부하는데 이용되어왔다.

환경 위기를 극복하기 위해 우선적으로 해결되어야 하는 문제는 빈곤, 인종차별, 전쟁이다. 생태적 자멸을 향해 가다 보니 지금 우리에게 남겨진 선택 사항은 그리 많지 않게 되고 말았다. 생태계에 지고 있는 빚이 분명히 밝혀진 상황에서 우리에게 남겨진 선택은 두 가지뿐이다. 하나는 지구 자원의 사용과 분배를 위한 이성적이고도 사회적인 혁신을 이루는 것이고, 나머지 하나는 새로운 야만주의를 받아들이는 것이다.

사실 이 생각은 인구 조절을 가장 끈질기게 주장해온 개럿 하딘이 이미 분명히 밝힌 바 있다. 지난 몇 년 동안 그는 '공유지의 비극'에 대해 이야기해왔다. 그는 지구 생태계를 초원 공유지와 같은 것으로 보았다. 따라서 모든 개인이 개인적인 이익을 위해 가축의 수를 점차 늘려갈 수밖에 없으며, 마침내 초원 공유지는 파괴될 수밖에 없다고 보았다. 하딘은 이 비유를 통해 두 가지 결론을 내렸다. 첫째는 "공유지에서의 자유는 모두를 파멸로 몰고 간다"는 것이다. 둘째는 파멸을 피하기 위해서 자유는 제한되어야 한다는 것이다. 그런데 그가 말한 자유는 사적 이익을 사회적 재화(공유지)로부터 취할 수 있는 자유가 아니라, "번식의 자유"를 의미했다.

하딘의 논리는 분명하다. 지금처럼 사적 이익을 위해 사회적 재화(혹은 공유지, 혹은 생태계)를 사용하는 관례를 바꿀 수 없다면, 우리가 살아남을 수 있는 유일한 길은 즉각적이고도 과감한 인구 제한 정책이라는 것이다. 최근 사이언스지에 투고한 논문을 통해 그는 다음과 같이 설명했다.

> 우리 미국인들은 시간이 지남에 따라 점점 소수자로 전락해 가고 있다. 미국 인구는 매년 1퍼센트의 증가율을 보일 뿐이다. 하지만 세계 인구의 증가 속도는 우리의 두 배에 이른다. 2000년이 되면 전 세계 24명 중 한 명이 미국인일 것이다. 하지만 100년 후에는 46명 중 한 명 만이 미국인일 것이다. (……) 만약 세계를 하나의 거대한 공유지로 본다면, 우리는 지는 것이 뻔한 싸움을 하고 있는 것이다. 더 많은 출산율을 보이는 자들이 결국에는 나머지 사람들을 대체해버릴 것이다. (……) 따라서 인구 통제가 없는 식량 지원 정책은 비참한 결과를 가져올 뿐이다. 출산 경쟁은 반드시 비참한 결과를 불러올 것이다. 그런 비극적 상황을 피하고자 한다면 우리는 반드시 우리 국경 안에 있는 자원을 확보해야 한다. 미래에는 문명과 인간의 존엄성이 남아 있는 곳이 그다지 많지 않을 것이기 때문이다. 소수의 선각자들은 제대로 알지도 못하면서 선의를 베푸는 사람들로부터 문명을 지켜내는 수호자의 역할을 수행해야만 한다.[1]

이 글은 사실상 그럴 듯하게 포장된 야만주의와 다를 것이 없다. 그는 인간 누구에게나 인간적인 삶을 누릴 권리가 있는 것은 아니라고 주장한다. 그의 주장은 대부분의 사람들이 야만인의 수준에 머물러야 한다는 저주이며, "소수의 문명인"마저 야만적인 윤리의 수준으로 끌어내린다. 하딘이 생각하는 보잘 것 없는 '문명'의 울타리 안팎 어디에서도 인간과 문명의 존엄 따위는 찾아볼 수 없다.

환경 위기에 직면한 우리에게 남은 선택은 많지 않다. 야만주의를 선택하기 싫다면 남은 것은 생태 원리에 기반한 경제적 변화일 뿐이다. 그리고 이는 생태계가 지닌 사회적 특성과 전 지구를 고려한 생산 시스템을 만들어내는 변화를 의미한다.

세계가 처한 환경문제와 관련해 흔히 볼 수 있는 반응 중 하나는 바로 깊은 비관론이다. 우리가 지금껏 믿어왔던 현대 문명의 '진보'가 사실은 전 지구적 재앙을 가려주는 얄팍한 가림막에 불과하다는 충격적인 사실을 깨닫는다면 이런 반응이 자연스럽다고 볼 수도 있다. 하지만 닥쳐오는 재앙을 제대로 인식하고, 그 원인을 이해하려 애쓰고, 우리를 다른 곳으로 이끌 수 있는 대안이 있을 것인지에 대해 고민하기 시작한다면 그 깊은 절망 속에서도 우리는 희망을 찾을 수 있을 것이다.

낙관론이 설 자리는 분명히 있다. 특히 환경 위기를 만들어낸 문제들이 매우 복잡한 특성을 보인다는 사실 자체에서 낙관론의 단서를 찾을 수도 있다고 본다. 일단 문제를 형성하는 요소들 간의 복잡한 연결고리를 파악하고 나면 문제를 해결할 새로운 방법이 보이기 시작할 것이다. 이 복잡한 문제를 부분적으로만 파악한다면 어떤 일이 벌어질까? 그 어려움이 너무 커 보이는 나머지 절망에 빠질 수 있을 것이다. 개발도상국에서 필요로 하는 새로운 생산 방식이나 산업 분야를 도입하는 것도 어려워 보이기만 할 것이고, 선진국에서 생태적 원리에 따른 생산 시스템의 혁신을 이루는 것 또한 불가능해 보일 것이다. 하지만 한 가지 예를 들자면, 자연 재료를 대체하기 위해 합성 물질을 도입하면서 나타나게 된 중요하고도 복잡한 생태학적 변화를 인식한다면 이 두 문제 모두를 해결할 실마리가 풀릴 수 있지 않을까? 어떤 미국인들은 자신의 풍족한 생활로 인한 환경 영향이 얼마나 큰지 분명하지도 않은 상태에서도 세계 자원을 마음껏 사용하는 것을 포기하는 것이 과연 타당한지 지레 고민하기도 한다. 하지만 뒤집어서 보면 미국이 세계 자원에 미친다는 거대한 영향 자체로부터도 희망의 단서를 찾을 수 있다. 생태 혁신을 통해 미국의 영향력을 줄일 수 있다면 그 긍정적인 파급효과는 크게 나타날 것이고, 결과적으로 절박한 처지에 놓인 개발도상국을 도울 수도 있을 것이다.

낙관론의 또 다른 근거는 환경 위기의 근본적인 특성에서도 찾아볼 수 있다. 앞서 환경 위기의 발생 원인은 인간의 생물학적 특성에 의한 것이 아니라고 했다. 다행인 것은 이런 생물학적 특성은 빠른 시간 안에 바뀌지 않는다는 점이다. 오히려 환경 위기의 원인이 인간의 사회적 행위로부터 비롯되었기 때문에 그나마 더 쉽게 바뀔 수 있는 대상이라는 점에서 다행이라 하겠다. 환경 위기는 결국 자원의 사회적 관리가 제대로 이루어지지 않아 발생한 문제이므로, 사회 구조와 생태계 사이에 조화로운 관계를 다시 만들어낸다면 이 문제도 극복하고 인간적인 삶도 유지할 수 있을 것이다.

여기서 우리는 자연으로부터 또 하나의 가르침을 얻는다. 지구상에 존재하는 모든 생명체는 전체 지구와의 협력적인 관계를 꾸려야만 살아갈 수 있다는 것이다. 생명은 원시 지구로부터 이런 가르침을 항상 받아왔다. 지구의 첫 생명체는, 현재의 인간과 마찬가지로, 자신이 성장함에 따라 자신의 존재 기반이 되는 영양분을 소모시키고 대신 유기 폐기물만 잔뜩 만들어내었다. 이렇게 지구상에 처음 출현한 생명체는 자멸을 향해 가고 있었다.

이 생명체를 파멸로부터 구해준 것은 진화가 만들어낸 발명품이었다. 이 놀라운 능력을 가진 새로운 생명체는 원시 생물체가 만들어낸 노폐물을 다시 신선한 유기물질로 전환시키는 능력을 가지고 있었다. 이 새로운 생명체는 광합성을 수행하는 능력을 지녔던 것이다. 이렇게 지구의 첫 생명체가 벌이던 탐욕스런 폭주가 위대한 생태적 순환 고리로 바뀌었다. 마침내 생명의 순환 고리, 즉 원이 닫히면서(완성되면서) 지구 생태계는 예전에 그 어떤 생명체도 혼자서는 이루지 못했던 "생존"을 이루어낸 것이다.

지금 인간은 이런 생태적 원으로부터 떨어져 나왔다. 하지만 이는 생물학적 필요에 의해서가 아니라 자연을 "정복"하게 만드는 사회 구조에 의해 생긴 일이다. 부를 획득하려는 원칙이 자연을 지배하는 원칙과 갈등을 빚어 이런 일이 발생한 것이다. 그 결과 나타난 환경의 위기는 이제 생존의 위기로 발전했다. 다시 한번 말하지만, 살아남고자 한다면 우리는 원을 다시 닫아야만 한다. 우리는 자연으로부터 끊임없이 자원을 빌리기만 하는 방법을 버리고, 그 자원을 자연으로 되돌려 보내는 방법을 다시 배워야만 한다.

끊임없는 인간의 진보를 믿는 현대사회에서, 누군가가 어떤 심각한 문제에 대해 이야기한다면 그 문제를 해결할 방법도 함께 제시해야 한다고 생각하는 것은 당연할 수도 있겠다. 하지만 현재 환경 위기에 관한 한, 어느 누구도 이 위기를 극복할 아주 특별한 "계획"의 청사진을 제시해주지는 못할 것이다. 그건 그 사람이 혼자 잘 난 사람이든 어떤 대단한 위원회에 앉아 있든 마찬가지이다. 이를 부정하는 것은 환경 위기의 진정한 의미를 왜곡할 뿐이다. 환경 위기는 단 한가지의 결정적 오류로 인해 생긴 것도 아니며, 따라서 하나의 유별난 해결 방법으로 고쳐질 문제가 아니라, 역사 발전을 이루어온 강력한 경제적, 정치적, 사회적 힘이 모두 결부되어 일어난 사건이다. 따라서 환경 위기를 해결해야 한다고 주장하는 것은 바로 지금까지의 역사의 흐름을 바꿔야 한다고 주장하는 것과 마찬가지라고 하겠다.

하지만 이것이 과연 가능할 것인지에 대한 답은 아마도 역사가 말해 줄 것이다. 사회 혁신은 이성적이며 정확한 정보를 가진 조직된 시민들의 사회 행동을 통해서만 가능하기 때문이다. 우리가 지금 바로 행동해야 한다는 것은 분명하다. 다만 무엇을 해야 하느냐의 문제가 남아 있을 뿐이다.

감사의 글

환경문제에 깊이 관련되어 있는 다음의 단체에서 활동하고 참여하는 경험은 이 책을 쓰는데 매우 중요한 기여를 했다. 세인트루이스 환경정보위원회, 공공정보과학자협회The Scientists' Institute for Public Information, 미국과학진흥협회 산하 환경변화위원회The Committee on Environmental Alterations of the AAAS, 워싱턴대학 자연시스템생물학연구센터The Center for the Biology of Natural Systems at Washington University 등이 바로 그 단체들이다. 이 책에서 사용된 대부분의 사실관계와 데이터는 이 단체에서의 활동을 통해 수집되었고, 내가 제시한 많은 아이디어 또한 이 단체에 속해 있는 동료들과의 토론에서 떠오른 것들이다. 하지만 이 단체의 동료들을 통해 얻게 된 정보와 아이디어 뿐 아니라, 그들이 이런 중요한 단체들을 만들어내고 운영하고 유지하기 위해 고생했다는 점에서 큰 신세를 진 셈이다.

이 책에서 제시된 거의 모든 생각은 많은 동료들과 치밀하게 준비되고, 실험되고, 또 수정된 것들이다. 특히 딘 에이브럼슨Dean E. Abrahamson, 월터 보간Walter Bogan, 버지니아 브로딘Virginia Brodine, 마이클 코어Michael Corr, 타기 파버M. Taghi Farvar, 대니얼 콜Daniel H. Kohl, 줄리안 맥콜Julian McCall, 앨런 맥고완Alan H. McGowan, 셸던 노빅Sheldon Novick, 맥스 페퍼Max Pepper, 케빈 쉬어Kevin P. Shea, 폴 스템러Paul J. Stamler, 윌버 토머스Wilbur Thomas에게 감사한다. 그들은 나와 열정적으로 토론했고 통찰력 있는 생각을 참을성 있게 전해주었다.

마이클 코어와 폴 스탬러는 미국과학진흥협회 산하 환경변화위원회의 실무진이며, 여기 나온 통계적 분석 대부분을 수행해주었다. 그들은 이런 통계치가 환경 위기와 어떤 관계를 보이는지에 대한 분석뿐 아니라, 여러 가지 개념을 개발하는 데에도 매우 중요한 역할을 했다. 특히 스탬러는 대부분의 노트와 참고 문헌을 정리해주었다.

마지막으로 내 행정 보좌관인 글래디스 얀델Gladys Yandell의 헌신적인 노력, 코린 클락Corinne Clark과 페기 윗로우Peggy Whitlow의 타자, 그리고 워싱턴 대학 도서관의 아니타Anita Hultenius, 케이 셰언Kay Shehan, 버나드 왓츠Bernard Watts가 참고문헌 조사에 도움을 준 것에 감사를 표한다.

편집장인 로버트 고틀립Robert Gottlieb과 그의 보좌관 투아넷 리Toinette Rees, 교열 담당자인 앤 클로스Ann Close, 그리고 여러 관련 프로젝트에서 힘이 되어 준 마리 로델Marie Rodell에게도 감사의 뜻을 전한다.

옮긴이의 글
생태계 순환의 고리와 지속가능성

배리 카머너. 문자 그대로 해석한다면 "보통 사람Commoner"이라는 뜻을 가진 그의 성과는 달리, 그는 '지구의 날'이 처음으로 지정된 해인 1970년 타임지의 커버에 등장할 정도로 너무나도 잘 알려진 생태학자였다. 그는 과학자였을 뿐 아니라 활발한 환경 활동가였으며, 1980년도에는 '시민당'Citizen Party의 후보로 미국 대선에 출마하기도 했다. 비록 선거 결과는 30만 표 가량의 득표에 5위라는 성적에 그치긴 했지만, 그가 환경 문제의 정치화와 과학의 대중화를 위해 얼마나 매진했는지를 보여준 사례라 하겠다. 2012년 9월 30일, 그가 세상을 떠났다는 비보를 듣게 되었다.

다소 생소할 수도 있는 이 책 제목인 '원은 닫혀야 한다'는 결국 지속가능성을 위한 제안이다. 이 책이 처음 출판된 것이 1971년이었으니, 40년 전 이미 카머너는 21세기 초기에 가장 첨예한 이슈인 지속가능한 생태 사회라는 근본적 문제를 정확히 간파하고 지적했음을 보여준다. 우리나라에서는 1980년에 전파과학사를 통해 송상용 교수님의 번역으로 소개되었으나 절판된 지 오래다. 이 책이 세상에 나온 지 무려 40여 년이 지났고, 우리말로 번역된 후로도 30여 년이 지난 지금, 이 책을 굳이 다시 끄집어내어 번역하는 것은 무슨 의미가 있는가? 이 책의 기반이자 주된 내용을 이루고 있는 사례들은 선진국의 1960년대를 풍미한 오래된 환경문제들, 다시 말해 '공해'라는 명칭이 더 어울리는 그런 일들이 아닌가? 이제는 30억 개의 인간 게놈 서열이 완전히 밝혀지고, 예전에 방 하나를 가득 채웠던 컴퓨터보다 한 손에 들어오는 전화기가 더욱 강력한 성능을 발휘하는 시대가 되었다. 그런 현실에서 40년 전에 쓰여진 이 책은 지금의 우리에게 어떤 의미가 있는가? 이제는 환경을 논하고자 한다면, 하이브리드 자동차라든지, 핵융합 기술, 생물 복제, 암 정복 따위를 이야기해야 적절하지 않겠는가?

놀랍게도 그렇지가 않은 것으로 보인다. 카머너가 40년 전 환경의 위기를 불러일으킨 사례로 소개했던 일들은, 데자뷰와도 같이 고스란히 다시 나타나고 있다. 카머너가 이 책에서 지적했던 본질적인 문제, 즉 거대한 현대 생산 기술의 오류는 여전히 지속가능성을 위협하는 존재로 남아 있기 때문일 것이다. 다만 예전과 다른 곳에서, 때로는 약간 다른 모습으로 터져 나올 뿐이다.

대기 오염문제의 대표 사례로 카머너는 1960년대 로스앤젤레스를 휩싼 스모그를 들었다. 지난 몇 년간 중국의 거의 모든 주요 도시는 스모그로 인한 심각한 대기오염 문제에 시달리고 있다. 카머너가 보여준 스모그의 사례는 화석 연료, 내연 기관, 강력한 출력을 요구하는 자동차 기술 개발과 소비자의 욕구, 기업의 강력한 이윤 추구에 비해 턱없이 약한 정부의 환경 규제로 인해 미국 여러 도시에서 발생한 문제였다. 중국에서 나타나는 일들은, 이와 같은 원인뿐 아니라 문제까지도 여전히 유효한 상태임을 보여주고 있다. 질소 산화물과 마찬가지로 자동차, 공장 등에서 화석연료를 연소할 때 발생하는 초미세먼지(PM2.5)를 살펴보자. 2013년 1월 중국 베이징의 월평균 초미세먼지 농도는 200μg/m3에 달했으며, 일평균 300μg/m3을 넘은 날도 무려 9일이나 되었다. 2013년 1월 13일, 베이징 통저우 관측소에서는 초미세먼지 관측사상 최고 기록인 950μg/m3이 기록되었다(참고로 우리나라의 미세먼지 기준은 24시간 기준 100μg/m3,연평균 기준 50μg/m3이며, 미국은 각각 50μg/m3과 12μg/m3이다). 그린피스와 북경대학 공동 연구에 따르면 같은 시기 중국 주요 도시의 호흡기 질환은 20퍼센트 증가했으며, 초미세먼지로 인한 중국의 경제적 손실은 11억 달러에 이르는 것으로 추정되었다(http://www.greenpeace.org/eastasia/Global/eastasia/publications/reports/climate-energy/2012/Briefing%20Dangerous%20Breathing%20-%20Greenpeace.pdf). 또 지리적으로 거대할 뿐 아니라 경제 규모까지 세계 2위를 차지하게 된 중국의 전례 없는 급속한 경제성장은, 예전에는 국지적인 문제로 인식되었던 스모그를 국제적 문제로 발전시켰다. 중국의 스모그가 대륙을 지나 바다를 건너 우리나라와 일본 국경을 넘나드는 국제적 문제로 발전한 것이다.

수질 문제는 어떠한가? 카머너는 하수 처리 시설로 유기물 범벅의 하수를 처리하여 생물학적 산소 요구량 문제는 해결하였으나, 그 대신 엄청난 양의 영양염이 강과 호수로 유입되어 '완두콩 스프'로 지칭된 부영양화와 녹조 문제를 언급했다. 그런데 2012년 여름 대한민국을 뜨겁게 달군 단어가 바로 '녹차 라떼'였으니, 만약에 1970년대 미국에서 라떼의 인기가 완두콩 스프만큼이나 높았더라면 용어조차 똑같았을런지도 모르는 일이다. 한 정권 내내 4대강 사업을 위시하여 우리나라의 하천 관련 정책과 사업 목표가 '녹색 성장'을 기치로 내걸었으나, 그러한 노력이 현실화되어 나타난 녹차 라떼 사건이 말해주는 것은 무엇인가? 흐르는 강물을 막고, 강바닥을 파내고, 하천변 자연 습지를 뜯어내 인공적인 '생태 공원'으로 바꾸어놓은 노력은 생태적 순환 고리로부터 떨어져 나온 것일 수 있으며, 그 내면은 실상 그렇게 '녹색'이 아니었음을 보여주는 사례라 하겠다.

원자력 문제를 살펴보자. 2011년 3월 11일 오후 일본 도호쿠에서 발생한 재앙적 지진 이후 나타난 일련의 사건들은 원자력 산업의 미래를 완전히 무덤 속으로 보내버린 듯했다. 모멘트 규모 9.03의 대지진과 40미터가 넘는 쓰나미를 몰고 와 2만 명 가까운 사망자와 실종자를 발생시켰으며, 찰나에 지나가버린 지진과 쓰나미와 달리 수개월 동안 전 세계를 공포에 휩싸이게 한 후쿠시마의 제1원자력 발전소의 사고가 발생하였다. 지진과 쓰나미에 의한 냉각 시스템의 붕괴, 노심 용융, 수소 폭발에 의한 격납 용기 손상과 방사능 물질의 대량 유출로 이어진 이 사건은 결국 같은 해 4월 12일 국제 원자력 사고 등급의 최고치이자 체르노빌 사고와 같은 수준인 7등급을 부여받았다. 이 사고가 최고조에 이르렀을 무렵, 그 위험을 최대한 불식시키려 애쓰던 일본 정부가 사실은 완전 공황 상태에 빠져 있었으며, 심지어 도쿄의 소개 작업까지 비밀리에 고려했었다는 사실이 드러났다(『뉴욕타임스』, 2012년 2월 27일자). 사고 발생 이후 발전소 반경 20킬로미터 내로의 주민 출입이 금지되었으며, 8만 명이 고향을 떠났으며, 복구 작업은 40년이 넘게 걸릴 것으로 추정되고 있다.

한편 2013년 3월에 발간된 세계보건기구World Health Organization의 보고서는 이 사건으로 발생한 방사능 노출에 의한 건강상 위협 요인이 그렇게 크지 않을 것으로 보았다. 하지만 이 보고서가 함께 강조한 점은 이 연구가 원자폭탄 폭발 이후 단기간에 걸쳐 높은 방사능 수준에 노출된 사례에 주로 기반하고 있기 때문에 후쿠시마 사태와 같이 장기간에 걸친 저농도 방사능 노출에 의한 효과는 제대로 파악하기 어려우며, 미래에 과학적 데이터가 더 축적되면 자신들의 결론이 바뀔 수도 있다고 한 것이다. 이 같은 불확실성을 둘러싼 한계는 2012년 일본 의회의 후쿠시마 원전사고 조사위원회의 보고와 일맥상통하는 것이며, 방사능 노출 위험에 대한 속단이 위험할 수 있음을 보여준다.

또한 이 보고서는 비록 전례 없던 강력한 지진과 쓰나미에 의해 사고가 유발되기는 했으나, 이 사고의 근저에는 정부-규제기구-토쿄 전력사 간의 담합과 책임회피, 그리고 일본의 강한 위계 문화가 있었다고 보았다. 이 사고를 인재人災라고 규정한 것이다. 그런데 '인재'라는 결론을 뒤집어보면, '기술' 자체에는 오류가 없었으며 문제는 '인간 운영'에 있었다는 뜻이다. 하지만 원자력 '기술'이 과연 발전 시설 자체에 들어가는 안전한 시설과 최첨단 부품만을 의미하는 것일까? 그렇지 않다. 원자력 발전은 원자력 에너지의 생산, 분배, 감시, 관리, 폐기물 처리 등의 다양한 과정을 모두 포함하기 때문에, 원자력 '기술'은 본질적으로 '인간 운영'을 포함할 수밖에 없다. 그렇게 본다면 과연 오류 없는 완전한 기술이 존재할 수 있을까? 생태계의 순환 고리로부터 완전히 떨어져 나온 기술의 대표격인 원자력 발전 기술은 '완벽'과의 영원한 긴장관계에서 존재한다. 그러나 후쿠시마 원전 사고는, '완벽한 기술'을 전제로 하는 시스템은 어느 시점에서이든 반드시 실패할 수밖에 없으며, 그 실패의 결과로 우리가 치러야 할 비용이 엄청날 수 있음을 고스란히 보여준 사건이라 하겠다.

한편 일본의 형편없는 사후 대처를 바라보며 우리는 한심해했지만, 이러한 상대적 우월감은 금세 설 자리를 잃고 말았다. 대한민국 역시 생산자와 검증 기관, 승인 기관이 모두 조직적으로 가담해 원자력발전소에 납품하는 부품의 시험 성적서를 위조해왔다는 사실이 밝혀진 것이다. 덕분에 우리는 몹시도 부끄러우면서도 더운 2013년도 여름을 보내야만 했다. 그나마 사고가 발생하기 이전에 이런 사실이 밝혀졌음을 감사해야만 하는 것일까?

원자력을 둘러싼 논쟁은 현재 매우 복잡한 양상을 띠고 있다. 1986년 체르노빌 원자력 발전소 사고 이후 원자력에 대한 환경론자 및 생태학자들의 불신은 하늘을 찔렀다. 하지만 1990년대 말 이후 기후 변화의 거대한 위협 앞에 인간 활동에 의한 이산화탄소 배출을 빠른 속도로 줄일 수 있는 현실적인 방안으로 원자력에 눈을 돌리는 사람들이 많아지기 시작하였다. 그러던 중 후쿠시마의 원자력 발전소 재앙은 이런 분위기를 완전히 뒤바꿀 것으로 보였고, 후쿠시마 사고 이후 세계적으로 원자력을 이용한 에너지 생산이나 발전소 신설이 크게 줄어들기도 하였다. 하지만 더욱 긴박해진 기후변화의 위협과, 대한민국, 미국, 프랑스, 중국처럼 원자력 발전에 이미 엄청난 투자를 한 국가들의 사정을 고려한다면 그리 쉽게 버릴 수 있는 기술이 아닌 것도 현실이다.

그래서 우리는 다시 질문을 던져야만 한다. 과연 우린 또 하나의 체르노빌, 혹은 후쿠시마를 감당할 수 있을 것인가? 아니, 후쿠시마의 교훈은 도대체 무엇인가? 원자력 안전성을 높여줄 수 있는 새로운 기술에 대한 가르침일까? 아니면 체르노빌 이후 반복된 끔직한 원자력 사고는 역시 우리는 무언가를 배우는 데에 형편없음을 말해주는 것인가? 후쿠시마 이후에 발생한 대한민국의 원전 부품 안전성 위조 사건은, '인재'의 근거가 여전히 건재함을 보여준다.

40년이 지난 책이라는 점에서, 그가 제시한 몇 가지 사례들이 세월에 빛이 바랜 것은 사실이다. 또한 거대 기술의 문제를 강조한 나머지 기술의 발전을 뒷받침해준 사회적인 분석이 부족한 점은 아쉬움으로 남는다. 그가 소위 '사회주의' 체제의 국가들로부터 대안의 단서를 일말이라도 찾고자 고심한 흔적은, 이 책이 쓰여졌을 당시 미국과 소련 사이에 첨예한 핵무기경쟁이 진행 중이었으며 냉전이 지속되어 정보가 크게 제한되어 있었다는 사실을 염두에 둔다면 어느 정도 이해할 수 있는 부분으로 보인다. 그보다 더 중요한 것은, 소련과 자본주의 세계에서 비슷하게 나타나는 환경 문제의 근간에는 거대 기술에 크게 의존하는 산업 생산 지상주의가 있었다는 점을 카머너가 정확하게 지적하고 있다는 것이라 생각된다. 이러한 시각은 환경 및 사회 문제의 근간에는 인구 증가가 있다는 주장으로 당대를 풍미했던 신맬더스주의자들에 반대하여 강력하게 주장한 것이어서 눈길을 끌기도 한다. 이 책에서도 상당한 분량으로 언급되지만, 카머너는 지구적 환경 위기의 본질을 인구 증가로 환원시키고자 했던 인구주의적 시각이 지닌 본질적인 억압성과 인종주의를 간파하고 예리하게 비판한 대표적인 인물이다.

카머너는 사회이론가라기보다는 시민활동가이자 자연과학자였다. 그가 제시하는 사회적 분석이 아쉽기는 하지만, 오히려 그의 이런 모습은 당대에 환경 운동을 사회 운동으로 전환시키고자 했던 그의 노력과, 문제의 본질을 이해하기 위해 자신이 안주할 수 있는 학문의 영역을 뛰어넘으려 애썼음을 고스란히 보여준다. 시민 과학운동을 표방했던 카머너가 수행했으며 1963년 핵실험금지조약의 기반을 구축한 연구는 바로 미국 수천 명의 아기들이 이갈이한 이齒를 모아 그 안의 스트론튬90 농도를 측정함으로써 핵실험으로 인한 방사능 물질의 확산이 매우 광범하게 일어나고 있음을 증명한 것이었다. 과학 운동과 시민운동 뿐 아니라, 데이터 샘플링까지 풀뿌리 접근을 성공적으로 접목시킨 그의 시각과 활동력에 그저 탄복할 뿐이다.

이 책에서 카머너는 당시로부터 20~50년이면 인류와 지구 환경의 파괴의 진도는 돌이킬 수 없게 될 것이라고 매우 조심스럽게 내다보았다. 이에 대해 누군가는 우리가 여전히 건재함을 들면서, 1972년도 로마 클럽 보고서 '성장의 한계'와 같은 위기론의 예측이 빗나간 것과 마찬가지로 카머너의 예측도 비관론자들의 어두운 예언에 불과했다고 깎아내릴 수도 있겠다. 항상 그랬듯이 시장 지상주의자들은 시장의 보이지 않는 손이, 기술 지상주의자들은 과학기술의 끊임없는 진보가 모든 문제를 해결해 줄 것이라 주장한다. 소시민들은 '경기가 살아야', 그러나 정확히 말하자면 끊임없는 성장이 있어야만 조금이라도 나은 내일이 올 것이라 말한다. 그러나 과연 끝없는 기술발전과 경제의 양적 팽창에 의존하는 발전이 지속가능할 것인가? 2008년의 국제금융위기는 종이에만 존재하는 성장조차도 현실 세계를 순식간에 무너뜨릴 수 있음을 보여주었다. 오히려 위기론이나 비관론을 '피치 못할 재앙'을 예고하는 것이라 문자 그대로 해석하는 것이야말로 편협한 시각이 아닐까?

카머너가 현실의 심각한 환경 위기에도 불구하고 마지막까지 낙관주의자였음을 2007년 뉴욕타임스와의 인터뷰는 보여준다. 그는 지금껏 인류가 환경 위기를 극복하기 위한 수많은 싸움에서 승리해 왔듯이 결국은 승리할 것임을 끝까지 확신한 것으로 보인다. 생태학자의 입장에서 카머너는 인류의 생존 방식이 생태학의 법칙을 따를 때, 그래서 '생명의 순환 고리인 원'이 비로소 '닫힐 때'에야만 지속가능할 것이라고 보았다. 한편 과학자이자 시민 과학운동가의 입장에서 카머너는 비판적인 과학적 소양을 지닌 시민들이 조직적인 활동을 벌일 때에야 우리 사회의 변화가 비로소 가능할 것이라고 보았다.

생태학자로서의 카머너의 소양은, 생태계와 마찬가지로 환경 위기 또한 매우 복잡한 요소를 망라한 문제이며, 따라서 그에 걸맞는 생태적 시각과 접근을 이용해야만 제대로 문제를 이해하고 해결할 수 있을 것이라고 파악했다. 최근 다양한 매체의 발달로 인해 우리는 끊임없이 환경론자들의 경고를 듣고 보면서 오히려 환경 위기에 대해 피로감마저 느끼게 되었다. 이런 상황은 세월을 뛰어 넘은 그의 날카로운 식견을 더욱 빛나게 한다. 이 책에서 카머너가 제시한 네 가지 생태학의 법칙은 다음과 같다.

모든 것은 모든 것과 연결되어 있다.

Everything is connected to everything else.

모든 것은 어디엔가 남아 있게 되어 있다.

Everything must go somewhere.

자연에 맡겨두는 것이 가장 낫다.

Nature knows best.

공짜 점심 따위는 없다.

There is no such thing as a free lunch.

이 네 가지 법칙은 우리 주변의 환경문제가 결국은 생명의 순환 고리가 단절되면서 나타났다는 사실과, 이 어렵고도 복잡해 보이는 문제를 어떻게 풀어야만 지속가능성을 담보할 수 있을 것인지에 대한 단순명료한 원칙을 재치 있게 제시해준다. 이 책의 출간 이후 지금까지 인류가 줄곧 직면해온 환경 위기는, 과학기술에 대한 맹신과 한없는 성장에 대한 믿음으로 인해 갚지 않은 채 고스란히 쌓여온 환경 비용의 빚이 드디어 감당할 수 없는 수준에 이르렀음을 보여주며, 이는 후세에게 물려주는 폭탄과 다를 바 없음을 드러냈다. 카머너의 생태주의와 과학주의, 그리고 그가 신뢰했던 시민의 힘으로 과연 현재 우리가 맞서고 있는 환경 위기를 이겨낼 수 있을지, 연기된 환경 재앙을 해결할 수 있을 것인지, 그리고 지속가능한 생태 사회를 만들어나갈 수 있을 것인지 주목된다.

이 번역 작업은 오래된 벗이자 선배인 주일우 대표의 부추김이 없었다면 시작되지 않았을 것이지만, 한편으로는 내가 졸라서라도 시작하지 않았을까 생각이 들기도 한다. 어찌 되었건, 이 책을 15년 전에 내게 처음 소개한 이라는 점에서, 그리고 그 이후 내 삶의 궤적에 큰 변화를 일으켜주었다는 점에서 그에게 많은 빚을 지고 있다. 지지부진한 내 작업 속도를 내내 견뎌준 김현주, 김용운 선생님에게 감사를 드린다. 국민대학교 산림환경시스템학과 동료 교수님들의 배려와 격려 없이는 이 책을 번역하는 시간과 여유를 내기가 불가능했을 것이다. 타자를 도와준 학생들에게도 고마운 마음이다. 마지막으로, 함께 지낼 시간을 유예하면서까지 작업했음에도 이해해준 가족들에게 무한한 사랑과 감사를 보낸다.

모든 번역상의 잘못은 오로지 역자에게 있음을 밝힌다.

2014년 8월
고동욱

제1장

환경 위기

1 언루의 발언은 Newsweek, January 26, 1970, p. 31에서 인용했다.

2 여기 인용된 FBI 보고서는 미국연방의회 속기록(1971년 4월 14일, pp. S-4744~2745)에 기록된 것으로 머스키 상원의원이 지구의 주간 행사를 감시하는 FBI의 활동에 반대하는 발언 내용이다.

3 인용문은 하딘의 유명한 논문인 "The Tragedy of the Commons", *Science*, vol. 162, pp. 1243~1248에서 발췌한 것이다.

4 Paul R. Ehrlich, *The population Bomb*, New York: Ballantine; 1968, pp. 66~67에서 인용. 강조는 에를리히가 한 것이다. 널리 알려진 이 책은 '인구 과잉'을 환경 문제의 주된 원인으로 지목한다. 하지만 이러한 주장을 너무 강조한 나머지 과학적 사실을 넘어서는 논의를 펼치기도 했다. 한 예로, 다양한 사람들을 '목표물'이라 지칭하며 이들에게 인구 억제의 필요성을 전파하는 지침까지 제시하고 있다. 심지어 '극단적으로 보수적인 목표물'이나 '극단적으로 진보적인 목표물'에 효과적으로 설득할 수 있는 방법까지 제시하고 있다.

5 Walter Howard, "Man's Population-Environment Crisis", *Natural Resources Lawyer*, 4 (January 1971), p. 106에서 인용.

6 Wayne Davis, "Overpopulated America", *The New Republic*, January 10, 1970, pp. 13~15에서 인용.

7 이 인용문은 와일리가 "생태학과 빈곤층(Ecology and the Poor)"이라는 제목으로 1970년 4월 21일 하버드대학 지구 주간(Harvard University Earth Day) 회의에서 연설한 내용이며, 엔바이런멘털 액션(Environmental Action)의 전국 조직 위원들이 편집한 *Earth Day—The Beginning*, New York: Bantam Books, 1970, pp. 213~216에서 발췌했다.

8 셔먼 냅이 작성하고 원자력산업회의(Atomic Industrial Forum)가 출간한 팸플릿 *Nuclear Industry and the Public*, 1970에서 인용했다.

9 1969년 11월 샌프란시스코에서 개최된 "Conference on Man and His Environment: A View Toward Survival"에서 로스가 했던 마무리 발언 중 인용. H. D. Johnson (ed.), *No Deposit-No Return*, Reading, Mass.: Addison-Wesley, 1970, pp. 317~318.

10 1970년 4월 22일 뉴멕시코 앨버커키(Albuquerque)에서 개최된 지구의 날 행진에서 했던 연설 "La Raza"에서 인용했다. *Earth Day*, p. 224에 나와 있다.

11 1970년 4월 22일 워싱턴 D.C.에서 열린 지구의 날 행사에서 필립스가 "Unity"

라는 제목으로 한 연설문이다. *Earth Day*, p. 74에 나와 있다.

12 린 화이트의 널리 알려진 논문 "The Historic Roots of Our Ecologic Crisis", *Science*, vol. 155, pp. 1203~1207에서 인용했다.

13 1970년 4월 22일 인디애나 포트웨인의 콘코디아대학에서 열린 지구의 날 회의에서 하트키가 한 연설 내용으로 *Earth Day*, p. 134에 나와 있다.

14 1970년 4월 22일 뉴욕주립대학에서 열린 지구의 날 회의에서 캐머런이 연설한 내용이며, *Earth Day*, p. 173에 나와 있다.

15 1970년 4월 22일 워싱턴 D.C.에서 열린 지구의 날 행진에서의 연설 내용으로, *Earth Day*, pp. 87~88에 나와 있다['시카고 7인'은 1968년에 열린 시카고 민주당 전당대회 때 일어났던 각종 시위 및 폭력 행위를 조장한 혐의로 재판을 받았던 7명의 활동가들을 가리킨다. 이들은 민주당 전당대회장에 대통령 후보로 돼지 피가수스(Pigasus)를 데리고 입장한 것으로 유명하다. 인용문에서 대마초에 관련된 부분은 당시 미국 환경 운동의 한 축을 이루던 반문화운동의 일면을 반영하는 것으로 이해하면 될 것이다].

16 비누와세제협회(The Soap and Detergent Association)에서 널리 배포한 팸플릿에 포함된 토머스 셰퍼드 2세의 연설문 "The Disaster Lobby"의 일부로, 1971년 1월 28일 뉴욕에서 열린 44회 연례 회의에서 발표되었다. 강조는 셰퍼드가 한 것이다.

제2장
생태권

1 부시맨의 생활과 그들이 환경과 맺고 있는 관계에 대하여 더 많이 알고 싶다면 다음을 읽을 것을 추천한다. Elizabeth M. Thomas, *The Harmless People*, New York: Alfred A. Knopf, 1959.

2 이와 관련된 고전적 역작은 오파린의 *The Origin of Life on the Earth*, New York: Macmillan, 1938으로, 읽어볼 만한 저서이다. 보다 최근의 논의를 알고 싶다면 A. I. Oparin, *The Origin of Life on Earth*, New York: Academic Press, 1957을 참고하라. 그 외 Barry Commoner, "Biochemical, Biological and Atmospheric Evolution", *Proceedings, National Academy of Science*, vol. 53, pp. 1183~1194도 참고하라.

3 질소 순환에 대해 더 자세히 알고 싶다면 Barry Commoner, "Nature Unbalanced: How Man Interferes with the Nitrogen Cycle", *Scientist and Citizen*, 10:1 (January 1968), p. 12를 보라.

4 생태학 분야에 관심 있는 독자들은 Eugene P. Odum, *Ecology*, New York: Hold, Rinehart and Winston, 1963을 참고하라.
5 토끼-살쾡이 상호관계와 유사한 자연적 순환 현상에 대해 알고 싶다면 Lloyd B. Keith, *Wildlife's Ten-Year Cycle*, University of Wisconsin Press, 1963, pp. 64~66을 참고하라.
6 이 인용문과 나중에 나온 인용문은 Leo Marx, "American Institutions and Ecological Ideals", *Science*, vol 170, pp. 945~952에서 나왔다.

제3장
원자로의 불

1 낙진 문제에 대한 일반적인 과학 배경 지식과 핵심 낙진 데이터를 보고자 한다면 *Nuclear Information*(1958년~1964년 8월), 이후 바뀐 이름인 *Scientist and Citizen*(1964년 9월~1968년 12월), *Environment*(1969년 1월 이후)의 다음 과월호를 참고하라. 1959년 10월호, 11월호, 1960년 4월호, 10월호, 1961년 1월호, 1962년 4월호, 9월호, 1963년 3월호, 8월호, 11월호, 1964년 9월호. 특히 1964년 9월호는 이 문제를 종합적으로 평가하고 있다.
2 Ralph Lapp, *The Voyage of the Lucky Dragon*, New York: Harper & Row, 1958에 1954년 3월의 핵무기 실험에 대한 자세한 내용이 나와 있다.
3 뼛조각으로부터 스트론튬90이 섭취되는 현상은 원자력위원회의 13차 보고서(Washington D.C., January 1, 1953)를 참고하라.
4 방사능 기준에 대한 일반적인 내용을 알고 싶다면 *Scientist and Citizen*, September 1965, p. 5를 참고하라.
5 낙진에 의한 기형률 추정치에 대한 최초의 보고에 대해 더 알고 싶다면 *Scientist and Citizen*, September 1964를 참고하라. 두 번째 보고는 "Report of the UN Scientific Committee on the Effects of Atomic Radiation", New York, 1969를 참조하라. 세 번째 보고는 Ernest J. Sternglass, *Stillborn Future*, New York: Alfred A. Knopf, 1970를 보라. 네 번째 보고는 John Gofman and Arthur Tamplin, *Population Control Through Nuclear Pollution*, Chicago: Nelson-Hall, 1971과 같은 저자들이 쓴 논문인 "Radiation: The Invisible Casualties", *Environment*, 12:3 (April 1970), p. 12를 참고하라.
6 Rand Corporation, *Ecological Problems and Post-War Recovery: A Preliminary Study from the Civil Defense Viewpoint*, Santa Monica, Calif., August 1961을 참고하라. 그 밖에도 *Nuclear Information*, September 1963도 도움이 될 것이다.

7 *St. Louis Post-Dispatch*, February 9, 1965와 *Memphis Commercial Observer*, April 19, 1964의 기사를 참고하라.

8 파나마운하 위원회의 보고서 내용은 *New York Times*, December 1, 1970, p. 92 참조.

9 이 대화는 *National Observer*, April 20, 1964에 나와 있다.

10 방사성 가스: Colorado Committee for Environmental Information과 St. Louis Committee for Environmental Information이 발간한 *Nuclear Explosives in Peacetime*, a Scientists' Institute for Public Information Workbook (SIPI), 30 East 68th Street, New York, 1970, pp. 4~5를 참고하라.

11 원자력 발전량에 대한 일반적인 정보는 Bureau of the Census, *Statistical Abstract of the United States*, Washington D.C., 1970, p. 529과 Hubert Risser, "Power and the Environment: A Potential Crisis in Energy Supply", *Environmental Geology Notes*, 40, Illinois State Geological Survey, Urbana, Illinois (December 1970), p. 3, p. 16, p. 35 참조.

12 사람들이 제대로 알지 못할 뿐 아니라 미국원자력위원회 역시 지적하지 않는 문제가 하나 있다. 그것은 원자력 발전소에서 비방사성 오염 물질이 직접 생성되는 것은 아니지만, 원자력 발전 자체를 가능하게 하는 과정에서 그런 오염 물질이 많이 만들어진다는 사실이다. 그 한 예로 핵 원료를 생산하는 데에 많은 양의 전력이 소모되는 사실을 생각해보자. 여기에 사용되는 전력은 기존의 석탄 발전소로부터 생산되기 때문에, 그 과정에서 당연히 화학적 대기 오염 물질이 생성된다. 핵 원료 제조에 필요한 에너지의 양은 최소한 그 핵 원료가 생성하는 에너지의 5퍼센트에 달한다. 그러므로 원자력 발전 과정에서도 해당 발전량의 5퍼센트를 재래식 발전소에서 생산할 때 발생되는 대기 오염 물질이 생성되고 있음을 알아야 한다.

13 핵반응로의 위치에 대한 시민의 거부감을 균형 있는 시각으로 다루려 노력한 과학 기자의 글을 보고 싶다면 *Washington Post*, October 19, 1969의 기사를 참고하라. 원자력 산업계의 시각을 보고자 한다면 *Electrical World*, December 17, 1969, p. 35를 보라. 시보그 박사의 말은 *Washington Post*, October 19, 1969의 기사로부터 인용된 것이다.

14 핵무기와 원자로에 의해 발생하는 환경오염 평가에 대한 생생한 설명을 보고자 한다면 고프만과 탬플린이 자신들의 경험에 비추어 쓴 저서인 *Population Control Through Nuclear Pollution*, Chicago: Nelson-Hall, 1971을 참고하라. 이 인용문은 p. 60에 소개된 AEC의 보도 자료에 나와 있는 것이다.

15 방사성 물질의 영향에 관한 톰슨의 추정치에 대해 더 자세히 알고 싶다면 T. J. Thompson and W. R. Bibb, "Response to Gofman and Tamplin : The AEC Position", *Bulletin of the Atomic Scientists*, September 1970, vol. 26, p. 9을 보라. 모건의 입장에 대해서는 K. Z. Morgan and E. G. Struxness, "Criteria for the Control of Radioactive Effluents", *Environmental Aspects of Nuclear Power*, Vienna: International Atomic Energy Agency, 1971을 참고하라.

제4장
로스앤젤레스의 공기

1 대기오염 문제에 대한 간략한 소개와 유용한 읽을거리는 A. A. Nadler *et al., Air Pollution*, A Scientists' Institute for Public Information Workbook, SIPI, 1970을 참고하라. 보다 자세한 내용은 J. P. Dixon *et al., Air Conservation*, Washington, D.C.: American Association for the Advancement of Science, 1965를 참고하라. 그 외에도 Virginia Brodine, *Air Pollution*, New York: Harcourts, Brace & World, 1972를 참고하라.

2 특별히 언급하지 않은 한 로스앤젤레스의 대기오염도의 변화에 대한 데이터는 지역 공무원들의 보고서에 훌륭히 기록되어 있다. L. J. Fuller *et al., Profile of Air Pollution Control in Los Angeles County*, Los Angeles County Air Pollution Control District, 1967을 참고하라. 특히 p. 8, p. 9, p. 11, p. 59에 주목하라.

3 이 데이터는 J. B. Taylor, *Dustfall Trends in the Los Angeles Basin, 1947~60,* Los Angeles County Air Pollution Control District로부터 나왔다.

4 한은 1967년 대기오염에 대한 미 상원 청문회에 그의 교신 파일을 제공했다. *Air Pollution—1967*, Part 1, Hearings Before the Subcommittee on Air and Water Pollution, Committee on Public Works, U.S. Senate, February 13~14, 20~21, 1967, Washington, D.C., pp. 155~207을 보라.

5 여기서 언급된 데이터뿐 아니라 질소 산화물 및 광화학적 스모그에 관련된 추가 정보는 I. R. Tabershaw, F. Ottoboni, and W.C. Cooper, *Air Pollution—1968*, Part 3, Hearings Before the Subcommittee on Air and Water Pollution, Committee on Public Works, U.S. Senate, 1968, p. 968에 나와 있다. 대기오염이 식생과 작물에 미치는 영향은 O. C. 테일러(O. C. Taylor)의 논문에 나온 것으로, 위 보고서 p. 959에 나와 있다. 같은 보고서에는 일산화탄소, 이산화황, 분진 등이 미치는 영향에 대해서도 잘 알려주고 있다.

6 여기서 언급한 데이터와 납이 환경에 미치는 영향에 대한 일반적인 정보는 *Scientist and Citizens*, 10:3 (April 1968)에 소개된 일련의 논문을 참고하라.

7 이 데이터는 E. Sawicki, *Archives of Environmental Health*, 14, 1967, pp. 524~530에 나와 있다. 이와 관련된 내용은 *Air Pollution–1967*, Part 3, Hearings Before the Subcommittee on Air and Water Pollution, Committee on Public Works, U.S. Senate, Washington, D.C., 1967, pp. 1284~1308에 잘 간추려져 있다.

8 이와 관련된 사안에 대한 일반적인 정보는 미국 국립암연구소와 미국원자력위원회에서 후원한 학회의 논문집 *Inhalation Carcinogenesis*, Washington, D.C.: U.S. Atomic Energy Commission, Division of Technical Information, 1970에 잘 나와 있다. 특히 넬슨(N. Nelson), 팔크(H. L. Falk), 사피아티(U. Saffiatti)의 논문에 주목하라.

9 대기오염이 건강에 미치는 영향에 대한 최근의 연구를 폭넓게 정리한 내용을 보고자 한다면 S. M. Ayers and M. E. Buehler, *Clinical Pharmacology and Therapeutics*, 11, (1970), p. 337을 보라.

10 과학자들은 대개 단 하나의 인과관계를 찾아내도록 훈련받지만, 이러한 접근 방식은 대기오염처럼 복잡한 현상 앞에서 별다른 쓸모가 없음이 금세 드러난다. 대기오염이 우리에게 영향을 미치는 경우 단 하나의 오염 물질이 작용하는 것이 아니라 많은 물질이 한꺼번에 복잡한 작용을 일으키게 된다. 그 각각의 영향을 따로 떼어내어 분석할 방법이 없기 때문에, 대기오염을 관리하는 것도 전체적으로 접근하는 방법만이 가능할 뿐이다. 이러한 시각은 점차 전문가들에게도 받아들여지고 있으며, 대기오염 문제를 보다 통합적으로 이해하고 해결해야 한다는 생각이 많아지고 있다. 태버쇼(Tabershaw) 등이 쓴 논문이 밝혔듯이, 광화학적 스모그는 오염도가 언제 가장 높은지, 얼마나 오래 지속되는지, 증상이 급성 및 만성으로 나타나는지 등등 너무 많은 인자가 관여되어 있어 하나 또는 몇 가지만의 수치로 기준을 정한다는 것은 거의 불가능하다. 특정량의 오염 물질과 생물학적 현상 사이에서 나타나는 상호작용은 너무나 긴밀하여 이를 이해하는 것은 매우 어려울 뿐 아니라, 끊임없이 변화하는 다른 요인으로 인해 발생하는 잠재적 불균형까지 고려한다면, 제대로 된 장기적 대책은 오염원의 관리에 있음을 알아야 한다.

제5장
일리노이의 흙

1 질소 순환의 변화와 그로 인해 발생하는 질산염 변화에 대한 영향에 대해 더 알고 싶다면 Barry Commoner, "Nature Unbalanced", *Scientist and Citizen*, 10:1, January 1968, pp. 9~19을 참고하라. 보다 기술적인 측면은 Barry Commoner, "Threats to the Integrity of the Nitrogen Cycle: Nitrogen Compounds in Soil, Water, Atmosphere", S. F. Singer (ed.), *Global Effects of Environmental Pollution*, Dordrecht, Holland: D. Reidel, 1970을 참고하라.

2 관련 데이터는 J. H. Dawes *et al.*, *Proceedings*, Twenty-fourth Annual Meeting, Soil Conservation Society of America, Fort Collins, Colorado, 1968, pp. 94~102에 나와 있다.

3 여기 인용된 데이터는 일리노이 수질 조사국의 광범위한 연구를 요약한 논문으로부터 나왔다. R. H. Harmeson, F. W. Sollo, and T. E. Larson, "The Nitrate Situation in Illinois", the Ninetieth Annual Conference of the American Water Works Association, Washington, D.C., 1970을 보라.

4 이 연구는 워싱턴대학 자연시스템생물학연구센터(Center for the Biology of Natural Systems, Washington University, St. Louis, Missouri)에서 발간한 *CBNS Notes*, September 1970에 간략히 나와 있다. 세로고르도에서의 회의 내용은 *CBNS Notes*, January 1971을 참고하라.

5 이 결과는 1971년 6월 미국의학협회(American Medical Association)의 회의에서 구두로 발표된 내용이다. 겔퍼린 박사 발언 내용은 그의 발표를 소개한 *Chicago Tribune*, June 22, 1971에서 나온 것이다.

제6장
이리호의 물

1 이 장의 내용은 대부분 Barry Commoner, "The Killing of a Great Lake", *The 1968 World Book Year Book*, Chicago, Field Enterprises Educational Corporation, 1968을 참고했다. 이리호의 변화하는 상황에 대한 데이터도 이 책에 나온 것이다. 이리호 오염 문제에 대한 자세한 조사 내용을 보고자 한다면 *Lake Erie Report*, United States Department of Interior, Federal Water Pollution Control Administration, Great Lakes Region, 1968을 참고하라. 이 보고서는 5년간에 걸친 연구 결과에 기초한 것이다. 이 보고서는 이리호 오염 원인에 대한

일반적인 데이터는 풍부하게 보여주지만 그 생태적 측면에 대한 설명은 충분히 해주지 못하고 있다.

2 수질 오염 전반을 개관하려면 George L. Berg, *Water Pollution*, a Scientists' Institute for Public Information Workbook(SIPI), 30 East 68th Street, New York, 1970을 참고하라.

3 이 데이터는 *Report on Commercial Fisheries Resources of the Lake Erie Basin*, United States Department of Interior, Fish and Wildlife Service, Bureau of Commercial Fishing, Washington, D.C., 1968에 기반한 것이다.

4 이에 관련해서는 *Preliminary Report on the Cooperative Survey of Lake Erie—Season of 1928*, Bulletin, Buffalo Society of Natural Sciences, 14:3 (1929)를 참고하라.

5 브리트 박사의 논문 "Stratification in Western Lake Erie in Summer of 1953: Effects on Hexagenia(Ephemeroptera) population", *Ecology*, 36 (1955), pp. 239~244를 보라.

6 이 데이터는 (위에서 인용한) *Report on Commercial Fisheries Resources of the Lake Erie Basin*, p. 22, p. 25를 보라.

7 (위에서 인용한) *Lake Erie Report*, p. 34를 보라.

8 여기서 추정된 값은 *Proceedings, in the Matter of the Pollution of Lake Erie and Its Tributaries*, Vol 1, United States Department of Interior, Federal Water Pollution Control Administration, Great Lakes Region, 1966, pp. 59~60의 내용으로부터 계산된 것이다.

9 여기서 언급된 내용은 몰티머의 중요한 일련의 연구 결과를 참고한 것이다. *Journal of Ecology*, 29 (1941), p. 280과 30 (1942), p.147을 참고하라.

10 A. M. Beeton, "Changes in the Environment and Biota of the Great Lakes", *Eutrophication, Causes, Consequences, Correctives*, National Academy of Sciences, Symposium, Washington, D.C., 1969을 참고하라. 이 자료집은 부영양화에 관해 매우 유용한 자료를 제공하고 있다.

11 이 데이터는 C. C. Davis의 논문 *Limnology and Oceanography*, 9 (1964), p. 275에 실린 내용을 참고했다.

12 이 연구는 매우 중요한 내용을 담고 있음에도 불구하고 부영양화에 관한 논의에서 대부분 제외되고 있다. F. J. H. 매커레스(F. J. H. Mackereth)의 연구는 *Philosophical Transactions of the Royal Society of London*, Series B, 250 (1966), p. 165에 나와 있다. 그의 연구는 철과 망간 두 가지 금속이 서로 다른 산소 조건에

서 나타내는 특성의 차이를 이용했다. 호수 바닥의 퇴적물에서 수집한 철과 망간의 비율을 비교하여 퇴적물이 생성되었을 당시의 상대적 산소 수준을 추정할 수 있었다. 퇴적물 나이의 추정에는 표준 지질학적 방법론이 사용된다. 그 결과 호수 형성 이후 지질학적 시간의 경과에 따라 산소 수준이 어떻게 변화 했는지를 파악할 수 있다. 만약 부영양화가 호수 노화에 의한 현상이라면 산소 수준은 꾸준히 줄어들 것이다. 그러나 예상과 달리 연구 결과는 부영양화가 호수 형성 직후에 나타나거나 아니면 인간의 영향에 의해서야 발생했음을 보여주었다.

13 세제 산업계의 시각은 비누와세제협회의 뉴스레터인 『워터인더뉴스(*Water in the News*)』를 살펴보라. 1971년 4월호는 두 개의 머리기사로 장식되었다. 하나는 "Nitrogen is Limiting, *Science* Paper Says"라는 제목으로 연안에서의 부영양화는 인이 아니라 질소의 추가에 따른 반응으로 나타나는 것이라 말하고 있다. 둘째는 "Panelists See Role of Phosphates in Eutrophication is Misjudged"라는 제목으로 비슷한 내용을 다른 근거에 기반하여 전하고 있다. 하지만 비료 사용을 권장하는 이들의 시각은 다음 문장에서 볼 수 있다. "농무성의 시각은 다음과 같이 요약된다. (……) 질산염이 조류의 성장을 촉진할 수 있긴 하지만, 인이야말로 결정적인 인자이다." *Chemical Engineering*, April 21, 1969, p. 53. 이산화탄소가 부영양화를 유발할 수도 있을 것이라는 입장은 L. E. Kuentzel, "Bacteria, Carbon Dioxide, and Algal Blooms", *Journal of Water Pollution Control Federation*, 41 (1969), p. 1739을 참고하라.

14 (위에서 인용한) *Lake Erie Report*, p. 69에 나온 결론을 보라.

제7장
인간—생태권 안의 존재

1 이와 관련된 데이터는 John McHale, The Ecological Context, New York: Braziller; 1970, p. 95를 참고하라.

2 현대 산업에서의 기술의 역할이라는 중요한 이슈에 대한 포괄적인 논의를 보고자 한다면 John Kenneth Galbraith, *The New Industrial State*, New York: New American Library, 1967을 참고하라.

3 인구 변화에 영향을 미치는 복잡한 요인에 대한 연구를 보고자 한다면 E. A. Wrigley, *Population and History*, New York: McGraw-Hill, 1969를 참고하라.

제8장

인구 위기와 풍요

1 이와 관련된 자료로 Barry Commoner, "The Environmental Cost of Economic Growth", *Energy, Economic Growth, and the Environment*, Washington, D.C.: Resources for the Future, 1971을 참고했다.

2 미국의 인구 증가에 관해서는 (위에서 인용한) Statistical Abstracts, 1970, p. 5를 보라.

3 J. Backman, *The Economics of the Chemical Industry*, Washington, D.C.: Manufacturing Chemists' Association, 1970, p. 172를 보라.

4 Department of Health, Education and Welfare, *A Strategy for a Livable Environment*, Washington, D.C.: United States Government Printing Office, 1967, p. 11을 보라.

5 Automobile Manufacturers Association, *Automobile Facts and Figures*, Washington, D.C., 1970, p. 57을 참고하라.

6 United States Department of Commerce, *The National Income and Product Accounts of the United States, 1929~1965*, Washington, D.C.: United States Government Printing Office, 1968, pp. 4~5를 참고하라.

7 (위에서 인용한) *Agricultural Statistics*, 1967, p. 6974; 1970, p. 576에서 인용했다.

8 *Statistical Abstracts*, 1947, p.854; 1948, pp.811, 865; 1953, p.97; 1962, p. 798; 1970, p 83, p. 685, p. 713, p. 717에서 인용했다. 매년 생산의 변화를 보여주는 그래프들은 환경변화위원회(Committee on Environmental Alterations)를 위해 준비한 Barry Commoner, Michael Corr, and Paul J. Stamler, *Data on the United States Economy of Relevance to Environmental Problems*, American Association for the Advancement of Science, Washington, D.C., 1971에서 찾아볼 수 있다. 이 부분과 책의 다른 부분에서 제품의 생산량 데이터가 강조되어 있어서, 소비량에서 수출과 수입의 영향이 도외시된 것을 알 수 있을 것이다. 이러한 접근은 오염도가 국내 생산량과 가장 직접적인 관련이 있다는 사실과 대부분의 경우 수입과 수출이 국내 생산량에 비해 비교적 적다는 사실을 반영한다. 가능한 예외는 직물인데, 특히 최근 몇 해 미국에 수입되는 양이 점점 많아지고 있다. 따라서 1인당 직물 실제 사용량은 특히 지난 몇 년간 국내 생산량 데이터가 가리키는 것보다 더 많을 것이다.

9 *Statistical Abstracts*, 1948, p.811; 1970, p. 685를 보라.

제9장

과학기술 속의 오류

1 5장의 참고문헌을 보라.

2 이 장에서 언급된 관련 수치들은 (위에 인용한) Barry Commoner, Michael Corr, and Paul J. Stamler, *Data on the United States Economy of Relevance to Environmental Problems*을 보라. 그 외에도 카머너의 “The Environmental Cost of Economic Growth”(위에 인용)을 보라. 또한 Barry Commoner, Michael Corr, and Paul J. Stamler, *The Causes of Pollution*, Environment, 13:3, April 1971, p. 2를 보라. 위에 언급한 자료에 기초하여 전후 첫 해인 1946년의 변화와 가장 최근인 1968년의 상황을 설명하려 했다. 이보다 짧은 기간으로만 한정된 데이터로 제한된 경우도 있었는데 이는 본문에 명시했다.

3 비육장의 가축에 관한 통계는 Agricultural Statistics, 1958, pp. 309~310; 1970, p. 306을 참고하라.

4 경작 면적, 수확량, 그리고 연간 질소비료 사용량과의 관계에 관한 수치는 Barry Commoner, *The Origins of the Environmental Crisis*, address before Council of Europe, Second Symposium of Members of Parliament Specialists in Public Health, Stockholm, Sweden, July 1, 1971과 Barry Commoner, *The Environmental Cost of Economic Growth*(위에서 인용)를 참고했다.

5 여기 제시된 수치는 디케이터 지역 농업 공무원들에 의해 제공되었다. 수치는 곳곳에 따라 약간 다르게 나타나지만, 전체적인 경향은 일관되다. 이윤 창출이라는 경제적 조건을 만족시키기 위해서는 그만큼의 비료가 더 사용되어야만 한다는 것이며, 그 결과 포화 상태를 넘는 질소 비료의 사용으로 인해 많은 양이 지표수로 흘러가게 되었다는 점이다.

6 단위 작물 생산량당 사용된 살충제에 관한 수치는 제9장 주 4에 제공된 카머너의 문헌을 참고하라.

7 J. A. Edmisten, “Hard and Soft Detergents”, *Scientist and Citizen*, 8:10, October 1966, p. 4를 참고하라.

8 R. M. Stephenson, Introduction to the Chemical Process Industries, New York: Reinhold, 1966, p. 365에서 인용했다.

9 영국 세제산업을 흥미롭게 묘사한 P. A. R. Puplett, *Synthetic Detergents*, London: Sidgwick and Jackson, 1957, p. 219를 참고하라.

10 세제 속의 인 함량은 제9장 주 2에 제공된 자료를 참조하라.

11 섬유 소비량 통계는 제9장 주 2에 제공된 자료를 참조하라.

12 이는 우리가 꼭 알고 있어야 함에도 여전히 제대로 모르는 사실의 좋은 사례다. 인간이 필요로 하는 것을 얻는 다양한 방법이 지닌 사회적 가치를 생각해 보자. 면화 대신 나일론을 사용해야만 하는 이유를 합리적으로 설명하고자 한다면 다음의 여러 조건을 비교해야만 한다. 생산에 필요한 에너지, 생산 과정에서 발생되는 대기 오염 물질이나 사용되고 버려지는 살충제와 비료, 화학 공장으로부터의 폐수 등에 의한 환경 영향도 있으며, 제품의 내구뿐 아니라 이를 유지하는 데(세탁, 다리미질 등) 들어가는 자원도 고려되어야 한다. 이런 다양한 조건들을 고려한 다음에야 어느 제품을 사용할 것인지를 합리적으로 결정하는 것이 가능하다. 예를 들어, 비교의 결과 면화의 사용이 사회적으로 더 바람직한 것은 사실이나, 면화는 반드시 다림질을 해야만 하는 문제가 있다고 하자. 이 경우 다리미질을 굳이 하지 않아도 되는 면화 섬유를 개발하거나, 다리미질이 크게 필요하지 않은 의복을 디자인하는 방법을 생각해볼 수 있을 것이다. 중요한 것은 다양한 상품이 지닌 상대적인 비용과 편익을 온전히 평가할 수 있어야만 비로소 어떤 상품을 사용할 것인지를 합리적으로 결정할 수 있게 된다는 사실이다.

13 이 내용은 *Marine Pollution Bulletin*, vol. 2, 1971, p. 23에 나온 것이다. 플라스틱이 생분해되지 않는 안타까운 증거 중 하나는 아프리카의 부시맨이 사는 곳에서 찾아볼 수 있다. 한 환경론자는 다음과 같이 말했다. "아프리카인들이 가죽옷을 입을 때, 버려진 옷은 개미가 처리했다. 이제 그들이 나일론 옷을 입으면서 더 이상 버려진 옷을 개미가 처리하지 못하게 되었다. 이제는 버려진 옷이 땅 곳곳에 널려 있게 되었다."(『뉴욕타임스』, 1971년 6월 27일자)

14 D. L. Dahlsten, *Pesticides*, a Scientists' Institute for Public Information Workbook, New York, 1970; J. Frost, "Earth, Air, Water", *Environment*, 11:6 (June 1969), p. 14를 참고하라.

15 수많은 과학자와 미국과학발전협회의 노력의 결과로 베트남에서 살포된 고엽제의 영향이 비로소 공개되었다. 이 현상을 가장 포괄적으로 조사한 팀은 하버드대학 매슈 메셀슨(Matthew Meselson) 박사가 이끈 AAAS 연구팀이었다. 최근의 정보를 알고 싶다면 Terri Aaronson, "A Tour of Vietnam", *Environment*, 13:2 (March 1971), p. 34; P. Boffey, "Herbicides in Vietnam; AAAS Study Finds Widespread Devastation", *Science*, 171, 1971, p. 3966을 참고하라.

16 클로르알칼리 공장의 수은으로 인한 환경오염 문제에 대한 자세한 내용을 알고 싶다면 R. A. Wallace *et al., Mercury in the Environment*, Oak Ridge, Tenn.: Oak Ridge National Laboratory, 1971, p. 5; Barry Commoner, "A Current Problem in the Environmental Crisis: Mercury Pollution and Its Legal Im-

plications”, *Natural Resources Lawyer*, 4, 1971, p. 112를 보라.

17 자동차 관련 통계는 제9장 주 2에 제공된 자료를 참조하라.

18 이 자료는 *Brief Passenger Car Data*, New York: Ethyl Corporation, 1951; 1970에서 인용한 것이다.

19 질소산화물 배출물과 그로 인한 오염에 대한 내용은 제9장 주 2에 제공된 자료를 참조하라.

20 이 자료는 마이클 코어(Michael Corr)에 의해 계산되었으며, 관련 통계는 Missouri Pacific Railroad, Missouri Department of Highways, 그리고 Interstate Commerce Commission, *Transportation Statistics in the United States*, 1968, Part 1, Release 2, p. 19, p. 172; Automobile Manufacturers Association, *Motor Trade Facts*, 1962, p. 52에 나온 것이다.

21 *Statistical Abstracts*, 1970, pp. 821~822를 보라.

22 제9장 주 2에 제공된 참고문헌을 보라. 앞서 이야기했듯이 서로 다른 재화(예를 들어 재활용 가능한 병에 담긴 맥주와 재활용되지 않는 병에 담긴 맥주)의 가치를 제대로 비교하기 위해서는 각각이 만들어내는 상대적 환경 영향을 최대한 완전히 알아보는 것이 필요하다. 이와 같은 비교에는 얼마나 많은 에너지가 관여되어 있는지를 알아내는 것이 매우 중요하다. 에너지 생산에는 반드시 심각한 환경 영향이 수반되기 때문이다. 최근 이와 같은 방식으로 재활용 가능한 병과 재활용 불가능 병을 비교한 사례가 일리노이대학의 Center for Advanced Computation의 브루스 해넌(Bruce Hannon) 교수의 지도 아래 짐 벤텐(Jim Benten), 존 리브낙(John Hrivnak), 조지 보스(George Voss) 세 명의 학생들의 연구 결과로 나왔다. 그들은 두 가지 병의 생산과 처리(생산, 수송, 그리고 재활용병의 경우 수거와 세척과 소독까지 포함)에 들어가는 모든 에너지를 고려한 결과 재활용되지 않는 병은 재활용병에 비해 소비되는 단위 맥주량당 약 4.7배의 에너지를 소모한다는 결과를 발표했다. 따라서 재활용 불가능한 병의 사용은 재활용병의 사용에 비해 훨씬 많은 대기오염 물질을 유발한다고 볼 수 있다.

23 이 수치에 대해서는 Barry Commoner, *The Origins of the Environmental Crisis*(위에 인용)를 참고하라.

제10장
환경 위기와 사회문제

1 Simon Ramo, *Century of Mismatch*, New York: David McKay; 1970, p. 192에

서 인용.

2 (위에 인용한) 갤브레이스의 저서 The New Industrial State, pp. 30~31.

3 Jacques Ellul, *Technological Society*, New York: Alfred A. Knopf, 1964, p. 14, p. 227에서 인용.

4 맥클리시가 작성한 기사 *Saturday Review*, October 14, 1967, p. 22에서 인용.

5 닉슨 대통령의 국정연설, State of the Union(1970년 1월 22일), *New York Times*, January 23, 1970에서 인용.

6 *The New Industrial State*, pp. 24~25에서 인용. 강조는 배리 카머너가 한 것이다.

7 생물학적 문제와 그 문제가 인간과 환경 사이의 관계에서 보이는 중요성을 잘 보여주는 전일주의에 대해 더 자세히 알고 싶다면 듀보의 예리한 글을 살펴보라. René Dubos, *Man Adapting*, New Haven: Yale University Press, 1965는 좋은 출발점이 될 것이다.

8 현재의 대기오염 비용 추정치를 알고 싶다면 First Annual Report of the Council on Environmental Quality, *Environmental Quality*, Washington, D.C., 1970, p. 2를 참고하라.

9 Federal Radiation Council, Staff Report No. 2, 1961, p. 2.

10 갑상선암의 위험에 관해서는 C. W. Mays, "Thyroid Irradiation in Utah Infants Exposed to Iodine 131", *Scientist and Citizen*, 8:8 (August 1966), p. 3 참고.

11 *New York Times*, June 10, 1971 참조.

12 SIPI와 그 외 유사한 활동에 대한 설명을 얻고자 한다면 *SIPI Report*, 1:1, 1970, SIPI, 30 East 68th Street, New York을 참고하라.

13 *Chemical and Engineering News*, April 13, 1970, p. 9를 참조하라.

14 스타의 비용/편익 분석은 *Science* 165 (1969), p. 1232에 실린 그의 논문을 보라.

15 힐턴헤드 논란은 *St. Louis Post-Dispatch*, January 17, 1971을 보라.

16 여기 나타난 입장은 1967년 9월 29일 AAAS 이사회에 전달된 국방부 연구기술국장(Director of Defense Research and Engineering) 존 S. 포스터(John S. Foster)의 편지에 기초한 것이다. 베트남 고엽제의 영향에 대한 국방부와 과학자들 간의 논쟁을 보고자 한다면 AAAS 이사회가 Science 161 (1967), p. 253에 기고한 글을 보라. 그 결과로 1971년 고엽제 살포를 금지하는 대통령령이 내려졌다.

17 전후 환경오염 증가를 방지하기 위해 필요한 기술이나 인구 규모는 다음과 같이 계산되었다. 먼저 오염도=인구크기×인구당 생산량×생산량당 오염도임을 기억

하자. 이 계산에서 두 번째 요인인 "풍요로움"은 변하지 않으며, 이는 아마도 대부분의 오염 물질의 경우에도 마찬가지일 것이다(다만 자동차로 인한 것은 제외). 그렇다면 1946년 기준으로 오염수준=1, 인구=1, 생산량당 오염도=1이며, 1968년은 오염수준=10, 인구=1.4, 생산량당 오염도=7이라고 가정하자. 이 조건은 상당수 오염 물질에서 나타나는 특성을 반영한다. 이 상황에서, 만약 1946년 이후 인구는 1.4배로 증가하되 오염 수준이 증가하는 것을 막고자 한다면(1로 유지시키고자 한다면), '기술' 요인(즉 생산량당 오염도)는 0.7로 줄어들어야 할 것이다. 이는 기술 발전에 의해 오염 물질 배출량이 30퍼센트 감소해야 함을 의미한다. 다른 한편으로 만약 기술 요인이 7로 늘어나도록 허용하되 오염 수준을 1로 유지시키고자 한다면 인구는 무려 0.14 수준으로 감소해야 함을 의미한다. 이는 인구의 86퍼센트 감소를 의미한다.

18 Willard Wirtz(전 노동부 장관), "Optimum Population and Environment", *Population, A Challenge to Environment*, Report No. 13, Victor-Bostrom Fund Report, Washington, D.C., 1970, p. 29를 보라.

19 "미국 인구는 미국이 감당할 수 있는 수준을 넘어섰다." Paul R. Ehrlich, "The Population Explosion: Facts and Fiction", H. D. Johnson (ed.), *No Deposit—No Return*, Reading, Mass.: Addison-Wesley, 1970, p. 39를 보라.

20 *Population Growth and America's Future*, interim report, United States Commission on Population Growth and the American Future, Washington, D.C., 1971, p. 5를 보라.

21 Paul R. Ehrlich, *Population Bomb*, New York, Ballantine, 1968의 프롤로그를 보라.

22 (위에서 인용한) Garrett Hardin, "The Tragedy of the Commons"에서 인용. 그뿐만 아니라 현재 미국에서 출생률과 사망률은(원치 않은 출산을 제외한다면) 매우 비슷하게 나타나고 있다. 이는 Larry Bumpass and Charles F. Westoff, *Science*, 169, 1970, p. 177에 기반한 것으로, 그들은 부모에게 자녀 출생 이후 그 자녀가 과연 진정으로 '원했던 아이'였는지 인터뷰하여 이를 추정했다. 물론 이런 추정치는 다양한 요인으로부터 영향을 받을 수 있다. 그럼에도 불구하고 미국 출산의 약 20퍼센트 정도가 '원치 않은' 것이었다는 결과는 주목할 만한 가치가 있다. 만약 피임이 완벽하게 시행되었다면, 현재 사망률과 출생률은 거의 같은 수준일 것임을 말하는 것이기 때문이다 (이 경우 35~44세 여성의 출생률이 2.5명임을 의미한다. 완벽한 균형은 2.25의 출생률에서 이루어진다).

제11장
생존의 문제

1 이는 『룩(Look)』(1970년 4월 21일자)과의 인터뷰에서 파울 R. 에를리히가 말한 것이다. "더 이상의 노력은 헛될 것이라는 현실 파악을 하게 되면, 차라리 나 자신과 친구들에게나 신경 쓰고 얼마 남지 않은 시간을 즐기려는 생각을 하는 것이 당연할 것이오. 그리고 그 시점은 내게 1972년이 될 것이오."

2 Mark Twain, *Life on the Mississippi*, New York: Harper and Brothers, 1917, p. 156.

3 *Waste Management and Control*, Publication 1400, National Academy of Sciences—National Research Council(Committee on Pollution), Washington, D.C., 1966. 이 추정치는 여름철의 매우 적은 유량을 바탕으로 이루어진 것이다.

4 수막뇌염에 대해 정리된 임상 기록은 J. H. Callicott, "Amebic Meningioencephaltis Due to Free-Living Amebas of the Hartmanella (acanthamoeba)-Naegleria Group", *American Journal of Clinical Pathology,* 49 (1968), p. 84를 참고하라.

5 이 연구는 자연시스템생물학연구센터 신진연구원(Junior Fellow of the Center for the Biology of Natural Systems)인 존 노엘(John Noell)에 의해 수행된 것이다.

6 Sheldon Novick, "Last Year at Deauville", *Environment*, 13:6 (July-August, 1971), p. 36을 참고하라.

7 이 문제에 대한 최근의 연구 결과를 보려면 Medical World News, January 22, 1971, pp. 47~57을 참고하라. 다만 NTA의 위험성에 대한 과학적 논의는 여전히 시작 단계에 있다. 지금껏 미진하게나마 발표된 연구 결과는 단 하나뿐이다. 물론 현재 많은 연구가 진행 중인 상태이다. 이 위험성에 대한 제대로 된 평가를 위해서는 많은 연구가 이루어져야 할 것이다.

8 오염된 물에서 수은과 비소가 메틸수은으로 전환되는 과정에 대한 최근의 연구는 *Chemical and Engineering News*, July 5, 1971, pp. 22~34쪽을 참고하라.

9 Eric Albone, "The Ailing Air", *Ecologist*, 1:3 (September 1970), p. 3을 보라.

10 "Chlorinated Hydrocarbons in the Ocean Environment", National Academy of Sciences, Washington, D.C., 1971을 보라.

11 플라스틱에 들어가는 가소성 증진제가 유발하는 의학적 문제 전반에 대한 개관은 Robert De Haan, *Nature*, 231, 1970, p. 85; R. J. Jaeger and R. J. Rubin,

Lancet, 1970-II, 1970, p. 151; *Chemical and Engineering News*, February 15, 1971; *Baltimore Sun*, March 8, 1971; *Chemical and Engineering News*, April 26, p. 3(프레더릭 C. 그로스[Frederick C. Gross]가 가소제와 관련된 NASA의 경험을 언급한 서신)을 참고하라.

12 W. C. Guess and S. Haberman, "Toxicity Profile of Vinyl and Polyolefinic Plastics and Their Additives", *Journal of Biomedical Materials Research*, 2 (1968), p. 313을 보라.

13 두 인용문 모두 R. K. Bower *et al.*, "Teratogenic effects in the chick embryo caused by esters of phthalic acid", *Journal of Pharmacology and Applied Therapeutics*, vol. 171, p. 314를 참고하라. 최근에는 비슷한 영향이 실험쥐에게서도 발견되었는데, A. R. Singh *et al.*, "Teratogenicity of a Group of Phthalate Esters in Rats", Abstracts, Tenth Annual Meeting, Society of Toxicology, 1971, p. 23을 참고하라.

14 Paul R. Erlich, *The Population Bomb*, rev. ed., New York: Ballantine; 1971, p. xi.

15 L. K. Lader, *Breeding Ourselves to Death*, New York: Ballantine; 1971, pp. 96~100을 보라. 강조는 원문.

16 E. A. Wrigley, *Population and History*(위에 인용)을 볼 것을 권한다. 인구 증가에 관련된 다양한 요인, 상호작용, 그리고 관련 데이터에 대한 폭넓은 정보가 담겨 있다.

17 Roger Revelle, "Population and Food Supplies: The Edge of the Knife", *Prospects of the World Food Supply*, National Academy of Sciences, Washington, D.C., 1966을 참고하라.

18 Josué de Castro, *The Black Book of Hunger*, New York: Funk and Wagnalls, 1967을 참고하라. 기아 문제의 기원, 영향, 그리고 이를 해결하기 위한 최근의 노력에 대해서는 Margaret Mead, *Hunger*, a Scientists'Institute for Public Information Workbook(SIPI), 30 East Street, New York, 1971을 참고하라.

19 *Studies in Family Planning*, Population Council Publication No. 44 (August 1969), p. 1을 보라. 특히 캘리포니아공과대학(California Institute of Technology)의 세이어 스커더(Thayer Scudder) 박사에게 이 인용 논문을 소개해주고 이 문제에 대해 토론해 준 점에 대해 감사를 표하고 싶다.

20 Paul R. Ehrlich, "The Population Explosion: Facts and Fiction"(위에 인용), p. 44를 참고하라.

21 이 두 보고서는 *How Low Income Countries Can Advance Their Own Growth*, Committee for Economic Development, New York; 1966에서 찾아볼 수 있다.

22 Nathan Keyfitz, "National Population and the Technological Watershed", *Journal of Social Issues*, 23 (1967), p. 62를 보라.

23 Clifford Geertz, *Agricultural Involution*, Berkeley: University of California Press, 1968을 참고하라. 이 저서는 네덜란드의 식민주의가 인도네시아의 인구와 생태계에 미친 영향에 대해 놀라운 설명을 제공해주고 있다.

24 M. Taghi Farvar and John P. Milton (eds.), "The Careless Technology—Ecology and International Development", *Proceedings of the Conference on Ecological Aspects of International Development*, New York: Natural History Press, 1971을 보라.

25 William and Paul Paddock, *Famine 1975*, Boston: Little, Brown, 1967, p. 226을 참고하라.

제12장
생태학의 경제적 의미

1 경제 현황 전반에 관해 많은 조언을 해 준 도나 앨런(Donna Allen) 박사에게 특별히 감사한다. 또 나의 벗 로이 배터스비(Roy Battersby)와 아서 키노이(Arthur Kinoy)에게는 여기서 전개되는 다양한 논의를 위해 논쟁을 벌여준 것에 대해 감사한다.

2 Robert L. Heilbroner, *Understanding Macroeconomics*, 2nd ed., Englewood Cliffs, N.J.: Prentice-Hall, 1968, p. 12를 보라.

3 A. G. Pigou, *The Economics of Welfare*, London: Macmillan; 1962를 참고하라.

4 E. L. Dale, Jr. "The Economics of Pollution", *New York Times Magazine*, April 19, 1970을 참고하라.

5 이는 앨런 코딩턴(Alan Coddington)의 흥미로운 논문 "The Economics of Ecology", *New Society*, April 19, 1970, p, 596을 참고하라.

6 카프의 개정판 저서인 K. William Kaapp, *Social Costs of Business Enterprise*, Bombay, London, New York: Asia Publishing House, 1963을 참고하라. 첫 인용문은 p. 272, 둘째는 p. 290, 셋째는 p. 271을 참고하라.

7 하일브로너의 *Understanding Macroeconomics*(위에 인용), p. 89를 보라. 강조는 하일브로너가 한 것이다.

8 원래의 데이터는 *Census of Manufactures*, 1947, pp. 407~408; 1954, p. 28D-7; 1958, p. 28D-9; 1963, p. 28D-8; 1967, p. 28D-9를 보라. 비누와 세제 산업의 이익률은 비누와 세제가 1947년 이후 보여준 생산량의 차이와 이윤의 변화를 살펴보면 알 수 있다.

9 J. Backman, *The Economics of the Chemical Industry*(위에서 인용), p. 215를 참고하라.

10 The House Agricultural Committee의 1971년 3월 8일 청문회 내용이다. 『뉴욕타임스』에 1971년 7월 11일 보도되었다.

11 『월스트리스저널(Wall Street Journal)』(1970년 12월 21일자)에 따르면 NTA 생산 공장 건설 사업의 중단 결정은 W. R. 그레이스 컴퍼니(W. R. Grace Company)와 몬산토 케미컬 컴퍼니(Monsanto Chemical Company)에 의해 내려졌다.

12 1971년 3월 17일 Illinois State Pollution Control에서 빌러(W.G. Beeler)의 증언 내용이다.

13 E. O. Heady and L. Auer, "Imputation of Production to Technologies", *Journal of Farm Economics*, 48 (1966), p. 309를 보라.

14 *Fortune* (March 1969), p. 112.

15 *St. Louis Globe-Democrat*, May 14, 1971.

16 여기 사용된 자료의 출처는 다음과 같다. 목재, *Cencus of Manufactures* (위에서 인용), 1967, pp. 24~28와 p. 24A-10; 철강, *Ibid*, p. 33A-14; 알루미늄, *Ibid*, p. 33C-13; 시멘트, *Ibid*, p. 32-10; 플라스틱, *Ibid*, p. 28B-9; 철도와 트럭 수송, Interstate Commerce Commission Annual Report, Wasington, D.C., 1970.

17 Daniel Fife, "Killing the Goose", *Environment*, 13:3 (April 1971), p. 20.

18 G. F. Bloom, "Productivity, Weak Link in Our Economy", *Harvard Business Review* (January 1971), p. 5 참고.

19 Robert Heilbroner, *Between Capitalism and Socialism*, New York: Random House, 1970, pp. 282~283에 나와 있다.

20 이 인용문과 대부분의 관찰은 P. R. Pryde, "Victors are Not Judged", *Environment*, 12:9 (November 1970), p. 30에 나와 있다. 그 외에도 Gil Jordan, "The Soviet Environment", *Clear Creek* (July 1971), p. 12를 보라.

21 Marshall I. Goldman, "Environmental Disruption in the Soviet Union", T.R. Detwyler (ed.), *Man's Impact on Environment*, New York: McGraw-Hill,

1971, p. 61을 보라.

22 이와 관련된 예로는 버나드 그워츠먼(Bernard Gwertzman)의 보고 *New York Times*, March 2, 1970을 보라.

23 이 시각을 표현한 문장은 아마도 독일의 농화학자인 리비히(Liebig)의 저술을 읽고 나서 형성된 것으로 보인다. 원문은 이렇게 표현하고 있다. "자본주의적 생산방식은 (……) 인간이 식품과 의복의 형태로 소비한 토지의 성분들을 토지로 복귀시키지 않고, 따라서 토지의 생산력을 유지하는 데 필요한 영원한 자연적인 조건이 작용할 수 없게 된다. (……) 더욱이 자본주의적 농업의 모든 진보는 노동자를 약탈하는 방식상의 진보일 뿐 아니라 토지를 약탈하는 방식상의 진보이며, 일정한 기간에 토지의 생산력을 높이는 모든 진보는 생산력의 항구적 원천을 파괴하는 진보이다. 한 나라가 대공업을 토대로 발전하면 할수록 (예컨대 미국처럼) 이러한 토지의 파괴 과정은 그만큼 더 급속하다. 따라서 자본주의적 생산은 모든 부의 원천인 토지와 노동자를 동시에 파괴함으로써만 사회적 생산과정의 기술과 결합도를 발전시킨다." Karl Marx, *Capital*, vol. I, New York: International Publishers; 1967, pp. 505~506.[여기 번역된 부분은 칼 마르크스, 『자본론』, 제2개역판, 김수행 옮김, 비봉출판사, 2001, 678~680쪽을 재인용했다.]

24 Robert Heilbroner, *Between Capitalism and Socialism*, p. 283.

25 미국의 자산 구조에 대한 데이터는 *Economic Report of the President and Annual Report of Council of Economic Advisor*, Washington, D.C., 1970, p. 190을 보라.

26 생태계 특성이 경제구조에 미치는 영향에 대해 심각하게 고민했던 경제학자로는 E. F. 슈마허(E. F. Schumacher)가 있다. 그는 영국석탄공사(British National Coal Board)의 경제 자문 위원이었다. 그의 생각은 흥미롭지만 널리 알려지지 못한 일련의 저작물에서 찾아볼 수 있다. "Buddhist Economics", *Resurgence*, 1:11 (January 1968); "The New Economics", *Manas*, 32:14 (April 1969), 22:25 (June 1969) 등을 참고하라.

27 앞서 언급했듯이 개발도상국이 선진국의 현재 경제 상황을 가능하게 해준 채권자의 입장에 있다고 볼 수 있는 도덕적 근거들이 존재한다. 그럼에도 최근 미국과 몇몇 부유한 국가들이 국제 원조의 형태로 제공한 지원은 형편없이 작은 규모에 그쳤다. 게다가 지금은 그런 작은 원조마저 불분명해지고 말았다. 원조는 감소하고 있지만, 그 대신 인구 감소의 필요성을 강조하는 주장이 자주 들리게 되었다. 최근 닉슨 대통령에게 전달된 국무부 보고서에 따르면 "개발도상국의 인구증가율 감소를 위한 미국의 지원 이유"를 다음과 같이 이야기하고 있다. "미국을 비롯해 원조를 제공한 국가들의 실망은 크다. 왜냐하면 너무 빠른 인구 성장으로

인해 우리가 제공하는 원조의 3분의 2가 사라지고 있기 때문이다. 몇 년 안으로 삶의 질이 향상될 것이라 기대했으나, 이에는 훨씬 더 긴 시간이 걸릴 것으로 보인다. (……) 현재의 아주 느린 발전 속도를 유지하는 데만도 훨씬 많은 원조가 필요할 것이다. 의회와 국민은 개선되지 않는 원조 수혜국의 빈곤 수준과 증가하는 빈민을 보며 더 이상의 원조 증가를 기피하게 될 것이다. 한편 개발도상국이 원조의 통로를 증가시키려는 노력을 함에 따라 미국은 원조 국가의 시장과 투자금뿐 아니라 자연자원의 공급처를 잃게 될 위험에 처하게 되었다. 개발도상국 국민의 무너진 희망과 높은 실업률과 일자리부족은 사회불안과 정치적 정변을 일으키게 할 수 있으며, 나아가 국가 자체를 분해시킬 수도 있다.

제13장
원은 닫혀야 한다

1 하딘의 논문 "The Survival of Nations and Civilization", *Science*, vol. 172, p. 1297을 보라.